THE HORUS HERESY®

伪 神

FALSE GODS

[英] 格雷厄姆·麦克尼尔 著 赵笛 译

浙江科学技术出版社

This edition published in China by Zhejiang Science and Technology Publishing House in 2020.

Copyright © Games Workshop Limited 2020.

This translation copyright © Games Workshop Limited 2020.

Translated and used under licence by Zhejiang Science and Technology Publishing House. All rights reserved.

GW, Games Workshop, Black Library, The Horus Heresy, The Horus Heresy Eye logo, Space Marine, 40K, Warhammer, Warhammer 40,000, the 'Aquila'Double headed Eagle logo, and all associated logos, illustrations, images, names, creatures, races, vehicles, locations, weapons, characters, and the distinctive likenesses thereof, are either ® or TM, and/or © Games Workshop Limited, variably registered around the world. All rights reserved.

本书中文版由浙江科学技术出版社于2020年出版

Copyright © Games Workshop Limited 2020.

This translation copyright © Games Workshop Limited 2020.

浙江科学技术出版社可在授权下翻译与使用。保留所有权利。

GW、Games Workshop、Black Library、荷鲁斯之乱、荷鲁斯之眼标识、星际战士、40K、战锤、战锤40,000、"天鹰"双头鹰标识，以及所有相关标识、插图、图像、名称、生物、种族、载具、地点、武器、角色及其中的特色同类物，所有带有®或TM以及©Games Workshop Limited的标识均为在全世界注册的商标或为Games Workshop Limited版权所有。保留所有权利。

故事简介

荷鲁斯之乱——
这是一段传奇岁月。

众多伟岸英雄为了统御银河之权奋力拼搏。

地球帝皇的亿万大军纵横星海,以一场伟大远征将银河纳入囊中——在这些精兵强将面前,无以计数的异形种族难当锋锐,就此在历史长卷上被抹消了踪迹。

人类种族威震寰宇的璀璨年代拉开了序幕。

黄金白玉堆砌而成的闪耀堡垒颂扬着帝皇的诸多凯旋。一百万个世界上林立的纪念碑,翔实描述了那些悍勇战将的传奇功绩。

帝皇的战士中最强大的便是基因原体,这些英武绝伦的人物率领帝皇麾下的星际战士大军斩获了无数胜果。他们势不可当,高贵超凡,是帝皇基因实验的巅峰成就。星际战士则是银河之中前所未有的强悍士兵,每个人皆有以一敌百之力。

数以万计的星际战士组成庞大军团,追随各自原体踏入星海,以帝皇之名征服银河。

所有基因原体中最出众的是荷鲁斯,亦唤荣耀者、光明星辰、帝皇宠儿、如父爱子。他受封战帅,是帝皇麾下各路大军的总指挥官,是万千世界与整个银河的征服者。他是无出其右的战士,也是手腕卓绝的外交家。

荷鲁斯是一颗冉冉升起的新星,然而在他坠落苍穹之前,又会经历怎样的命运?

出场人物

荷鲁斯之子

战帅荷鲁斯 ················· 荷鲁斯之子军团指挥官
艾泽凯尔·阿巴顿 ············ 第一连长,荷鲁斯之子
塔瑞克·托迦顿 ·············· 连长,第二连,荷鲁斯之子
亚克顿·克鲁兹 ·············· "耳旁风",连长,第三连,荷鲁斯之子
哈斯特尔·塞扬努斯 ········ 连长,第四连,荷鲁斯之子(已死)
荷鲁斯·阿西曼德 ········ "小荷鲁斯",连长,第五连,荷鲁斯之子
瑟加·塔苟斯特 ············· 连长,第七连,荷鲁斯之子
加维尔·洛肯 ················ 连长,第十连,荷鲁斯之子
卢克·赛迪瑞 ················ 连长,第十三连,荷鲁斯之子
泰保特·玛尔 ··············· "亦者",连长,第十八连,荷鲁斯之子
维汝兰·莫伊 ··············· "或者",连长,第十九连,荷鲁斯之子
卡卢斯·埃卡顿 ············· 上尉,卡图兰掠夺者小队,荷鲁斯之子
法库斯·齐伯尔 ············· "寡妇制造者",上尉,加斯塔林终结者小队,荷鲁斯之子
耐罗·维帕斯 ··············· 士官,巫师战术小队,荷鲁斯之子
马罗格斯特 ················· "扭曲者",战帅侍从

基因原体

安格隆 ······················ 吞世者基因原体
弗格瑞姆 ···················· 帝皇之子基因原体

其他星际战士

艾瑞巴斯 ························· 怀言者首席牧师
卡恩 ··························· 连长，吞世者第八突击连

死亡军团

机长埃索·图奈特 ················ 帝王泰坦审判日指挥官
高阶驾驶员泰塔斯·卡萨 ·········· 帝王泰坦审判日机组成员
高阶驾驶员乔纳·阿鲁肯 ·········· 帝王泰坦审判日机组成员

戴文居民

结社女祭司阿克舒布 ··············· 盘蛇结社领袖
茨·瑞克 ························ 戴文联络员
泽法 ·················· 戴文教徒，阿克舒布的助手

非阿斯塔特帝国人员

佩卓尼拉·维瓦 ········ 卡皮努斯家族高级宫廷代表——
　　　　　　　　　　　　泰拉富贵望族后裔
马迦德 ······················· 佩卓尼拉的保镖
瓦尔瓦鲁斯总司令 ······· 荷鲁斯麾下军团附属帝国军队的指挥官
瑞古拉斯 ············· 机械神教代表，负责指挥隶属军团的
　　　　　　　　　　　　机器人并维护作战机械

目录

第一部　背叛者

- 第一章　泰拉子嗣　宏伟巨像　反乱卫星　……3
- 第二章　你流血了　出色的战争　直至银河燃烧　今日只需聆听　……15
- 第三章　一片玻璃　良善之人　话中深意　……28
- 第四章　秘密与隐情　混沌　散布真言　听众　……41
- 第五章　我们的人民　领袖　矛头部队　……55

第二部　瘟疫卫星

- 第六章　腐败之地　蹒跚死物　泰拉荣耀　……70
- 第七章　谨慎行事　崩塌　背叛者　……84
- 第八章　陨落神明　……97
- 第九章　银色高塔　染血归途　薄弱帷幕　……111
- 第十章　药剂室　祷言　告解　……126
- 第十一章　答案　邪魔的交易　宿敌刃　……136
- 第十二章　宣传鼓动　疑心相同的兄弟　盘蛇与月亮　……149

目录

第三部　伪神殿堂

第十三章　你是何人？　仪式　老友 160

第十四章　被遗弃者　现世神话　创生 173

第十五章　启示　心怀异议　天各一方 187

第十六章　我们唯有真相　大先知　家园 201

第十七章　恐怖怪物　天使与恶魔　血契 214

第四部　远征终了

第十八章　同袍兄弟　刺杀　惹麻烦的诗人 228

第十九章　孤立　盟友　鹰翼 242

第二十章　突破口　正午晴空　计划 255

第二十一章　启迪 268

第一部

背叛者

我亲眼见证荷鲁斯的陨落……

"凡人的一大愚行便是自以为扮演着历史舞台上的重要角色，自以为能够影响岁月车轮的滚滚前行。位高权重之人往往都这么想，以求安然入眠，并且在心底笃信，若是没有自己，必将导致世界停摆，山脉崩塌，海洋干涸。但史书让我们学到了一点，那就是万物终将逝去。无以计数的昔日文明早已化作尘埃枯骨，陈旧年代里的伟岸英雄也是被遗忘的传奇。没有人能够永生，而随着记忆的消逝，对于亡者的记述也会就此断绝。"

"无论那些高傲自负或骄横残暴之人做何抗拒，这都是一项放之寰宇皆准的真理，是一项不可回避也不可否认的法则。"

"荷鲁斯是一个例外。"

——凯瑞尔·辛德曼，记述者序言

"要用千万种老套的赞美之词才能描述战帅，而且没有一句会是过誉。"

——佩卓尼拉·维瓦，卡皮努斯家族高级宫廷代表

"世间万物落入人类之手皆会腐朽变质。"

——伊格内斯·卡尔卡斯，对悲哀英雄的沉思

第一章

泰拉子嗣
宏伟巨像
反乱卫星

独眼马格努斯，罗格·多恩，黎曼·鲁斯：这些都是在历史中回荡的名号，这些都是塑造了历史的名号。她的目光沿着那份列表继续上行：科拉克斯，午夜游魂，安格隆……这些名号代表着英雄事迹与伟大远征的累累硕果，代表着以帝皇之名重新被纳入这辽阔人类帝国的无数世界。

光是在脑海中念诵这些名号就让她倍感亢奋。

而列表最顶端的名号要比其他任何一个都更加伟大。

荷鲁斯：战帅。

狼神，她听说战帅麾下的将士们如今这样称呼他——这是众人为他们挚爱的指挥官所取的亲切外号。这是一个熔铸于战火的名字：在乌兰诺，在谋杀星球，在63-19——无知愚昧的当地居民竟将那个世界称作泰拉——在其余一千个尚未录入她记忆装置的战场上。

位于开罗的家族宅邸此刻远在天边，她即将踏上复仇之魂号见证鲜活的历史，这个念头令人激动得难以呼吸。她来到这里并非仅仅为了旁观并记录历史事件的发生；她心里明白，荷鲁斯本人就是人类历史的重要元素。

她伸手抚摸自己漆黑的头发。这高高盘起的发型在泰拉宫廷之中象征着典雅别致——不过在这偏远边疆恐怕难有能够欣赏的慧眼。她的手指轻轻划过光滑润泽的无瑕的脸庞。她的橄榄色肌肤是财富与整形手术的完美结合。这张面孔颇具高贵气质与独特风范，下巴的曲线里更是流露出了当前流行的一份孤傲超然。

身材高挑、引人注目的她坐在一张枫木书桌前，她的父亲曾骄傲地说，这件传家宝是帝皇本人赠予他曾曾祖母的礼物，以此纪念当年在乌拉尔的那场伟大宣誓。她用一支黄金打造的记忆笔轻轻敲打着数据板，她的激昂情绪令那随心而动的笔尖颤抖不已。记忆笔的有机晶核捕捉到了她额叶中的表层思维，让幽光闪烁的屏幕上浮现出些许零乱词语。

远征……英雄……救世主……毁灭者。

她微笑着挥动纤手，将那些词语抹消。她的指甲受到了精心保养，那边缘被打磨得光滑圆润。她稳定心神动笔书写，留下一行行飞扬的字迹。

我，卡皮努斯家族高级宫廷代表佩卓尼拉·维瓦，带着激动的心情与极大的敬意，书就如下字句。我从泰拉踏上漫长旅程，经历了诸多困苦与不便……

佩卓尼拉皱起眉头，迅速抹消了刚刚写下的文字，这种生硬而突兀的故弄玄虚之作本是记述者的可憎伎俩，多见于那些从伟大远征前线发回的作品里。她恼怒地发现，自己竟在潜移默化之中加以效仿。

辛德曼的论述尤其令她厌烦，不过近来那位宣讲者的文章越发稀疏。迪昂·弗拉斯特倒是谱写了几篇说得过去的曲目——纵然只能在泰拉的华美舞厅里昙花一现——毕竟还算值得欣赏；克兰德·罗杰特的风景画作确实充满活力，不过其中的夸张笔触在她看来缺乏现实依据。

伊格内斯·卡尔卡斯的若干诗篇品质尚可，然而他往往将伟大远征这一波澜壮阔的美好功业描述得颇为不堪（那篇"血腥的误解"尤为如此）。佩卓尼拉时常暗自疑惑，战帅究竟为何容许那位诗人留下此等文字。她猜测战帅或许错失了潜藏在字里行间的深意，但她随即将这荒唐念头付之一笑，荷鲁斯此等人物怎么会错失任何深意。

佩卓尼拉靠坐在椅子里，将笔插回遗忘池中，一股深深的疑虑骤然涌入心头。她对于其他记述者颇为鄙夷，却尚未与之一较高下。

她究竟是否技高一筹？面对当今年代最伟大的英雄——有些人将其视作神明，纵然这是个荒谬过时的概念——她能否超越全体同僚的失败成果？她凭什么相信自己的卑微技艺能够恰如其分地体现战帅之杰出超凡，能够不辜负那些在焦灼战火中浴血铸就的悍勇传奇？

随后佩卓尼拉想起自己的高贵血脉，顿时挺直了脊梁。她所属的卡皮努斯家族难道不是泰拉宫廷中最为优秀也最具威势的名门望族吗？如今人类帝国已经从执掌泰拉演变为横跨银河，难道不是卡皮努斯家族昔日记录了帝皇崛起和江山一统，如今又继续见证人类种族收复疆土吗？

仿佛是为了寻求更多的信心与宽慰，佩卓尼拉打开了一个附有标签的皮面文件夹，从中抽出一叠纸。摆放在最上面的那张照片展示，某位生有金色短发、披挂锃亮铠甲的阿斯塔特，他屈膝跪伏于若干同僚面前，其中一人伸手递出修长的羊皮纸。佩卓尼拉知道，这是所谓的临战誓言，是战士们在步入沙场之前宣誓尽心尽力奋战不懈的仪式。图片角落中相互交缠的EK字母表明，这是悠弗拉迪·奇勒的作品，纵然佩卓尼拉不愿对任何记述者加以赞许，她也必须承认这张照片堪称绝妙。

佩卓尼拉微笑着把照片放在一旁，露出下面那张厚重的牛皮纸。熟悉的双头鹰水印代表着火星机械神教与人类帝皇的同盟，文件内容出自掌印者之手，棱角分明的短促线条与多有省略的潦草字迹昭示着那位权臣国事缠身，行笔匆匆。向斜上方飞扬的字母尾部表明马卡多心事重重，然而佩卓尼拉不明白何以至此，毕竟帝皇已经班师坐镇泰拉。

自从离开埃及星港之后，她常常面带微笑阅读这份文件，想必有上百遍了，她明白这代表着自身家族前所未有的至高荣誉。

她听到远方响起警笛的尖鸣，套房门外走廊里的镀金喇叭也传出模糊不清的机械语音，飞船无疑抵达了星球高层轨道锚点，一股充满期待感的颤抖扫过她的脊梁。

她到了。

佩卓尼拉轻轻扯动书桌旁的一根银色绳索，眨眼之间门铃便被按响。她嘴边泛起微笑，不用转身去看也知道，只有马迦德能够如此迅速地响应她的召唤。虽然马迦德从未在她面前吐露过一字一句——也永远无法吐露，这要归功于家族仆从的手笔——但佩卓尼拉向来能够察觉到对方的存在，那钢铁刀锋般的冷酷心灵总能让记忆笔躁动不安。

她转动铺满软垫的椅子说道："开门。"

房门顺滑地自动打开，马迦德站在外面，等待主人的准许才能晋见，而佩卓尼拉则故意拖延了一刻。

"我准许你进来。"她最终开口，那位效忠二十余载的阴郁保镖随即踏入这间铺满壁画的金红两色套房。马迦德举手投足之间干净利落，自控严密，仿佛全身上下——从刀劈斧凿般的刚硬双腿到宽阔厚重的壮硕肩膀——绷紧了每一丝肌肉。

马迦德跨步让到侧面，房门在他身后关闭。他的那双跃动不已的金色眼眸迅速扫过富丽堂皇的屋顶与邻近前厅，采用多种光谱搜寻任何可疑迹象。他一只手紧紧握住平滑的手枪枪柄，另一只手则搭着那把带有金色锋刃的科里安细剑。马迦德裸露在外的强壮臂膀布满了植入手术留下的浅淡伤疤，那些苍白痕迹在他的黝黑皮肤上交错纵横。他双眸周围的皮肤同样如此，家族外科医生早已用精密昂贵的视觉强化仪器替换了天生的眼珠，帮助他更好地保卫卡皮努斯家族后裔。

身穿金色环甲与银色锁甲的马迦德点点头，面无表情地确认一切正常。纵然佩卓尼拉早知如此，不需保镖多此一举，但毕竟她若有丝毫闪失，马迦德都要以命相抵。如此说来，她也能理解对方的谨慎态度。

"巴贝丝在哪里？"佩卓尼拉问道。她将掌印者的手书信函收回文件夹里，又从遗忘池中抽出记忆笔。她把笔尖搭在数据板上，清空自己的脑海，让马迦德的思维塑造出一个个喉舌所不能为的词语，而随之浮现的内容令她皱起眉头。

"她没时间睡觉，"佩卓尼拉说，"叫醒她。我就要面见伟大远征的卓绝英雄了，我可不能显得像个呆头呆脑的泰拉狂徒。让她来找我，带上那件丝绒礼服，就是猩红色高领的那件。我要在五分钟之内见到她。"

马迦德点头告退，但佩卓尼拉在对方离去之前依稀品尝到了一丝甘美的亢奋情绪，她手中的记忆笔稍加抽搐，在数据板上写下了最后几个字。

……的贱人……

在泰拉的某种上古语言里，它的名字"审判日"意味着"天降神罚之日"，乔纳·阿鲁肯明白，这是个实至名归的称呼。审判日如同一座宏伟丰碑般傲然矗立，向战争与毁灭致以赞颂，它仿佛是来自失落年代的古老神明，用覆有铠甲的头颅睥睨众生，那些微若蝼蚁的地勤人员就像凡间信徒般聚集在它脚边。

这架帝皇级泰坦正是机械神教的绝妙技艺与深厚学识的完美结晶，由延续千年的炽烈战火和军事研发凝聚而成。泰坦的功能极其单一，唯有毁灭，它的设计理念中灌注了人类对于杀戮之行所具备的一切天赋和才华。这架四十三米高的泰坦恰似一个披挂战甲的钢铁巨人，它的双腿便是建有城垛的壁垒，足以分别容纳一支作战连队及其辅助人员。

乔纳抬头仰望，一面黑底金边的修长旌旗在泰坦双腿之间展开，上面印着死亡军团的颅骨徽记，那仿佛是粗野蛮人的裹腰布。荣誉旌旗边缘还钉着数十张卷轴，分别彰显着战帅的某一场光辉胜利，而乔纳明白，待伟大远征结束之际，旗帜上的凯旋记录必将远多于此。

机库天花板里延伸出众多带有横纹的粗重缆线，将那深埋于护盾之下的能量核心与泰坦的装甲躯干相连，让这台强悍战争机械的等离子反应堆接受一枚被囚禁的星辰的哺育。

审判日的精金外壳遍布伤疤与凹坑，这是凶暴战火残存的痕迹，大批技师目前尚在修补巨蛛怪战争所留下的众多磨损。无论如何，它依旧是一幅宏伟雄壮、令人敬畏的景象，但这难以抹消昨夜饮酒过度所引发的剧烈头痛与腹中翻腾。

隆隆作响的重型吊臂从屋顶垂下，拎起满斗的巨型炮弹和修长的导弹，运往泰坦武器架的装卸区域。无论是尺度惊人的转管火炮还是远程榴弹炮，抑或足以夷平整座城市的等离子炮，每台武器都像一座楼宇般庞大。乔纳慢慢走向那架泰坦，遥望火炮操作员们调试武器，他心中泛起一股颇为熟悉的骄傲和亢奋，并微笑着品味备战泰坦所彰显的雄浑气魄。

一辆满载火神爆矢弹的运输车从他身边疾驰而过，乔纳吓了一跳。那埋头行进的车辆在熙熙攘攘的地勤人员、泰坦机组成员和甲板劳工之间全速奔窜，仅仅勉强避开了他。运输车嘶鸣着骤然停下，司机扭过脑袋。

"看着点路，该死的白痴！"司机从驾驶座上下来，一边高声呼吼，一边怒气冲冲地大步逼近，"你们这帮泰坦机组的人都以为自己是横冲直撞的海盗，告诉你吧，这是我的地——"

司机话说到一半，便将余下的斥责吞进了喉咙，随即立正行礼，因为他注意到了乔纳制服外套上的深红铆钉以及肩章处的双翼骷髅徽记，这标志着乔纳作为审判日高阶驾驶员的身份。

"不好意思，"乔纳微笑着说道，他满不在乎地张开双臂以示歉意，对方显然强忍着不再发难，"没看到你，老兄，我宿醉得厉害。况且，你开么快是干啥？你差点要了我的命。"

"是你一头冲到我车前的，长官。"那人紧紧盯着乔纳肩膀上方的一点。

"是吗？好吧……那就……下次小心点。"乔纳说着继续前进。

"那就看着点路。"对方压低嗓音说道，随后爬回运输车驾驶座里，驶向远方。

"你小心点了！"乔纳朝司机的背影高喊，他在心里想象着对方与地勤同僚讲述今日经历时，究竟会用何等丰富的词汇咒骂自己。

乔纳在人群中挤向审判日，这座长达两公里的机库此刻显得分外狭小，而充斥鼻腔的引擎燃料、机油以及汗水味道更是令他的宿醉得不到丝毫缓解。

死亡军团的众多作战泰坦整装待发：拥有迅猛速度与中距火力的掠夺者，造型凶恶的战犬，还有强悍的战将——以及若干新式夜魔级泰坦——但它们全都无法比拟帝皇级泰坦那震撼人心的雄伟光辉。审判日在体型、威力和气势方面都一骑绝尘，乔纳知道如此可怕的战争机械放眼整个银河也是难寻对手的。

乔纳简单地整理了一下领口，系紧了外套的黄铜纽扣，把套在敦实躯体上的衣物抚平，随后走到泰坦的宽阔巨足面前。他用双手梳理及肩黑发，至少要在旁人眼中显得整洁如常，不要暴露自己昨夜酩酊大醉之后和衣而眠的事实。他能看到泰塔斯·卡萨的消瘦身影，那位高阶驾驶员同僚正在一台监视终端背后埋头工作，乔纳可不想再耐着性子听对方讲授一遍帝皇的九十九项美德。

显然，仪容整洁正是最为重要的美德之一。

"早上好啊，泰塔斯。"乔纳语气轻快地说。

泰塔斯惊讶地抬起头，同时匆忙将几张纸折叠起来，藏在一摞备战报告下面。

"你来晚了，"对方迅速恢复镇定，"起床号一个小时之前就响了，严守时间可是虔诚之人的标志。"

"你少来，泰塔斯。"乔纳说着伸出手去，把卡萨匆匆藏匿的纸抽了出来。卡萨作势阻拦，但乔纳动作太快，早已将那几张纸举在面前左右挥舞。

"如果图奈特机长抓到你在看这个，你没等回过神来就已经变成火炮机仆了。"

"请你还给我，乔纳。"

"我现在可没心情听你布道，听你读这个该死的圣言录小本子。"

"好吧，我这就收起来，还给我，行吗？"

乔纳点点头，将那份磨损的纸递给卡萨。对方一把夺了过去，迅速塞进制服外套。

乔纳用手掌根揉着额头说道："再说，急什么？反正咱们的小妞儿还没有准备好接受战前检查呢，是不是？"

"我求你不要再把泰坦女性化了，乔纳，这是愚昧异教的作风，"卡萨说，"泰坦是战争机械，仅此而已：钢铁、精金和等离子，以及负责驾驭的血肉之躯。"

"你怎么能讲这种话？"乔纳说着，信步走向一条披覆护甲的腿足，沿着台阶来到了通往泰坦内部的拱门前。他用手掌拍打那厚重金属，"她显然是女性啊，泰塔斯。看看这赏心悦目的双腿，这曲线毕露的腰臀，而且她将我们纳入怀中，难道不像是一位母亲保护她未出世的胎儿吗？"

"亵渎不恭的种子就埋藏在轻浮嘲弄之中，"卡萨毫无笑意地说道，"我绝不容忍。"

"喔，得了，泰塔斯，"阿鲁肯更加兴趣盎然了，"你身处她胸膛深处的时候难道感觉不到吗？难道你听不见她反应堆的隆隆心跳，也体会不到她轰鸣枪炮的凶猛怒火吗？"

卡萨转过身去重新看着监视面板，"不，我感觉不到，我也不想再听你说这种傻话，我们战前检查的进度已经拖后了。如果我们还不完成备战，图奈特机长肯定要扒了我们的皮，钉在外层护甲上。"

"机长在哪里？"乔纳问道。他顿时认真起来。

"在开战争会议。"卡萨回答。

阿鲁肯点点头，从泰坦腿足入口处走下来，与卡萨一起站在监视台前，却又忍不住抛出最后一句尖酸玩笑："你从来没有体会过女性的温柔，这可不代表我是错的。"

卡萨恶狠狠地瞪了他一眼说道："够了。战争会议很快就要结束，我不想让别人议论说死亡军团无法遵从帝皇的嘱托。"

"你是说荷鲁斯的嘱托。"乔纳作出纠正。

"我们讨论过这件事，我的朋友，"卡萨说，"荷鲁斯的权威来自帝皇。我们切不可忘却这一点。"

"或许是吧，但自从帝皇最后一次和我们并肩作战至今，已经过去了很多个黑暗血腥的日日夜夜，不是吗？荷鲁斯则在每一片战场上始终与我们同进退，不是吗？"

"的确如此，我也愿意追随他殊死拼搏，直至银河之外，"卡萨点点头说，"但即便是战帅也要向神皇效忠。"

"神皇？"乔纳嘶声说道，他瞥见几个地勤人员扭过头来，急忙凑到近处，"你听着，泰塔斯，别再说什么神皇的胡话了。总有一天你会让不该听到的人听到，非得脑袋搬家不可。况且，就连帝皇本人都宣称他不是神了。"

"唯有真正具备神性者才会否认其神性。"卡萨引用了一句小册子里的说法。

乔纳高举双手以示投降，"好吧，随你便，泰塔斯，到时候可别说我没有警告过你。"

"正义之人无须惧怕卑劣之人，而——"

"别给我上思想道德课了，泰塔斯。"乔纳说完，叹了口气，转过身遥望一列帝国军队士兵踏着整齐步伐走入机库，他们用帆布背带把激光步枪挂在肩头。

"咱们来这个地方要和谁打，有消息吗？"乔纳转变了话题，"我希望是绿皮。烈火巅峰在乌兰诺被击毁，这个仇我们还没报呢。你觉得会是绿皮吗？"

卡萨耸耸肩，说道："我不知道，乔纳。这重要吗？我们奉命和谁打就会和谁打。"

"我只是想知道。"

"等到图奈特机长回来你就知道了，"卡萨答道，"说到这个，你是不是应该把指挥甲板准备好，迎接他回来？"

乔纳点点头，他明白驾驶员同僚说得没错，他已经浪费了太多时间去逗弄对方。高阶机长埃索·图奈特作为一名倍受敬畏的冷酷战士声名远播，他以铁腕管理着审判日。泰坦机组成员往往比普通士兵有着更为灵活的军纪标准，但图奈特绝不容忍自己麾下泰坦的工作人员表现出如此松懈态度。

"你说得对，泰塔斯，抱歉。"

"不必道歉，"卡萨指着泰坦腿部的拱门说道，"做好准备就是了。"

乔纳匆匆行了个军礼，然后快步奔上台阶，留下卡萨继续监督泰坦的燃料补充工作。他从列队登机的士兵之间挤了过去，引发一阵阵咕哝。有些士兵抬高了抱怨的声调，但等到他们看见乔纳的制服，并意识到自己的身家性命很快就要托付给对方之后，抗议顿时消失了。

乔纳在泰坦入口处停下脚步，刻意品尝这个美妙的瞬间。他昂首仰望这扶摇直上的宏伟机械，随后深吸一口气，迈入了装饰着展翅雄鹰与雷霆闪电徽记的高大门廊，钻进泰坦内部。

　　冷冽刚硬的泰坦内舱顿时用暗红灯光将乔纳笼罩起来，他在天顶低矮的蜿蜒走廊里埋头穿行，这份确凿无疑的熟悉感源于无数个小时的协作与探索，他早已牢牢记住了审判日全身上下每一颗铆钉与螺栓的位置。这架泰坦中的任何偏僻角落都不会令乔纳感到陌生：每条通道、每扇舱门，这个小妞儿的所有秘密他都了如指掌。就算是泰塔斯或者图奈特机长也难以比拟乔纳对于审判日的了解。

　　乔纳沿着一条狭窄通道走向末端那扇厚重铁门，在此站岗的两名士兵身披打磨锃亮的漆黑胸甲与银色链甲衫。他们各自佩戴了一副打造成军团徽记样式的骷髅面具，手里握着粗短的电击棒，腰间皮套中则是一把电击手枪。闯入视野的人影令卫兵绷紧身躯，随后他们辨认出乔纳，便微微放松了一些。

　　乔纳向两位士兵点头致意并说道："高阶驾驶员，由低层前往中层。"

　　近旁的那位士兵也点点头，指向铁门旁边的光滑黑色面板，另一个士兵则抽出了手枪。那枪口略微张开，两枚颇具威胁意味的银钢尖齿从中探出来，上面跃动着蓝色电光。这种武器能够投射出势若雷霆的凶暴电弧，轻易将血肉烧焦熔融，同时又不会在泰坦的狭窄舱室中引发危险的跳弹误伤。

　　乔纳将手掌印在面板上，等待一束金黄色的光芒扫描指纹。铁门上方的绿色指示灯随即点亮，近处的士兵伸手扳动轮盘，将舱门打开。

　　"多谢。"乔纳说着迈步入门，站在一条纵贯泰坦腿部的旋梯里。狭窄的铁网阶梯盘卷而上，环绕其中的粗重纤维和脉动导管表面闪烁着能量力场的微光。乔纳埋头爬上这沉闷燥热的阶梯，腹中的翻江倒海让他无暇顾及。来到半途之后他不得不稍作休息，用手掌抹过大汗淋漓的额头，接着重新动身来到上层。

　　在这个位置，反应堆所排放的等离子气体不再营造出炎炎高温，那灼人热量终于被功率强悍的空气循环系统散去。戴着兜帽的机械神教技师在光芒闪烁的控制面板前方各就各位，小心谨慎地逐步提升反应堆的等离子能级。机组人员在泰坦内舱的拥挤空间中往复穿梭，与乔纳擦肩而过时纷纷立正行礼。审判日拥有一批优秀员工，这也理所应当——图奈特机长绝不会退而求其次。效力于泰坦的众多男男女女都具备高超技能和热忱态度，皆为层层筛选而来。

乔纳最终来到了位于泰坦心脏的驾驶舱，将自己的认证卡插入大门旁的读取器里。

"高阶驾驶员乔纳·阿鲁肯。"他说道。

门锁传来些许轻响和一阵钟鸣，大门随即敞开。内部是一间带有高大拱顶的华美舱室，弧线形墙壁由某种闪亮金属铸就，若干空洞均匀排布在天花板上。

乔纳站在房间正中开口说："指挥舰桥，高阶驾驶员乔纳·阿鲁肯。"

他脚下的地板顿时如水银般闪烁波动，组成一块平滑如镜的完美金属圆盘，带着他飘入半空。那纤薄圆盘缓缓爬升，让乔纳穿过天花板上的空洞之一，沿着穿梭管道前往泰坦的巅峰位置。管道内壁散发着柔和光芒，乔纳勉强忍住一个哈欠，静待银色圆盘停止爬升，让他出现在指挥甲板之中。

审判日头颅结构的内部舱室宽阔而平坦，主通道两侧的下陷地板里嵌着众多操作台，头戴兜帽的技师以及若干机仆在此直接连入系统，负责控制这参天机械的深层核心功能运作。

"在这个美好的早上，各位感觉如何啊？"他随口问道，"准备好再次向愚昧狂徒开战了吗？"

没有任何人作出响应，一如既往。乔纳微笑着摇摇头，走到了舰桥前端，仅仅是想到即将与控制接口相连便让他的宿醉有所消退。三张皮面座椅占据着一座高台，各自的扶手和头垫位置都延伸出一捆捆粗重的绝缘缆线，面前则是一块散发着绿色光晕的战术显示屏。

乔纳走过属于图奈特机长的中央指挥椅，坐进了右边的那张。吱嘎作响的座椅皮面经过多年早已被他挤压出一个舒适的凹坑。

"各位技师，"他说道，"为我连入系统。"

披着红色长袍的机械神教技师应声出现在左右，他们动作迟缓却有着完美无缺的协调同步。两位技师为乔纳戴上精密的信号传导手套，内部的传感表面与皮肤紧密结合，读取着他的生命体征信号。另一位技师则将一套脑电波传感装置放置在他头顶，那冷冽金属的触感令乔纳颇为享受。

"保持静止，驾驶员，"他身后的技师说道，对方的沉闷嗓音毫无人性，"准备启动脑皮层触须。"

乔纳听到了颈部固定环由头垫内部延伸出来的轻柔嘶鸣，并用余光瞥见一根根金属细丝从固定环中蜿蜒滑动而来。他为连入系统时的短暂痛楚做好了心理准备，众多触须如同银色蠕虫般沿着他的脸颊爬向双眼。

此时他已经看得很清楚了：那些极其纤巧的银色金属丝比人类头发还要细，却能传导巨量信息。

固定环将乔纳的脑袋稳稳锁住，一根根银色触须穿透了他的眼角，沿着视觉神经攀行，径直穿入颅内，最终与脑皮层对接相连。

头颅内部那转瞬即逝的冰冷痛楚让乔纳低哼了一声，但他随即放松下来，并察觉到泰坦的身躯已经与自己合而为一。浩如烟海的信息数据涌入他的思维，那些脑皮层触须将其筛选分流，送往平日里不加运用的大脑区域，容许他体会这台巨型机械的每一个组成部分，仿佛就是他自身血肉的延伸。

在数毫秒之内，深埋于大脑潜意识部分的后催眠植入仪器便已经启动，开始分析战前检查情况，同时各种数据在他的眼球内部骤然点亮，展示着遥测信息、武器就绪状态、燃料水平以及其他数百万项零散内容，帮助他指挥这架壮美超凡的泰坦。

"你感觉如何？"技师问道。乔纳轻声一笑。

"化身为王的感觉很好。"他回答。

第一批细如针尖的亮点在天空中闪现，阿克舒布顿时明白，历史的步伐已经踏上了她的世界。她用枯瘦如爪的手紧紧握住挂满了各色法器和护符的木杖，这是一个人类种族永难遗忘的重大时刻，昭示着诸神本尊即将从传说中具现于世，用鲜血与烈火铸造未来。

自从那些伟岸战士从天而降，向尚在襁褓的阿克舒布揭示了托付于她的神圣职责之后，她就在等待这一天的来临。升入北方天际的恒星仿佛一枚赤红宝珠，裹着酸味花粉的燥热狂风从遍布皇陵的峡谷里席卷而来。

她站在群山之间，居高临下地等待这个独一无二的日子来临，狂喜的泪水从漆黑的眼眸中奔涌而出，沿着沟壑纵横的面孔不住流淌，那些细微亮点则迅速变成了炽热流星，拖曳着灼目尾迹划破云层，遁入大地。

在她下方，大群长角野兽隆隆穿过绿意盎然的广袤草原，它们尽量避开难以忍受的午间高温以及有着剃刀般利齿的迅捷掠食者，赶在日头尚且低垂、猛兽也并未出洞时集体奔向南方的水塘。众多翼展宽阔的飞鸟环绕在阿克舒布头顶的高绝峰峦周围，它们用沙哑而动听的叫声迎接这个意义深远的日子。

　　万物众生的举止与往日无异，它们丝毫没有意识到，这个平淡无奇的偏远世界即将目睹一个足以改变银河命运的重大事件。

　　在这个独一无二的日子里，唯有她真正能够理解。

　　按照精确的计算，第一批空降舱于16点04分冲破低层大气，在中央山脉周围着陆，它们的制动引擎厉声呼啸着喷吐出一根根凶猛火柱。风暴鸟接踵而来，仿佛是一群优雅但十分致命的掠食猛禽，正向毫无察觉的猎物发动俯冲。

　　三十枚空降舱在重返大气层的旅程中变得乌黑焦灼，接着轰然砸入大地，震起漫天的尘云和四溅的土石，随后它们伴着隆隆的爆鸣声分别打开，将宽阔舱门拍在草原地表。

　　三百名身着厚重板甲的战士迅速冲出空降舱，机械化般精准高效地分散开来，各支小队首尾相连，组成一道环形防线，而登陆阵型中央则是一块并不起眼的空旷土地。风暴鸟在上空盘旋巡视，仿佛在警告任何胆敢靠近的事物。

　　突然，某个无形信号让所有风暴鸟打破了阵型，径直遁入碧空，而一艘四四方方的雷鹰则从云层之上现身，焦黑的机腹拖曳出一道蓝白色轨迹。众多体型较大的风暴鸟将其环绕起来，护送着它缓缓着陆，扬起一团狂乱舞动的赤红沙尘，这恰似一群雌鸟为一只雏鸟提供庇佑。

　　那些风暴鸟随后便呼啸四散，按照各自的预定路线展开巡逻。雷鹰则呻吟着打开了前部舱门，高压气体发出轻声嘶鸣从中喷吐而出。十名戴着顶饰头盔的战士迈出机舱，他们身披荷鲁斯之子的闪亮铠甲，色彩斑斓的披风飘扬在肩头。

　　每一名卫士都把金色的爆矢枪握在胸前，他们四下扫视，搜寻任何可能的威胁。

　　一位现世神祇随后降临，他的盔甲是亮金与海绿两色，雍容华贵的深紫斗篷完美地衬托着他的轮廓。他的胸甲正中嵌有一枚红色眼眸徽记，英气逼人的额头上则环绕着一顶桂冠。

　　"戴文，"荷鲁斯轻声叹道，"我从没想过会再次来到这个地方。"

第二章

你流血了
出色的战争
直至银河燃烧
今日只需聆听

梅萨蒂·欧丽顿强迫自己眼睁睁地看着那柄利剑刺向洛肯,她心里明白这一击必然会了结连长的性命。然而他一如既往地闪身避开了凶险万分的横扫,随后及时抬起兵刃招架住接踵而来的攻势,那迅捷身手与他作为阿斯塔特的壮硕体形显得毫不匹配。一根沉重的棍棒挥向他的脑袋,但洛肯显然早有预料,轻而易举地俯身闪躲。

训练笼的钢铁框架铿锵作响,各种武器上下翻飞,呼啸破空,盲目而机械地试图肢解这个身处其中的阿斯塔特。洛肯肌肉虬结的躯体覆满了闪亮的汗水,他骤然低哼一声,臂膀被一柄剑刃命中。梅萨蒂皱着眉头,看到连长的肱二头肌上淌下一条血线。

这是她记忆中首次目睹洛肯在训练笼里负伤。

那个面露讥笑的金发巨人赛迪瑞,以及洛肯的亲近朋友维帕斯都已经离开了训练大厅,留下梅萨蒂与第十连连长独处。对方邀请她前来旁观训练,这自然令她备感荣幸,但没过多久梅萨蒂便暗自盼望洛肯能够尽快结束这场艰苦而凶险的仪式,出来给她讲一讲戴文究竟发生过什么,而远征队如今又是为何挥军攻打这颗卫星。她坐在训练笼外的冷钢长椅上,早已眨动眼睛将大量图片存入了记忆螺旋,远超实际所需。

况且,如果要梅萨蒂实话实说,那么洛肯在训练时将自己逼入绝境的样子,这种强烈的……执念也令人有些不安。她此前旁观过洛肯展开兵器练习,但那向来是两人采访讨论的附属成分,而非焦点本身。今日……今日有所不同。仿佛这位影月苍狼连长——

不，不是影月苍狼了，梅萨蒂提醒自己：是荷鲁斯之子。

洛肯巧妙地挡开又一记剑刃挥砍，梅萨蒂则再次检查自己的内置计时器，她明白即刻便需动身。卡尔卡斯不会干等，他的惊人食欲足以压倒任何礼节，促使他丢下梅萨蒂独自前往战舰礼堂参加宣讲者午餐会。那里的免费饮品无穷无尽，纵然伊格内斯近来已经洗心革面，重新投身于记述者的职责，但梅萨蒂依旧不愿纵容他与这任君自取的大量酒精独自相处。

伴随一阵铃声，训练笼的上下两个钢铁半球嘶鸣着缓缓张开，立刻让她将卡尔卡斯抛诸脑后。洛肯从笼子里迈步而出，金色短发都贴在头皮上，比前段时间更长一些，那点缀雀斑的苍白脸庞此刻在疲惫中通红。

"你受伤了。"梅萨蒂开口道，她从椅子上递出一条毛巾。

洛肯低头检视，似乎根本没有注意到自己的伤口。

"没什么的。"他说着便擦掉了已经干涸的血迹。洛肯气喘吁吁，梅萨蒂则努力掩藏住自己的惊讶。一个阿斯塔特上气不接下气的样子显得怪异而陌生。在她抵达之前，对方究竟已经训练了多久？

洛肯抹去额头和躯干上的汗水，走向私人军械室。梅萨蒂紧随其后，一如既往地仔细欣赏这具经过强化的完美身躯。据说昔日统治奥林匹亚的古老部落将体态完美之人称作阿多尼斯，这个词用在洛肯身上分外贴切，如同一套精工打造的第四型战甲般合身。梅萨蒂不假思索地眨眨眼，拍下了他的身躯。

"你又盯着我看了。"洛肯说道，他并未转过身来。

梅萨蒂顿时一阵慌乱，"抱歉，我不是——"

阿斯塔特笑了起来，"我逗你呢。我不介意。既然后人要记住我，那么我宁愿留下一副处于身体巅峰状态的高大形象，而不是掉光牙齿喝着稀粥的模样。"

"我以为阿斯塔特不会衰老呢。"她恢复镇定回应道。

洛肯耸耸肩，拿起一块弧形臂甲和抛光布，"我也不知道究竟会不会。还没有谁能活到那么久。"

她敏锐地捕捉到了对方欲言又止背后的深意，如果洛肯能够继续敞开心扉的话，梅萨蒂想必可以从这个角度构建一篇记述作品。这是永生战士的忧郁愁思，是不朽之人落入动荡年代而引发的难解悖论——历史如同一块逐渐凝固的琥珀，他们便是在其中挣扎不已的蝇虫。

她突然意识到自己的关注点已经脱离当下，于是开口问道："永不衰老这一点是否会让你感到困扰？你心里有没有一点宁愿老去的想法？"

"我为什么会想要变老？"洛肯说着打开了一罐研磨粉，仔细涂在臂甲表面，那崭新的淡绿色调与金属光泽依旧令梅萨蒂感到陌生。"你宁愿变老吗？"

"不愿意，"她承认道，下意识地抬手触摸自己经过改造的光洁头颅，那黝黑的皮肤平滑无瑕。"不，我不愿意。说实话，我害怕变老。你害怕吗？"

"不。我告诉过你，我并没有感受惧怕的生理机制。如今我力量强大，为何会想要改变这一点？"

"我也说不好。我觉得如果你老了，或许就可以，你知道的，有朝一日就可以退休。我是说，在远征结束之后。"

"结束？"

"是的，在战事告终之后，在帝皇光复了人类疆土之后。"

洛肯没有立刻回答，而是继续打磨自己的盔甲。梅萨蒂正要再次提问，他却开口说道："我不确定远征究竟会不会结束，梅萨蒂。我自从加入四王议会之后，已经与好几个人谈过，他们都认为这场伟大统一永无终了之日。或者统一即便能够达成，也难以长存。"

梅萨蒂笑了起来，"听起来你恐怕是和伊格内斯相处太久了。他的诗句又转到酒后感伤的风格去了吗？"

他摇摇头，"没有。"

"那又是为什么？你为何会有这种想法？和你找辛德曼借的书有关系吗？"

"没有。"洛肯重复道。那位老迈宣讲者的名字在转瞬之间为他的淡灰色双眼抹上了一层阴郁。梅萨蒂明确意识到对方不愿继续深入讨论这件事了。于是她将今日的交谈收入脑海，暂且跳过这种与洛肯格格不入的苦闷话题，留待对方敞开心扉时再作深究。

她打算提出另一个问题，把谈话转移到更为积极的方向上去。就在此时，一片庞大阴影将两人笼罩起来，梅萨蒂转过身看到了居高临下的第一连长阿巴顿，对方的壮硕身躯如同一块厚重石板。

他头顶的长发一如既往地用银鞘束成辫子，脑袋的其余部分则剃得锃亮。荷鲁斯之子第一连长身穿简朴的作训服，手里是一柄带有锯齿利刃的恐怖长剑。

他用充满责难的目光怒视着梅萨蒂。

"第一连长阿巴顿——"她说着躬身行礼，随即被对方打断。

"你流血了？"阿巴顿探出铁腕巨掌，紧紧抓住洛肯的臂膀，他的浑厚嗓音与高大体形相互衬托，"训练笼居然尝到了阿斯塔特的血？"

洛肯瞥了一眼自己的虬结肌肉，那道剑伤将黑色的双头鹰文身划作两半。"是的，艾泽凯尔，我练太久了，有些累。没什么的。"

阿巴顿低哼一声说道："你变软弱了，洛肯。如果你少跟爱惹麻烦的诗人或者刨根问底的写手混在一起，或许就不会这么容易疲累。"

"或许吧。"洛肯表示认同。梅萨蒂清晰察觉到了两位阿斯塔特之间那焦灼电流般的紧绷情绪。阿巴顿朝洛肯简洁地点头示意，随后又恶狠狠地瞪了梅萨蒂一眼，接着转过身走入训练笼，手中的长剑咆哮着启动运转。

洛肯的目光紧随着阿巴顿。梅萨蒂在对方眼中捕捉到了一种出乎意料的态度：谨慎提防。

"刚才那是什么意思？"她问道，"这和在戴文上发生的事情有关系吗？"

洛肯耸耸肩，"我很难说。"

戴文，荒漠之中星罗棋布的破败废墟追忆着昔日的先进文明。然而数个世纪以前的繁荣社会早已陷落于古老长夜的混乱。如今，戴文是一个狂野世界，这里的燥热焚风席卷大地，头顶那枚灼人骄阳如同猩红的恶毒巨眼。洛肯上一次踏足戴文是六十年前了，当时这里仅仅被称为63-8，即由63号远征队纳入归顺的第八个世界。

在他看来，当地条件并未因归顺而有所改善。

星球地表是一片仿佛饱受炙烤的坚硬黏土，上面散落着低矮灌木以及气味浓郁的高大森林。原始的村镇聚落分布在肥沃富饶的河谷两侧，同时也有很多游牧部族在那些毒蛇出没的广阔沙漠中孤独穿行。

洛肯还记得他们昔日用几场干净利落的迅猛突击将这个星球纳入归顺，当地的战士阶层征伐不休，那自相残杀几乎令土著居民消亡灭绝。面对在数量和科技上都占据绝对优势的外来敌人，他们表现出了极大的英勇气概，在荣誉得偿之后才屈膝投降。

影月苍狼被当地人的胆魄所震撼，同时也欣赏对方接受新事物的积极态度，因此尚未升任战帅的指挥官提出，他麾下的战士可以从这些勇敢的对手身上学到很多东西。

纵然当地部落和人类血脉之间已经隔绝千年，与跟随阿斯塔特前来的殖民团队差异显著，荷鲁斯依旧容许所有野蛮土著保留家园，以此回应他们对于帝国生活方式的热情拥抱。

彼时，宣讲者和记述者并未成为远征舰队的正式组成部分，但依附在浩荡兵马身后的大批平民学者混迹于当地民众之间，大力宣扬帝国的光辉与真理。他们受到了颇为热烈的欢迎，而这大多要归功于第十七军团怀言者的牧师们在戴文臣服后展开的勤勉工作。

那是一场出色的战争：耗时甚短，且影月苍狼毫无折损。战败归降的当地人迅速而高效地完成了归顺，让指挥官得以将收尾工作托付给怀言者军团的科尔·法伦，由他们负责用真理与启迪之光彻底照亮戴文。

的确，那是一场出色的战争，至少洛肯以为如此。

汗水沿着他的后脑勺缓缓流淌，遁入盔甲内部。纵然洛肯早在几个月之前便为自己的装备进行了重新涂装，但这绿色的金属光泽依旧显得新奇扎眼。他本可以将那份工作交给军团的众多工匠之一，但他从心底里明白，必须亲手照料作战装备，因此花费大量时间精力为每一片甲胄重新涂装。他怀念昔日那珠白色战甲的纯净色泽，但战帅已经宣布，军团要用这崭新色调搭配其崭新名号：荷鲁斯之子。

当战帅的此项宣言在远征舰队中席卷而过时，那种群情激昂与崇敬欢呼声至今还在洛肯脑海里回响不已。人们高举拳头，扯着嘶哑喉咙放声喝彩。洛肯也与朋友们一同庆贺，然而挚爱军团的新名号却让一阵不安的波纹在他心中荡开。

喜爱说笑的托迦顿注意到了洛肯脸上转瞬即逝的阴云，"怎么了，你还指望我们改叫洛肯之子吗？"

洛肯微笑着回答："不，我只是——"

"只是什么？是我们配不上这个名字，还是说指挥官配不上这份荣誉？"

"当然配得上，"洛肯点点头，努力盖过整支军团的震耳呼吼，"他比任何人都更有资格，但你不觉得这个名字里掺杂了一丝自吹自擂的意味吗？"

"自吹自擂？"托迦顿笑道，"那些天天缠着你的记述者跟屁虫倒是教了你不少新词语啊。得了，省省你的榆木脑袋，享受这一刻吧！"

当时塔瑞克洋溢的热情极具感染力，洛肯不由自主地重新喊哑了嗓子。

此刻他几乎还能品尝到喉咙里的嘶哑感觉。洛肯深吸一口从北方刮来的燥热狂风，心中盼望自己能够站在除了戴文之外的任何地方。这个世界并非毫无美感，但他依旧不喜欢戴文，即便难以明确解释自己的反感究竟缘何而来。在舰队从芝诺比娅驶向戴文的路上，他胸中就积淀了一种苦涩的不安，但如今他将此类念头抛诸脑后，迈步走在指挥官前方，踏上了这颗星球的土壤。

作为一个在科索尼亚那梦魇般的工业洞穴中长大的人，洛肯无法否认戴文那辽阔原野所蕴含的醉人壮美。在西边，扶摇直上的宏伟群山仿佛能够刺破苍穹，而遥远的北方则有遁入大地之心的深幽裂谷，洛肯知道上古君王的华美墓室便藏身于此。

是的，他们在戴文开展了一场出色的战争。

那么怀言者究竟为何要让他们返回这里？

此前几个小时，在复仇之魂号的舰桥上，马罗格斯特用扭曲如爪的手掌握住一块激活的数据板；即便军团药剂师作出了最大的努力，还是未能修复他那变形的皮肤。他再次扫视数据板上的通信内容，发信者遣词造句的方式令他倍感恼怒。

他很不情愿将这份信息交给战帅审视，在一时之间甚至考虑是否将其彻底忽略，或者佯装从未收到过。然而马罗格斯特绝非依靠报喜不报忧得到战帅侍从这一重任的。他叹了口气：现如今，平淡无奇的行政人员已经开始秉承帝皇的权威了，无论马罗格斯特心中有何看法，这条信息都是不可忽略的。

战帅永远不会同意信息中的内容，但马罗格斯特还是必须呈递上去。随着一时的软弱，马罗格斯特转过身去，一瘸一拐地穿过战略室走向战帅的私人内厅。他打算把数据板留在战帅的桌子上，由指挥官晚些时候自己阅读。

内厅大门顺滑地打开，展现出幽暗而静谧的房间。

马罗格斯特很享受内厅的空旷环境，那凉爽空气令他的凄惨皮肤和扭曲脊梁略感舒缓。唯一能够打破此处幽静气氛的响动便是他自己的嘶鸣喘息，那向后弯曲变形的脊柱给他的肺部带来了沉重而异常的压迫。

马罗格斯特沿着一张平滑的椭圆形桌子边缘蹒跚前行，伸手将数据板摆在了属于战帅的首座位置。

四王议会已经太久没有在此聚首了，马罗格斯特心想。

"晚上好啊，老马。"一个浑厚而疲惫的声音从阴影中传来。

马罗格斯特惊讶地转向声音源头，松开手将数据板抛在桌面上，准备开口斥责这个胆敢擅闯战帅内厅之人。那身影从黑暗中浮现，指挥官的熟悉容貌顿时让他放松下来，荷鲁斯颈甲内部散发的红色光晕将他的面孔照映得颇为怪异。

全副武装的战帅坐在幽暗内厅的角落里，臂膀架在膝盖上，用双手抱着自己的脑袋。

"大人？"马罗格斯特说，"一切都还好吗？"

荷鲁斯盯着内厅的水磨石地板，用双手掌根揉了揉自己光洁的头颅，他饱经风霜的高贵面孔和瞳距较宽的深邃双眼都被阴影所笼罩。马罗格斯特耐心等待着战帅的回应。

"我已经不确定了，老马。"荷鲁斯说。

战帅的话语让一阵寒战沿着马罗格斯特扭曲的脊梁奔窜而下。他想必是听错了。战帅竟然会有不确定的时候，这简直难以置信。

"你信任我吗？"荷鲁斯突然问道。

"当然，长官。"马罗格斯特不假思索地回答。

"那么你为何要把一件东西留在这里，却不敢直接拿给我看？"荷鲁斯说着走向桌边，拿起那块数据板。

马罗格斯特略加迟疑，"这又是一项你不应承担的累赘，大人。某个来自泰拉的记述者，显然她拥有一些身居高位的朋友，例如掌印者。"

"卡皮努斯家族的佩卓尼拉·维瓦，"荷鲁斯阅读着数据板的内容，"我对她的家族有所耳闻。在泰拉统一之前，正是她的先人记录了我父亲的崛起。"

"她提出的要求，"马罗格斯特厉声说，"真是荒谬至极。"

"是吗，马罗格斯特？难道我如此卑微渺小，不配受到记述吗？"

马罗格斯特倍显震愕，"长官，你这是什么话？你是战帅，受众所爱戴的帝皇钦选，担任吾辈大业的摄政重臣。这支舰队里的众多记述者大可去见证种种事物，但若非有你，他们便毫无意义。若非有你，这一切都毫无意义。你无人能及。"

"无人能及，"荷鲁斯轻笑道，"这听起来不错嘛。我唯一的愿望就是率领伟大远征取得胜利，完成我父亲托付给我的工作。"

"你是我们所有人的楷模，长官。"马罗格斯特骄傲地说。

"我想这也就是人能够企及的最高目标，"荷鲁斯点点头，"在有生之年担当楷模，在故去之后激励万世，如此而已。或许她能够帮助我实现这个高尚理念。"

"故去？你是行走凡间的神祇，长官，你是永生不朽、众所爱戴的。"

"没错！"荷鲁斯喊道，这火山爆发般的骤然怒气令马罗格斯特胆寒退却，"如我这般的存在皆由帝皇亲手创造，具备执掌万物的无限潜力，想必不会只是个短命的蜉蝣！你说得对，老马，你和艾瑞巴斯说得都对。我的父亲赋予我不朽之躯，银河理应知晓我的力量。万年之后，我要让自己的名号回荡寰宇。"

战帅的昂扬信念令人迷醉，马罗格斯特点点头，痛苦地单膝跪倒以示臣服。

"你有何吩咐，大人？"

"告诉这个佩卓尼拉·维瓦，我准许她觐见，但必须即刻前来。"荷鲁斯的可畏怒火眨眼间消逝无踪，"也告诉她，如果能为我留下深刻印象，那么只要她愿意，我就允许她担任我的私人记录员。"

"你确定吗，长官？"

"确定，我的朋友，"荷鲁斯微笑着说，"快起来吧，我知道跪着让你很痛苦。"

荷鲁斯搀扶马罗格斯特站起身来，将一只披覆铠甲的手掌轻轻搭在他的肩头。

"你是否愿意追随我，老马？"战帅问道，"无论未来发生什么？"

"你是我的领袖与尊主，长官，"马罗格斯特郑重宣誓，"我会始终追随你，直至银河燃烧，群星熄灭。"

"我唯愿如此，老朋友。"荷鲁斯微笑道，"我们准备一下，看看艾瑞巴斯有何话要说吧。戴文，嗯？谁能想到我们会返回这里？"

登陆戴文两个小时之后。

63号远征队造访戴文的原因是一份来自怀言者军团艾瑞巴斯的通信信息，其中提到了某种旧日事务、某项未结争端，然而对于具体缘由或涉及人员只字未提。

经历了谋杀星球的浴血拼搏与外事区的凶险撤离，洛肯原本期望投身于另一片狂暴无情的艰苦战区，然而面前这个难以被称作战区的地方却显得死寂，闷热，而且……平和。

他不知道自己究竟应该感到失望还是宽慰。

在部队登陆之后，荷鲁斯很快得出了同样的结论。他嗅了嗅戴文的空气，脸上露出确凿无疑的神色。

"这里并无战事。"他说。

"并无战事？"阿巴顿追问，"你怎么知道？"

"仔细观察，艾泽凯尔，"荷鲁斯说，"你理应闻到尸体燃烧与金属熔化的味道，还有恐惧和鲜血此类气息。但这个世界上并没有。"

"那么我们为何来此？"阿西曼德说着摘下了带有顶饰的头盔。

"显然我们是受人召唤前来的。"荷鲁斯的语气顿时变得阴郁。战帅口中吐露出"召唤"二字让洛肯颇为不快。

有谁胆敢召唤战帅？

答案随即浮现，一团尘埃烟云在东方天际越发膨胀，八辆方方正正的履带式装甲车穿过草原隆隆驶来。那些颜色深暗的钢铁车辆被战帅麾下的风暴鸟紧紧护送，它们的通信天线拖曳着一块块三角旗，上面烙印着一支阿斯塔特军团的徽记。

为首的犀牛运兵车顶部矗立着一座充满崇拜意味的战利品架，上面悬挂了众多金色鹰徽和书籍，以及用青金石拼制的雷霆闪电图案。

"艾瑞巴斯。"洛肯厉声说道。

"你们不要开口，"待犀牛运兵车逼近后，荷鲁斯警告部下，"由我负责谈话。"

很奇怪，这座棚屋中飘散着苹果香味，但伊格内斯·卡尔卡斯在众多木雕盘子里并没有看到任何水果，只有垒得高高的烤肉，而他的味蕾难以消受那种看似半生不熟的烹饪作品。他发誓自己闻到了苹果的味道。他在棚屋内部仔细寻觅，或许这里有当地酿造的苹果酒。一个面部毛发旺盛、双目漆黑无光的土著居民曾为他呈上一碗本地烈酒，那色泽混浊的饮品闻起来就像是变质的牛奶，他看到悠弗拉迪·奇勒向他使了个眼色之后便婉言谢绝了。

棚屋和那饮品一样粗劣，但其中蕴含的原始壮美让充满浪漫主义思想的卡尔卡斯颇为倾心，不过他也精明地知道，只有不必住在这里的人才会欣赏其原始壮美。棚屋中大约有一百人——帝国军官、战略室技师、几个记述者，还有书记员和军队助手。

他们来此都是为了参加指挥官的战争会议。

卡尔卡斯扫视这昏暗大厅四下，发现与会者身份颇为高贵：帝国军队总司令海克托·瓦尔瓦鲁斯，旁边是一位披着乳白长袍、体态佝偻的阿斯塔特巨人，想必是战帅侍从马罗格斯特。

一名穿着黑色制服的泰坦指挥官面无笑意地昂然矗立在人群最前端，卡尔卡斯辨认出他是埃索·图奈特机长，帝皇泰坦审判日的指挥官。在谋杀星球，图奈特所执掌的泰坦一马当先，率领其余战争机械深入巨蛛怪领土腹地，为死亡军团赢得了难以比拟的巨大荣誉。

卡尔卡斯记起在63-19星球，那架参天泰坦俯瞰着皮特·伊刚·莫马斯展示其建筑蓝图，顿时不禁打了个寒战。昔日不动如山的泰坦便引发他的强烈反应，卡尔卡斯简直不敢想象，那种无与伦比的毁灭力量尽数释放出来将是怎样一幅恐怖景象。

旁边那个略具人形的轮廓一定属于机械神教技师瑞古拉斯，他的残存肉体被嘶鸣不已的银色支架和时刻旋动的繁复齿轮包裹起来，那鼓胀胸膛上悬挂的无数奖章足以配备一整支军队。

只因身处高官显贵之间，卡尔卡斯勉强忍住了打一个哈欠的冲动，他和在场众人耐着性子聆听戴文的结社领袖茨·瑞克用当地语言展开一段极其翔实细致的吟诵。能够亲眼见到这些近似人类的土著居民当然是一次奇特而有趣的经历，但卡尔卡斯明白，洛肯连长准许他出席战争会议必定另有原因，不会是仅仅为了见证这场平淡而冗长的欢迎仪式。

一位名叫耶尔坦的宣讲者负责把结社祭司的吟诵内容转换成帝国哥特语，这个相貌平平的翻译员用精妙纯熟的浑厚嗓音将一字一句都传递到了棚屋的每个角落。

无论你对宣讲者有何看法，卡尔卡斯心想，他们的吐字确实无比清晰。

"这还要多久啊？"悠弗拉迪·奇勒俯身凑近，低声说道。她一如既往地穿着作训服外套、笨重军靴，还有一件紧身白色上衣，恰似一位精力十足的开拓先驱。"战帅什么时候会来？"

"没概念。"卡尔卡斯答道，趁机瞥了一眼她的乳沟。一条纤细银链挂在她脖颈上，而末端的物件则隐藏在上衣的布料里。

"我的脸在这儿呢，伊格内斯。"悠弗拉迪说。

"我知道，亲爱的悠弗拉迪，"他回答，"但我现在无聊透顶，这里的景色要美丽多了。"

"得了，伊格内斯，没戏的。"

他耸耸肩，"我明白，但这毕竟是个美好的幻想，亲爱的，况且人总是要知其不可为而为之。"

对方露出微笑，卡尔卡斯意识到自己或许真的有些爱上了悠弗拉迪·奇勒。自从在耳语山脉遭到异形野兽袭击之后，悠弗拉迪的状态就一直不太好，说实话，伊格内斯根本没想到会在这里碰见对方。这位愈显清瘦的摄影师将一头金发紧紧扎成马尾辫，纵然尽力掩饰其女性特征，却依旧柔美靓丽。卡尔卡斯曾经为佐瑞安妮·德拉奎斯侯爵夫人撰写过一篇史诗，这位是泰拉宫廷中声名远播的绝顶美人——那项可耻的工作令人颇为厌憎，然而酬金甚是可观——但侯爵夫人的美丽容貌显得匠气十足且虚伪空洞，难以比拟奇勒脸上具有的这种重获新生般的充沛活力。

他知道自己的宽厚体态、鬼祟眼睛和圆润脸庞是配不上对方的；但伊格内斯·卡尔卡斯也从来没有因为自己的平淡相貌而对美丽女士望洋兴叹：这只是更具挑战性罢了。

凭借早期的出色作品，卡尔卡斯在热情的读者之中颇有斩获，单单是"内省与颂歌"这一篇就为他招来了几段值得铭记的香艳故事，而另外一些心思更为单纯的异性则折服于他的机智幽默。

卡尔卡斯明白悠弗拉迪·奇勒不会被赤裸裸的谄媚手段所攻陷，他也早已满足于将对方仅仅视作朋友。卡尔卡斯意识到，自己从未想过会拥有一位女性朋友。

"若要认真回答你的问题，亲爱的，"卡尔卡斯微笑着继续说，"我希望战帅尽快驾临。我的嘴巴干得像一只塔兰拖鞋，我得找点喝的。"

"伊格内斯……"悠弗拉迪开口道。

"咱们省省大道理吧，"伊格内斯叹了口气，"我说的不是酒，不过这会儿要是真给我一瓶63-19的那种泪水，我也能一口气灌下去。"

"我还以为你讨厌那种酒呢，"奇勒回应道，"你当时说它糟透了。"

"是啊，但最近几个月的饮品一成不变，谁也想不到我们为了尝口新鲜能作出怎样的牺牲。"

奇勒微笑着用手握住挂在脖子上的那个物件说道："我会为你祈祷的，伊格内斯。"

对方的用词令诗人感到一丝惊诧。随后悠弗拉迪露出一副喜悦而崇敬的神色，并举起相机拍摄伊格内斯身后的某个事物。他转头看到一位高大壮硕的阿斯塔特掀开棚屋门帘，俯身走入。卡尔卡斯仔细审视了一阵，那名战士披挂的锃亮盔甲并不属于荷鲁斯之子，而是怀言者的深灰涂装。他的手杖顶端是一本覆满誓言的纸质书籍，并缠绕着紫色绸带。他将头盔夹在臂弯里，似乎对若干记述者在场感到颇为惊讶。

卡尔卡斯在那位阿斯塔特的宽阔面孔中看到了诚挚与严肃，他的光洁头颅上文着密密麻麻的精细符记。他的一侧肩甲铺着厚重的羊皮纸，上面书写了某种深奥的文字，另一侧肩甲则有着显眼的独特标志——一本典籍中央升腾起火焰。虽然卡尔卡斯明白，这代表着理性启迪从文字之中涌现而出的意义，但他依旧本能地十分反感。

这让他的灵感联想到了知识的灭亡，那是泰拉上古历史中的一段可怕岁月，那时狂徒与暴民将无以计数的书籍、图书馆和文人付之一炬，妄图阻止理念借助文字载体广为传播。在卡尔卡斯看来，这种标志更适合愚民和庸人，而不是一位奉命传播知识、进步与启迪的阿斯塔特战士。

此等美妙的思想让卡尔卡斯微笑起来，他暗自猜想能否将其化作一篇诗歌，同时又不让洛肯连长有所察觉，但这逆反念头刚刚萌芽就被他彻底铲除。卡尔卡斯知道自己的赞助人会把所有作品都转交给那位越发深居简出的凯瑞尔·辛德曼。而纵然年迈倦怠，辛德曼在对待媒体材料时依旧心思敏锐，任何隐晦暗喻恐怕都难逃其法眼。

一旦被人发觉，卡尔卡斯就会立刻登上下一班大型运输船滚回泰拉，就算有阿斯塔特的支持也无济于事。

"那是谁呀？"他将注意力转回到新来者身上，开口向奇勒问道。此时茨·瑞克终于停止了冗长的吟诵，向新来者躬身行礼。那位战士则举起长杖示意。

奇勒瞥了他一眼，仿佛卡尔卡斯突然长出了一个多余的脑袋。

"你是认真的吗？"她嘶声道。

"从来没有这么认真过，亲爱的，他到底是谁啊？"

"那位，"奇勒骄傲地说着，又拍了一张照片，"是艾瑞巴斯，怀言者首席牧师。"

伊格内斯·卡尔卡斯骤然知道了洛肯连长让他出席会议的原因。

卡尔卡斯刚刚踏上尘土飞扬的戴文草原时，便立刻想起了63-19的逼人闷热。他匆忙躲开穿梭机大气层引擎的奔涌紊流，半跑半摔地从那震耳轰鸣里逃了出来，身上那件精工细作的昂贵长袍迎风狂舞。

洛肯连长当时已经等待许久，他身披那套英武华贵的淡绿盔甲，显然对于炎炎高温和飞旋尘云都不以为意。

"多谢你能临时赶来，伊格内斯。"

"客气了，先生，"卡尔卡斯高声喊道，努力盖过穿梭机重新升空时引擎的咆哮，"我很荣幸，而且说实话，也相当惊讶。"

"不必。我对你说过，我需要一个唯求真相的人，是不是？"

"是的，先生，你确实说过，先生，"卡尔卡斯咧嘴笑道，"这是我来此的原因吗？"

"在一定程度上是的，"洛肯表示认同，"你是个天生健谈的人，伊格内斯，但今天我需要你认真聆听。你明白吗？"

"我想是的。你要让我聆听什么？"

"不是什么，而是谁。"

"那好吧。你要让我聆听谁？"

"一个我不信任的人。"洛肯回答。

第三章

一片玻璃
良善之人
话中深意

在部队向戴文地表发动空降的一天之前,洛肯来到了三号文献库寻找凯瑞尔·辛德曼,交还自己昔日借取的书籍。他在覆满尘灰的高大书架和堆积如山的泛黄卷轴之间缓缓穿行,一枚枚散发着微弱光辉的照明球悬浮在头顶上方,他的沉重脚步在这肃穆沉寂的环境里隆隆回响。偶尔会有一位坐在高背椅里的孤独学者从幽暗背景中浮现,但都不是他的老迈导师。

洛肯走过另一条回廊,两旁是令人目眩的高大书架,其中盛放着无数陈旧手稿和皮面书籍,例如关于寰宇律条的圣歌,对悲哀英雄的沉思、古老长夜的思考与记忆。一切看起来都很陌生,他认为不可能在这座由深奥学识堆砌而成的迷宫里找到辛德曼了,但就在此刻,那位宣讲者令人熟悉的背影出现在了视野里,对方躬身伏于一张长桌前,周围摆满了用皮索捆缚的松散纸张,以及胡乱堆放的大量书籍。

辛德曼背对着他,显然彻底沉浸在书中,竟没有听到洛肯的脚步声。

"又是糟糕的诗歌?"洛肯在合适的距离上站定开口。

辛德曼吓了一跳,他向身后投去的目光里夹杂着惊愕与戒备,正如他第一次在此遇到洛肯时的神色。

"加维尔。"辛德曼说道。洛肯在对方的嗓音里捕捉到了一丝宽慰。

"你在等什么人吗?"

"不。不,完全没有。我很少在档案库的这片区域里碰到其他人。对于治学态度更为严谨的学者而言,这里的文章题材略有些荒谬了。"

洛肯绕过书桌,扫视辛德曼面前的纸张——难以辨认的密集文字,描绘着狰狞怪兽和浴火凡人的乌黑木雕。他的目光又转向辛德曼,老人在洛肯的凝视之下紧张地咬着嘴唇。

"我承认，近来格外倾心一些旧日文字，"辛德曼解释道，"与我借给你的那本《厄什编年史》类似，都是粗犷而血腥的作品。虽然很幼稚，也夸大其词，但确实能够触动心弦。"

"我已经读完了，凯瑞尔。"洛肯说着将书放在辛德曼手边。

"如何？"

"如你所说，它血腥，庸俗，时常天马行空……"

"但是？"

"但是我不禁要怀疑，你把这本书借给我的时候是否怀有某种动机。"

"动机？不，加维尔，我向你保证，绝没有什么暗中手段。"辛德曼说道。然而洛肯不确定自己是否相信对方。

"真的吗？书中的一些段落在我看来含有或多或少的真实成分。"

"得了，加维尔，你总不可能信以为真了吧。"辛德曼嗤笑道。

"那座避难所，"洛肯指出，"阿努特·齐瑟与北非盟约的最后一战。"

辛德曼面露迟疑，"怎么了？"

"我能从你眼里看出来，你已经知道我要说什么了。"

"不，加维尔，我不知道。我记得你所说的那个段落，内容确实激动人心，但我不认为我们应当相信文章的字面意义。"

"我同意，"洛肯点点头，"所谓的天空撕裂和山脉崩塌显然都是胡扯，但其中还提到了有些人化身恶魔，自相残杀。"

"啊……我现在明白了。你认为这是一条线索，与扎弗耶·朱巴的昔日遭遇相关？"

"你不这样认为吗？"洛肯问道。他伸手翻过一张泛黄的羊皮纸，上面描绘着满口獠牙的恶魔形象，它披覆毛皮，顶生羊角，手中握着一柄印有颅骨徽记的染血战斧。

"朱巴变成了一个恶魔，试图杀死我！这正像阿努特·齐瑟本人的遭遇。他麾下一位名叫威尔海姆·马多尔的军官变成了恶魔，杀死了他。这听起来不是很耳熟吗？"

辛德曼靠坐在椅子里，闭上双眼。洛肯这才发现对方显得疲惫不堪，那苍老皮肤与羊皮纸一样干枯泛黄，瘦骨嶙峋的身躯上松垮垮地挂着衣物。

洛肯意识到，这位德高望重的宣讲者累极了。

"抱歉，凯瑞尔，"他也靠坐回去，"我不是来找你吵架的。"

辛德曼微笑起来，洛肯顿时回想起自己有多么仰仗对方的睿智劝诫。他们虽无明确的师徒关系，但辛德曼多年来向他提供了很多关键指引与宝贵学识。今日洛肯近乎惊愕地意识到，辛德曼也并非无所不知。

"没关系，加维尔，你怀有疑问是好事，这表明你已经学到了一点，那就是真相往往比我们目中所见的表象更为深刻复杂。我相信战帅很看重你的这种品质。指挥官近来如何？"

"很累，"洛肯承认道，"各个方面的事务都在等待他处理，那些咄咄逼人的要求已经日渐刺耳。众多远征舰队的通信信息试图将他扯向四面八方，泰拉议会的粗鲁指令则试图将他从战帅转化成一个该死的行政官僚。他肩负重担，凯瑞尔；但不要以为你能如此轻易地改变话题。"

辛德曼笑了起来，"我已经骗不过你的敏锐心思了，加维尔。那好吧，你想问什么？"

"书中那些所谓运用奥秘力量的人，他们是巫师吗？"

"我不知道，"辛德曼诚实作答，"当然有可能。他们运用的那种力量的确显得超乎自然。"

"但他们的领袖如何能够允许滥用那种力量？他们想必明白其危险之处吧？"

"或许吧，但你不如这样想，纵然有帝皇的智慧与科学之光照耀前路，我们依旧知之甚少。相比之下，他们要无知得多。"

"就算是野蛮人也该知道，这些事物是极其危险的。"洛肯说。

"野蛮人？"辛德曼问道，"真是个颇具贬义的词，我的朋友。莫要妄加评判，我们与古老地球部落之间的区别并没有你想象中那么大。"

"你不是认真的吧，"洛肯说，"我们和他们简直是云泥之别。"

"你确定吗，加维尔？你认为将文明与野蛮隔开的那道高墙坚如钢铁，但事实并非如此。我要告诉你，两者之间仅有一线之隔，那道高墙无非是区区一片玻璃。只需轻轻敲打几处，那权倾天下的异端迷信，那对于黑暗的深重恐惧，还有在空旷神殿里崇拜邪秽的种种愚行，都会卷土重来。"

"你夸大其词了。"

"是吗？"辛德曼俯身向前，"想象一下，某个新近归顺的世界突然遭遇了某种关键资源的严重短缺，例如燃料、饮水或食物不足，那么文明能坚持多久才会被野蛮行为所取代？人类的自私天性是否会引发争斗，令人不计一切代价地攫取这种资源，即便那意味着伤害他人或堕入邪道？人类是否会从同胞手中抢夺这种资源，甚至为了防止他人觊觎而自相残杀？体面礼数和文明行为只是一层薄如蝉翼的外壳，人类内心的那股兽性本质就隐藏其下，一旦找到机会便会脱缰而出。"

"依你所说，我们似乎无药可救了。"

"远非如此，加维尔，"辛德曼摇摇头说，"古往今来，人类对于自身的创生始终困惑不解，但感谢帝皇，我如今坚信我们必将崛起于世，执掌万物。人类文明脱颖而出的时日尚短，与种族存在的漫漫历史相比不值一提，与种族延续的长远未来相比不值一提。帝皇的睿智统御，紧密和谐的社会结构，平等的权利和待遇，还有广泛普及的教育都昭示着人类社会即将迈上一个更高层面，而我们的经验、智能与学识也在朝这一方向稳步前进。古代人类部落在遭受卡拉甘和纳森·杜姆之流暴君的荼毒以前，曾经享受着自由、平等与博爱，如今这些美好事物必将复兴并得以升华。"

洛肯微笑起来，"我居然会以为你陷入了绝望。"

辛德曼回应着洛肯的笑容，"不，加维尔，我一点没有陷入绝望。我承认，耳语山脉的事情让我备感震撼，但之后我读得越多，就越能看到人类至今达成了多么伟大的进步，距离实现一切梦想又有多么近。每一天，我都要真心感激我们拥有帝皇的光辉，能够追随他走入这个金色的未来。我不敢想象如果失去了他，人类会落入何等下场。"

"你多虑了，"洛肯说，"那永远都不会发生的。"

阿西曼德透过帘子的缝隙瞥了一眼，"艾瑞巴斯到了。"

荷鲁斯点点头，转身看着四王议会成员，"你们都知道该怎么办吧？"

"不知道，"托迦顿说，"我们都忘光了。不如你提醒我们一下？"

这玩笑之词招来了荷鲁斯的阴沉目光，他说道："够了，塔瑞克。开玩笑也要看时机，现在不合适，所以闭好你的嘴。"

战帅的严词斥责令托迦顿面露愕然，他用充满伤痛的目光瞥了一眼几位同僚。洛肯并不感到格外惊讶，自从远征舰队撤出英特雷斯领地之后的几周里，他已经数次目睹指挥官向下属发泄怒火。芝诺比娅仪器大殿中的血腥罪孽让荷鲁斯难以平复心情，白白错失与英特雷斯达成和平统一的大好机遇也令指挥官至今不能释怀。

随着帝国与英特雷斯的关系灾难性恶化，战帅变得郁郁寡欢，往往深居于内厅之中，身边仅容艾瑞巴斯一人进言。在返回帝国疆域后，四王议会成员几乎难以见到指挥官真容，他们全都切实体会到了被拒之门外的感受。

战帅向来接纳他们的观点和劝导，但现如今他耳中唯有艾瑞巴斯的声音。

因此，当艾瑞巴斯提出要告别远征舰队，先行赶往戴文与自身军团会合时，四王议会成员都暗自松了一口气。

即便在前往戴文的航程中，战帅也未得一丝安宁。请求协助或支援的信息从银河各个角落一遍遍向他传来，发信者既有兄弟原体，也有帝国军队指挥官，而最令人厌憎的则是跟在远征舰队身后接踵而来的行政官僚大军。

来自泰拉的征税官以一位名叫艾恩尼德·拉斯伯恩的高级官员为首，他们日复一日地烦扰战帅，要求他为行政人员提供支持，协助他们广泛深入归顺疆域之中，开始征收帝皇的税费。任何略有常识的人都明白，这一举措为时尚早。荷鲁斯尽己所能抵挡了拉斯伯恩及其部属的要求，然而他们不可能被无限制的迁延搪塞。

"如果任我选择的话，"荷鲁斯在一天晚上对洛肯说道，彼时他们正在探讨如何寻找新的方式来拖延对于归顺世界的税费征收，"我一定把帝国全境的征税官全都杀掉，但是我相信明天一大早，税费账单就会从地狱送到我们手里。"

洛肯报以大笑，但笑声随即戛然而止，因为他意识到荷鲁斯是认真的。

今日他们终于抵达戴文，着手处理更为紧要的事务。

"记住，"荷鲁斯说道，"严格按照我的安排行事。"

崇敬之情令众人静默无声，参会者纷纷单膝跪地，迎接帝皇的社稷重臣步入房间。目睹这位现世神祇让卡尔卡斯感觉头晕目眩，对方披挂的华丽铠甲有着天边海洋的颜色，肩头的披风则是幽暗的深紫，泰拉之眼在战帅胸甲正中熠熠闪亮。他的威严英武让卡尔卡斯近乎迷醉。

诗人在63号远征队里盘桓了许久，直到今日才得以一窥战帅真容，这似乎是对时间的极端浪费，卡尔卡斯痛下决心，要把自己本周在邦兹曼7号记事本里涂抹的杂乱内容全部撕碎，为指挥官谱写一篇独白史诗。

四王议会成员紧随其后，另外还有一名姿态庄重的高挑女士。她穿着一件高领宽袖的猩红礼服，满头青丝盘成了某种华而不实的奇特发型。卡尔卡斯伴着满腔愤懑意识到，这就是维瓦，那个大家早有耳闻的泰拉记述者。

荷鲁斯抬起双臂说道，"朋友们，我说过很多遍了，不必向我屈膝。只有帝皇才配得上这般礼节。"

人群缓缓起身，仿佛不愿停止向这位鲜活神明致以敬意。荷鲁斯在亲信老友之间穿行，与他们一一握手，用平易近人的强大魅力和自然而然的机敏幽默令众人折服。卡尔卡斯遥望那些有幸与战帅交谈的面孔，自己不受如此宠幸的可悲现实使得一股强烈妒意在他胸中升腾而起。

卡尔卡斯不假思索地穿过人群挤向前方，顿时招来了众多敌视目光，偶尔还有一只狠狠撞来的手肘。他察觉到自己的长袍后领被人拉扯，于是扭过头去打算斥责那个如此糟蹋昂贵衣物的家伙。结果他发现是悠弗拉迪·奇勒站在背后。卡尔卡斯起初以为对方想要把他拉回去，但他与奇勒一视，便明白，摄影师只是想借助他的壮硕身躯当作盾牌一路同行。

他费尽力气挤到了靠前的第六或是第七排，突然回想起自己究竟为何获准参加这场规格甚高的活动。他将目光从战帅身上扯开，仔细观察怀言者艾瑞巴斯。

卡尔卡斯对于第十七军团知之甚少，仅仅记得他们的基因原体洛加是一位备受荷鲁斯信赖的亲密兄弟。两支军团曾经数次为帝国的荣耀并肩奋战，浴血拼搏。四王议会成员一一上前拥抱艾瑞巴斯，仿佛那是失散多年的手足。他们高声说笑，相互拍打盔甲以示欢迎，然而卡尔卡斯在洛肯与艾瑞巴斯的拥抱之中察觉到了一丝默然隔阂。

"集中精力，伊格内斯，集中精力……"他低声自言自语，目光却不由自主地重新飘向那光辉绝伦的战帅。他勉强移开视线，恰巧目睹阿巴顿与艾瑞巴斯再次握手，并捕捉到了两人掌中传递的些许银色光芒。那光芒一闪即逝，令他难以确信，似乎是某种硬币或徽章的模样。

四王议会成员与维瓦远远立于战帅背后，马罗格斯特则在主人身边就位。荷鲁斯高举双臂说道："各位朋友，大家今日聚首是为了商讨如何将真理与光明带给黑暗的角落，所以请你们再次忍耐我的啰唆。"

礼貌的笑声与掌声在棚屋四下回荡开来，荷鲁斯继续开口："我们重新造访戴文，这里曾经见证了一场伟大的凯旋，也是第八个被纳入归顺的世界。毫无疑问——"

"战帅。"棚屋中央传来一个声音。

这个词出口轻柔，然而如此明目张胆的无礼愚行还是让众多参会者一同低声轻呼。

荷鲁斯显然并不习惯遭到打断，卡尔卡斯看到战帅顿时满面怒容，随即转过身去紧紧盯着发话之人。

艾瑞巴斯周围的人群立刻退避四散，仿佛仅仅站在他身边也会沾染其鲁莽行径。

"艾瑞巴斯，"马罗格斯特说道，"你有话要讲？"

"仅仅是略加纠正，侍从。"怀言者作出解释。

卡尔卡斯注意到马罗格斯特警惕地瞥了战帅一眼。"如你所说。你想要作何纠正？"马罗格斯特说。

"战帅提到这个世界被纳入了归顺。"艾瑞巴斯说。

"戴文是归顺的。"荷鲁斯低吼道。

艾瑞巴斯哀伤地摇摇头，卡尔卡斯在须臾之间捕捉到了怀言者随后话语中暗藏的一丝笑意。

"不，"艾瑞巴斯继续说，"并非如此。"

对于军团荣誉的深重折辱让洛肯怒气满腔，四王议会同僚顿显僵硬的脊梁也明确表现出他们的愤慨。阿西曼德甚至令人惊讶地作势拔剑，但托迦顿微微摇头，让小荷鲁斯不情愿地松开了手。

洛肯与艾瑞巴斯相识甚短，但他已经看得出来，那位言语轻柔的怀言者牧师深得人心，广受敬重。他的观点与建议十分睿智，他的态度平易近人，他寄托在战帅身上的信念坚不可摧；然而艾瑞巴斯不动声色地跻身于战帅亲信之列，这让洛肯心怀不安，且绝非简单的妒意可以解释。自从听取了首席牧师的进言之后，指挥官就变得郁郁寡欢，独来独往，并毫无缘由地争强好胜。马罗格斯特本人曾向四王议会表示，他对于战帅日渐受这个怀言者左右而感

艾瑞巴斯

到担忧。

自从在复仇之魂号的前部观察甲板上与艾瑞巴斯短暂交谈过一次之后，洛肯就意识到这位首席牧师深不可测。怀疑的种子在昔日便埋进了洛肯心中，而艾瑞巴斯此刻的言语更是一场助其生根发芽的春雨。

在芝诺比娅事件之后，艾瑞巴斯已经积攒了相当可观的影响力，此刻他却故意表现出如此粗鲁的态度，这让洛肯难以置信。

"可否请你详加解释？"马罗格斯特问道。他显然在努力维持镇定。洛肯从未如此敬佩原体侍从。

"当然，"艾瑞巴斯说，"但此类事务或许更应私下讨论。"

"有话就说，艾瑞巴斯，这是战争会议，此处没有秘密。"荷鲁斯说。洛肯明白战帅为他们规划的种种角色已经没有意义了。四王议会同僚们同样意识到了这一点。

"大人，"艾瑞巴斯开口道，"我很抱歉——"

"收起你的道歉，艾瑞巴斯，"荷鲁斯说，"你敢这样讲话，也算有种。我接纳了你，在我的战争会议里给你留出一席之地，作为回报，你竟如此羞辱我，如此冒犯我？我要和你讲清楚，这种行径我绝不容忍。你明白吗？"

"我明白，大人，我也绝无羞辱之意。若能容我把话说完，你就会明白我无意冒犯。"

近乎崩裂的紧张感弥散在棚屋中，洛肯暗自盼望战帅能够了结这场荒唐闹剧，退居私密场合从长计议。然而他也看得出来，战帅已经热血上涌，绝不会轻言却步。

"讲吧。"荷鲁斯从牙缝里挤出两个字。

"如你所知，我们六十年前告别了这里，大人。当时戴文已经归顺，似乎即将成为接受启迪的帝国一员。可悲的是，实际情况并非如此。"

"说重点，艾瑞巴斯。"荷鲁斯充满杀意地紧握双拳。

"当然。我们原本按照计划前往萨迪斯与203号舰队会合，尊敬的科尔·法伦大人请我绕道戴文，确认众所爱戴的帝皇之言是否得到了严格遵循，掌管此地的坦巴指挥官及其所属部队是否尽忠职守。"

"坦巴究竟在哪里？"荷鲁斯质问道，"我留给他的兵力足以平定任何残余的反抗力量。如果这个世界脱离了归顺，我想必会得到消息吧？"

"尤甘·坦巴是个叛徒，大人，"艾瑞巴斯说，"他盘踞在戴文的卫星上，不再奉帝皇为尊。"

"叛徒？"荷鲁斯高喊，"不可能。尤甘·坦巴是个品性良善且军纪严明之人，我亲自挑选他接受这项光荣使命。他绝不会叛变！"

"我也希望果真如此，大人。"艾瑞巴斯话中带着诚挚的遗憾。

"以帝皇的名义，他究竟为什么要去卫星？"荷鲁斯问道。

"戴文本地的部落都极具荣誉感，他们欣然归顺，卫星上的那些人则不同，"艾瑞巴斯做出解释，"坦巴率领部队前去平定卫星上的部落，表现得非常英勇，然而那最终只是愚勇。"

"何谓愚勇？这是帝国指挥官应尽的职责。"

"他之所以愚勇，大人，是因为卫星上的那些部落丝毫不知尊重，在坦巴试图展开一场诚恳而高尚的和平谈判时，他们却采取了……某些手段来扭曲帝国将士的思维，致使他们倒戈反叛。"

"某些手段？把话讲清楚！"荷鲁斯说。

"我不敢妄言，大人，但是根据古老典籍的描述，那些手段大概称得上是巫术。"

巫术这两个字让洛肯心境大乱，棚屋四下也纷纷传来难以置信的惊呼。

"坦巴如今侍奉戴文卫星的主人，并彻底背弃了效忠帝皇的誓言。他将你称作堕落神明的走狗。"

洛肯与尤甘·坦巴素不相识，但此人竟敢这般侮辱战帅，他顿时恨意沸腾，如鲠在喉。在场的众多战士与他一样痛心而震怒，棚屋被愕然悲呼所席卷。

"他必会付出代价！"荷鲁斯咆哮道，"我要扭掉他的脑袋，把他的尸体喂狗。我以自身荣誉立誓在此！"

"大人，"艾瑞巴斯说，"我很遗憾为你带来了如此糟糕的消息，但想必此等事务应当交给你麾下的将士前去处理。"

"你要让我派人代替自己去抹除荣誉上的污点吗，艾瑞巴斯？"荷鲁斯质问道，"你把我当作了什么样的战士？是我亲自在这里签署的归顺声明，如果唯一叛离帝国的世界就是由我征服的，那真是见鬼了！"

荷鲁斯转身面对四王议会同僚，说："集结一支矛头部队——立刻！"

"遵命，大人，"阿巴顿说，"由谁率领？"

"由我。"荷鲁斯回答。

战争会议随即解散。面对惊人剧变的当地局势,在会议召开之前亟待讨论的其他事务都被暂时搁置。63号远征队全员上下被注入了一股癫狂能量,诸位军官返回了各自单位,尤甘·坦巴的叛逆之举顿时众所周知。

在紧迫忙乱的备战工作中,洛肯抽出时间返回适才召开战争会议的棚屋,找到了伊格内斯·卡尔卡斯。对方面前摆着一个记事本,正颇具激情地埋头书写,只有在用小刀削尖笔头的时候才略加停顿。

"伊格内斯。"洛肯开口。

卡尔卡斯抬起头来,洛肯惊讶地看到了记述者脸上的笑意,"真是一场有趣的会议,嗯?通常都是这么戏剧性吗?"

洛肯摇摇头,"不,很少如此。你在写什么?"

"这些,喔,只是关于坦巴那个卑劣家伙的随意诗句,"卡尔卡斯说道,"没什么特别的,算是想到哪里就写到哪里吧。我觉这比较贴合远征队目前的情绪。"

"我明白。我难以相信谁能说出那种话。"

"我也是,这或许正是问题所在。"

"此话何意?"

"容我解释,"卡尔卡斯站起身来,走向那些无人问津的冰冷烤肉,给自己盛了一大盘,"我记得有人曾为我提过一条关于战帅的建议。据说面见他的时候应该盯着他的脚,因为你若是与他四目相对的话,就会完全想不起来自己要说什么了。"

"我也听说过。阿西曼德为我提过同样的建议。"

"这显然是一条不错的建议,因为我今天首次在近距离目睹战帅,确实备受震撼:真是超凡脱俗。我几乎忘记了自己为什么出席。"

"我还是不太理解。"洛肯说道,摇摇头回绝了卡尔卡斯递来的烤肉。

"这样说吧,你能想象任何一个真正认识荷鲁斯的人——我可否称他荷鲁斯?我听说你不太喜欢我们区区凡人直呼其名——竟能说出坦巴所讲的那种话吗?"

洛肯勉强跟上卡尔卡斯的跳跃性思维,顿时意识到刚才的满腔怒火让自己忽视了战帅的光辉。

"你说得对，伊格内斯。任何一个认识战帅的人都讲不出那样的话。"

"于是乎，问题就变成了艾瑞巴斯究竟为何声称坦巴讲过那种话？"

"我不知道。为什么呢？"

卡尔卡斯大嚼盘中烤肉，用一口烈酒把食物冲下喉咙。

"谁知道呢？"卡尔卡斯对于自己挑起的话题越发热切，"告诉我，你可曾'有幸'遇到过艾琉塔·赫吉格？她是一个记述者——剧作家——写过几篇矫揉造作的糟糕故事。要我说简直是无聊透顶，不过我也得承认，她在登台的时候倒是演技不错。我还记得观看过她扮演《哈姆雷特》中的奥菲莉亚女士，确实演得很好，但是——"

"伊格内斯，"洛肯警告道，"说重点。"

"喔，对，当然了。我的重点在于，就算是赫吉格女士那样天赋超群的演员，也难以企及艾瑞巴斯今日的绝妙表演。"

"表演？"

"没错。自从走进棚屋的那一刻起，他的一言一行都是表演。你没看出来吗？"

"没有，我当时太气愤了，"洛肯承认，"这就是我安排你出席的原因。给我简单解释一下，不要跑题，伊格内斯。"

卡尔卡斯露出骄傲的笑容，随后继续开口。

"好吧。在他最初说明戴文并非归顺的时候，艾瑞巴斯提议私下讨论此事，然而他刚刚当着满屋人的面掀开了这个充满火药味的话题。而且你注意到了吗？艾瑞巴斯说尤甘背叛了荷鲁斯，不是帝皇，是荷鲁斯。他把这件事转变成了私人恩怨。"

"但他为什么想要如此挑衅战帅？"

"或许是要扰乱他的情绪，让他怒气上头吧，毕竟艾瑞巴斯肯定很清楚战帅会做何反应。我认为艾瑞巴斯是在刻意扰乱战帅的清晰思维。"

"说话小心了，伊格内斯。你是说战帅的思维不够清晰吗？"

"不，不，不，"卡尔卡斯说，"我的意思是战帅情绪大乱，让艾瑞巴斯能够借机操纵。"

"操纵战帅做什么？"

卡尔卡斯耸耸肩，"这我不知道，但我知道的是，艾瑞巴斯希望荷鲁斯亲自前往戴文卫星。"

"但他加以劝阻了。他甚至有胆量提议战帅派遣其他人前去。"

卡尔卡斯不以为然地摇摇头,"那只是在表面上表现出自己开口劝阻了这个行动方案,但艾瑞巴斯心里很清楚,战帅在荣誉受辱的时候是绝不会退缩的"。

"他也不该退缩,记述者。"棚屋门口传来一个低沉声音。

卡尔卡斯吓了一跳。洛肯转过身去,看到那是全副武装、高大威猛的荷鲁斯之子第一连长。

"艾泽凯尔,"洛肯说,"你来这里干什么?"

"来找你,"阿巴顿回答,"你应该和自己的连队在一起。战帅本人即将率领矛头部队出击,而你却在这里浪费时间,和胆敢质疑阿斯塔特高尚言行的蹩脚写手混在一起。"

"第一连长阿巴顿,"卡尔卡斯俯首喘息道,"我无意冒犯,我只是在向洛肯连长汇报自己的拙见。"

"安静,虫子,"阿巴顿厉声说,"你如此侮辱艾瑞巴斯,我理应把你就地处决。"

"伊格内斯只是遵循了我的安排。"洛肯指出。

"这是你的主意,加维尔?"阿巴顿问道,"我对你真是失望。"

"这件事很不对劲,艾泽凯尔,"洛肯说,"艾瑞巴斯没有说出全部实情。"

阿巴顿摇摇头说:"你宁愿相信这个蠢货的话,却质疑阿斯塔特兄弟?你和那些卑劣书生厮混太久,已经被他们同化了,洛肯。指挥官会知道这件事的。"

"我真心希望如此,"洛肯说道,阿巴顿的不屑一顾让他越发恼怒,"我会和你一同向他汇报。"

第一连长转身朝屋外走去。

"第一连长阿巴顿,"卡尔卡斯说,"我能否问你一个问题?"

"不能。"阿巴顿咆哮道。但卡尔卡斯依旧开口了。

"你和艾瑞巴斯相会时,交给他的那枚银色硬币是什么?"

第四章

秘密与隐情

混沌

散布真言

听众

卡尔卡斯的话语让阿巴顿骤然止住脚步。

洛肯顿时警觉,迅速冲到第一连长与记述者之间。

"伊格内斯,快走。"他喊道。阿巴顿转身扑向卡尔卡斯。

怒不可遏的阿巴顿高声呼吼,洛肯紧紧攥住对方的手臂奋力抵挡。他背后的卡尔卡斯惊恐地尖叫一声,拔腿跑出棚屋。阿巴顿将洛肯狠狠推开,第一连长的可怕力量难有对手;洛肯翻倒在地,然而他已经达成目标,成功转移了阿巴顿的凶暴怒火。

"你竟然对兄弟出手,洛肯?"阿巴顿咆哮道。

"我刚刚阻止你铸下大错,艾泽凯尔。"洛肯爬起来回答。他明白自己必须谨慎行事,阿巴顿此刻显然热血沸腾。阿西曼德曾向洛肯讲述过,在前去营救指挥官撤离芝诺比娅时,阿巴顿的狂暴怒火近乎无可束缚,如今那刚烈脾气越发难以预测。

"铸下大错?你在说些什么?"

"杀死伊格内斯,"洛肯说道,"想象一下,如果你杀死了他,会引发什么后果。战帅肯定会要了你的脑袋。想象一下阿斯塔特战士冷血谋杀平民记述者所产生的深远影响。"

阿巴顿像一头困兽般在棚屋里乱蹿,但洛肯看得出来,自己方才的话语已经压制了朋友心头的盛怒。

"该死,洛肯,真该死。"阿巴顿嘶声道。

"伊格内斯刚才说的是什么,艾泽凯尔?你交给艾瑞巴斯的东西是结社徽章吗？"

阿巴顿举目凝视洛肯答道："我很难说。"

"那么就是了。"

"我……很……难……说。"

"该死的，艾泽凯尔。秘密和隐情，兄弟，这是我无法容忍的。这正是我不愿返回战士结社的原因。阿西曼德和托迦顿都邀请过我，但我目前不会再次参加活动。告诉我，艾瑞巴斯如今也是结社成员了吗？他一直都参与其中吗，还是说他最近才被你引荐的？"

"瑟加在集会时说的话你都听见了。你很清楚我不能透露结社内部的事情。"

洛肯迈步逼近阿巴顿，与对方胸甲相抵，"你现在就要告诉我，艾泽凯尔。我已经闻见了不干净的味道，我发誓你休想对我说谎。"

"你还想吓唬我吗，小家伙？"阿巴顿笑道。然而洛肯看出了对方的虚张声势。

"是的，艾泽凯尔，没错。现在就告诉我。"

阿巴顿的目光首先闪向棚屋入口。

"好吧，"他随后说道，"我可以告诉你，但这些话不能再传出去。"

洛肯点点头，阿巴顿继续开口："我们没有引荐艾瑞巴斯加入结社。"

"没有？"洛肯面露惊疑。

"没有，"阿巴顿重复道，"是艾瑞巴斯引荐的我们。"

艾瑞巴斯，阿斯塔特兄弟，怀言者首席牧师……

备受战帅信任的谋臣……

骗子。

无论洛肯如何努力借助备战冥想将思维涤净，这个词都始终难以忘记。此外，悠弗拉迪·奇勒与他最后一次会面时所说的那些话也开始在洛肯脑海里反复回荡。

昔日那位摄影师毫不退让地盯着洛肯说道："如果你察觉到了一丝一毫的腐化，你能否迈步脱离自己严格刻板的生活，奋起与之对抗？"

他当即断言，奇勒所言之事根本不可能发生。然而此时此刻，他却在心中揣测某位阿斯塔特兄弟——某位备受战帅器重与信任之人——是否会出于未知原因向大家说谎。

洛肯曾试图找凯瑞尔·辛德曼探讨此事，但那位宣讲者踪迹难寻，洛肯只得沮丧地无功而返，重新坐在训练大厅里。那个笑面杀手卢克·赛迪瑞正在清理他的爆矢枪部件；"双胞胎"莫伊和玛尔埋头对练剑技；洛肯的老朋友耐罗·维帕斯坐在长凳上打磨胸甲，仔细地消除他在谋杀星球赢得的战损伤痕。

洛肯步入大厅，赛迪瑞和维帕斯向他点头示意。

"加维尔，"维帕斯说，"有心事吗？"

"没有，怎么了？"

"你显得有点没精打采的。"

"我没事。"洛肯厉声说。

"行吧，行吧，"维帕斯嘀咕道，"我又犯什么事了？"

"抱歉，耐罗，"洛肯说，"我只是……"

"我明白，加维尔。整个连队都一样。大家等不及上战场，等不及和坦巴那个混蛋过两招。卢克已经跟我打过赌了，说坦巴的人头肯定是他的。"

洛肯不置可否地点点头说："你们两个有谁见到第一连长阿巴顿了吗？"

"没有，在我们回来之后就没见过他，"卢克头也不抬地回应道，"那个记述者，黑人女孩，她倒是来找过你。"

"欧丽顿？"

"对，是叫这个。她说一两个小时之后再来。"

"谢了，卢克，"洛肯转头面对维帕斯，"抱歉刚才对你态度不好，耐罗。"

"没事，"维帕斯笑道，"我已经长大了，现在脸皮厚着呢，经得住你的臭脾气。"

洛肯向老友报以微笑，随后打开了自己的军械柜，卸下全身盔甲，仔细剥除那件由仿生聚合材料制成的紧身衣，只剩一条运动裤。他拎起长剑走向训练笼，等待那两枚铁灰色半球缓缓打开，同时激活了手中的武器，之后那个管状作战机仆便从拱顶中央降下。

"战斗训练 ε9，"他说道，"最高致命等级。"

作战机仆嗡鸣着启动，配有剑刃的修长臂膀从躯干两侧伸展出来，这模样让人联想起谋杀星球的飞行怪物。众多锐利尖刺与飞旋锯齿依附在机仆身上，洛肯活动着脖颈与臂膀，准备战斗。

他需要一个清澈冷静的脑海才能认真思索至今发生的一切，而营造纯净思维的最佳手段莫过于全神贯注地投入战斗。轻柔的倒计时声在训练笼里响起，洛肯压低身躯抬起兵刃，心绪却再次转向怀言者首席牧师。

骗子……

在离开英特雷斯领地十五天后，距离抵达戴文仅有一周的时候，洛肯才终于找到机会与艾瑞巴斯单独交谈。他在复仇之魂号的前部观察甲板里等待怀言者首席牧师，透过防护严密的宽大舷窗静静地望着外面光与暗的交织流转。

"洛肯连长？"

洛肯转过身去，看到了艾瑞巴斯那诚恳而庄重的面孔。观察甲板玻璃之外的虹彩旋涡照耀着对方覆满刺青的光洁头颅；怀言者的盔甲则恍若一位画家的调色盘。

"首席牧师。"洛肯躬身回应。

"客气了，我的名字是艾瑞巴斯，请这样称呼我就好。我们不必拘泥于礼数。"

洛肯点点头，艾瑞巴斯走到他身边，一同望着面前那变幻多端的壮丽景象。

"很美，是不是？"艾瑞巴斯开口道。

"我曾经也觉得很美，"洛肯点点头，"但说实话，我现在难免感到忌惮。"

"忌惮？此话怎讲？"艾瑞巴斯扶着洛肯的肩膀问道，"亚空间只是我们战舰航行的媒介。众所爱戴的帝皇不是已经为我们展现了对此加以利用的方法和手段了吗？"

"是的，的确如此。"洛肯表示认同，他瞥了一眼艾瑞巴斯头颅上的文字刺青，那是一种他并不熟悉的语言。

"这些都是洛加之书中对于帝皇伟大言论的解读，用寇其斯语言书写。"艾瑞巴斯回答了洛肯并未出口的问题，"这是我的武器，不亚于爆矢枪和链锯剑。"

洛肯的困惑神色让艾瑞巴斯继续解释："在战场上，我必须扮演一个令人敬畏的英勇形象，而铭刻在我血肉上的帝皇真言足以让异形与异端仓皇逃遁。"

"异端？"

"是我用词不当，"艾瑞巴斯轻描淡写地耸耸肩，"或许称之为反人类者更合适，不过你邀请我来这里，想必不仅仅是为了欣赏我的刺青。"

洛肯微笑着说："当然不是，你说得没错。我希望与你谈话，是因为我知道怀言者军团之中学者辈出。你们探索了很多据传是知识宝库的世界，并将它们纳入归顺。"

"确实，"艾瑞巴斯缓缓回应，"然而我们也在战火中毁灭了很多谬误低劣的知识。"

"但你毕竟在奥秘学识方面深有研究，我希望针对一件……一件应当私下讨论的事务来征求你的看法。"

"我很感兴趣，"艾瑞巴斯说，"你所言何事？"

洛肯指着观察甲板玻璃窗外那脉动不已的亚空间幽光。万般色彩的云团与黑暗深幽的螺旋相互交缠，如水中墨汁一样扩散流转，组成一片毫无停滞的光影旋涡。战舰外部的虚妄世界里不存在任何固定恒久的形体，而若非盖勒力场的保护，战帅旗舰在眨眼之间便会支离破碎。

"亚空间容许我们横跨银河，但我们对此并无实质理解，对不对？"洛肯问道，"我们对于盘踞在深渊之中的物体究竟有何了解？我们对于混沌有何了解？"

"混沌？"艾瑞巴斯重复道，怀言者在开口回应之前略有迟疑，"你说这个词是想表达什么意思？"

"我并不确定，"洛肯承认，"这是米斯拉斯·图尔在芝诺比娅对我说过的话。"

"米斯拉斯·图尔？我不熟悉这个名字。"

"他是耶夫塔·瑙德麾下的一名指挥官，"洛肯解释道，"在局势突然恶化的时候，我恰好在与他交谈。"

"他都说了什么，洛肯连长？他的原话是什么？"

首席牧师的急迫语气令洛肯眯起双眼，"图尔谈及了混沌，仿佛那是一股切实的力量，一种亚空间中的原初存在。他说那是万恶之源，必将长存于世，最终将毁灭我们。"

"他的描述方式颇为生动。"

"的确，但我相信他是认真的。"洛肯遥望着亚空间的深渊说道。

"相信我，洛肯。亚空间只是永远动荡的纯粹能量，毫无自身意志。仅此而已。或者说，你愿意相信他的话是另有原因？"

洛肯回想起63-19山脉之下的水池神殿，回想起占据了扎弗耶·朱巴身躯的凶恶生物。那绝不是没有自身意志的亚空间能量凝聚而成的。洛肯在扭曲可憎的朱巴怪物身上看到了一股饥渴而残暴的自身意志。

艾瑞巴斯饶有兴趣地盯着他，这位怀言者纵然受到了荷鲁斯之子的欢迎与接纳，洛肯依旧不打算将耳语山脉脚下的恐怖事物透露给一个外人。

他匆忙说道："我阅读过古老泰拉人类部落之间的战争，早在帝皇崛起之前，据说他们运用的某些力量——"

"这是《厄什编年史》的内容吗？"艾瑞巴斯问。

"是的。你怎么知道？"

"我也读过，我还记得你所说的章节。"

"那么你就知道书中讲述了黑暗的原初神明，以及对那些存在的呼唤。"

艾瑞巴斯宽容地微笑起来，"的确，但夸夸其谈的说书人与无可救药的煽动者往往希望自己的胡言乱语尽可能地哗众取宠，不是吗？此类书籍绝不仅限《厄什编年史》一本。在泰拉统一之前，此类作品层出不穷，每个写手都臆造了一页又一页惊世骇俗且血腥恐怖的故事，唯求比其他同行更加夸张，这也就导致了一些……值得推敲的内容。"

"如此说来，你不认为这本书有任何价值？"

"一文不值。"艾瑞巴斯回答。

"图尔曾说过，所谓的虚空是一切巫术与魔法的根源。"

"巫术和魔法？"艾瑞巴斯朗声一笑，随后凝视洛肯，"他骗了你，我的朋友。他与异形同流合污，是帝皇眼中的可憎存在。你知道我们不可相信敌人的言语。毕竟，英特雷斯难道不是毫无根据地指控我们从仪器大殿窃取了一把坎布拉克剑刃吗？即便战帅本人亲口担保绝无此事。"

洛肯一言不发，烙印在心底的兄弟情谊与摆在面前的切实证据相互抵触。他有生以来便笃信，巫术、魂灵和恶魔是彻底虚假的，而艾瑞巴斯所说的一切恰恰都是佐证。

但他难以忽视胸中本能所发出的尖锐警告：艾瑞巴斯在说谎，混沌的可怕威胁真实存在。

米斯拉斯·图尔是一个敌人，艾瑞巴斯则是阿斯塔特兄弟，然而洛肯惊愕地发现，自己宁愿相信那位英特雷斯战士。

"你刚刚向我描述的所谓混沌，那是根本不存在的。"艾瑞巴斯承诺道。

洛肯点头同意，心中却如坠冰窖，因为他意识到即便是英特雷斯人也从未明确说过，仪器大殿里究竟失窃了什么武器。

"你听说了吗？"伊格内斯·卡尔卡斯又灌了一杯酒，"她可以见到……战帅！这简直可耻。瞧瞧我们，费尽心思创造一些不辱艺术之名的作品，希望能让某个位高权重的人屈尊留意。可她倒好，就这么大摇大摆地闯进来，连个招呼都不打，居然能和战帅见面！"

"我听说她有关系。"温杜因点点头说。这位娇小女士有着一头红发，身材凹凸有致。卡尔卡斯注意到她对自己的一言一行格外感兴趣，两人很快就坐到了一起。诗人已经忘记了对方具体是做什么的，只能勉强记起"光影和谐的作品"之类——管它是什么意思。

卡尔卡斯心中暗想，这年头谁都能当个记述者了。

避难所一如既往地挤满了各种记述者：诗人、剧作家、艺术家和作曲家，他们共同营造出一股充斥着享乐主义作风的闲散气氛，而那些下班的军官、士兵和船工来到这里则是为了聆听故事、观看演出，或是在阴暗角落里享受下流狂欢。

若是没有这些听众，避难所就会暴露其真实面目，化作一个饱受蹂躏且烟雾弥漫的破败酒吧，里面塞满了无所事事之人。众多赌徒早已把镶金的拱廊立柱搜刮干净当作筹码来用（卡尔卡斯舱房里就堆着一大摞），艺术家们则将大片墙面刷成惨白，为自己的涂鸦和草稿腾出地方——其中多数内容不是肮脏便是滑稽。

男男女女占据了每一张桌子，大多数在打牌，也有一些更为热情踊跃的记述者在筹划自己的下一部作品。卡尔卡斯和温杜因坐在墙边的一个包厢的软椅里，外面充斥着低沉嘈杂的谈话声。

"有关系。"温杜因贤明地重复道。

"一点没错，"卡尔卡斯喝干了酒，"我听说是泰拉议会——还有掌印者本人。"

"王座在上！她怎么找到的？"温杜因问，"我是说，她怎么找到那种关系的？"

卡尔卡斯摇摇头，"不知道。"

"你也有些关系。你可以去查一查，"温杜因指出，随后又给诗人斟了一杯，"我不明白你担心什么。你有个阿斯塔特当靠山。就算要嫉妒她也轮不到你啊！"

"没那么简单，"卡尔卡斯低哼一声，重重拍打桌面，"我要把每个该死的字都拿给他看。这叫监管，我告诉你吧。"

温杜因耸耸肩，"或许是，或许不是，但你确实参加了战争议会，对不对？要我说，受到一点监管也值得。"

"或许吧。"卡尔卡斯说道。他不愿再提戴文发生的事情，也不愿回想第一连长阿巴顿怒气冲天地要拧掉他脑袋的可怕景象。

当时，洛肯连长最终在政委帐篷里找到了瑟瑟发抖的卡尔卡斯，他正大口猛灌一瓶蒸馏酒。说实话，那有点荒唐了。洛肯从邦兹曼7号本子里撕下一页纸，用粗重字体写下一句话递给诗人。

"这是一份临战誓言，伊格内斯，"洛肯说道，"你知道这代表着什么吗？"

"我想是的。"卡尔卡斯读了读洛肯所写的话。

"这是一份针对特定行动的誓言。非常具体，也非常精确，"洛肯解释道，"阿斯塔特在作战之前通常会立下这样一份誓言，宣誓达成某个特定目标或坚持某种特定理念。对于你，伊格内斯，这份誓言的内容就是为今晚所发生的事情严格保密。"

"我会的，先生。"

"你必须发誓，伊格内斯。把你的手放在本子和誓言上，向我宣誓。"

诗人奉命照办，用颤抖不已的手按着那份誓言，汗涔涔的掌心与质地上乘的纸张贴在了一起。

"我发誓不向任何人透露此事。"他说道。

洛肯庄重地点点头说："切莫掉以轻心，伊格内斯。你已经向阿斯塔特立下誓言，永远都不可打破。否则必是一项大错。"

诗人点点头，动身搭乘第一艘运输机离开了戴文。

卡尔卡斯摇摇头甩开那段记忆，酒精带给他的任何暖意或宽慰都在眨眼间消散。

"嘿，"温杜因说，"你在听我说话吗？你好像心思根本不在这里。"

"我在听，抱歉。你刚才说什么来着？"

"我问你能不能找机会替我在洛肯连长那里美言两句？或许你可以给他讲讲我的作品多么优秀之类的。"

作品？"

那是什么意思？他凝视对方的双眼，在那兴味盎然的假象背后看到了一股令人畏惧的贪婪，这才是她自私自利、趋炎附势的本质。卡尔卡斯突然只想抽身而去。

"怎么样？行不行？"

他不知如何作答，就在此时一个披着长袍的身影在包厢入口处浮现，将他从尴尬处境中解救出来。

卡尔卡斯抬起头说："你好？我能帮你什——"但话未说完，他就辨认出那是悠弗拉迪·奇勒。自从两人上一次相见之后，她显然发生了极大的变化。如今她不再穿戴那一贯的军靴和作训服，而是披着女性记述者的米白色袍子，一头长发也剪短了。

虽然对方今日的装扮更具女性风格，卡尔卡斯却失望地发现自己不喜欢这种变化，他更加中意昔日的粗犷风格，而不是这身衣物所赋予的异样中性气质。

"悠弗拉迪？是你吗？"

她只是点点头，说："我在找洛肯连长。你今天见到他了吗？"

"洛肯？没有，也算见到了，但自从离开戴文之后就没有。你一起来坐坐吗？"诗人开口答道。他没有理会温杜因投来的怨毒目光。

悠弗拉迪摇摇头，打破了他获救的奢望，"不了，谢谢。这个地方不太适合我。"

"也不适合我，但我还是来了，"卡尔卡斯微笑道，"你真的不想来杯酒或者玩把牌吗？"

"真的不想，但还是谢了。回头见，伊格内斯，祝你晚上愉快。"奇勒会心一笑。卡尔卡斯刚起一边的嘴角笑了笑，遥望她在包厢之间穿行，最终离开了避难所。

"那是谁？"温杜因问道。她的语气里充满妒意，仿佛是遭遇了竞争对手，卡尔卡斯不禁暗自讥笑。

"那是我的一位好朋友。"卡尔卡斯回答。这听起来棒极了。

温杜因简洁地点点头。

"我说，你究竟想不想和我上床？"她开口问道。直白露骨的野心让她抛开了一切假扮而成的兴趣。

卡尔卡斯笑了起来，"我是个男人。我当然想了。"

"那么你会向洛肯连长提起我吗？"

如果你的技术确实像传言中一样好的话，那就没问题，他心想。

"当然，亲爱的，我当然会。"卡尔卡斯说。此刻他突然注意到包厢边缘有一张折叠起来的纸。之前它就在这里吗？他记不清了。温杜因从包厢里挪出来，卡尔卡斯则捡起那张纸打开看看。最上方是某种记号，一个修长的大写"I"字母，中间是一个带有光晕的星标。他完全不知道那是什么意思，于是继续扫视纸上的文字，心中推断这肯定是某个记述者胡乱抛弃的草稿。

他阅读了其中内容，这种猜想顿时消失得无影无踪。

"人类帝皇是光明与前路，他的一切作为皆造福人类，而人类便是他的臣民。帝皇是神，神就是帝皇……"

"那是什么？"温杜因问。

卡尔卡斯没有理会她，将那张纸塞进口袋里径直走出包厢。他举目环视避难所四下，在周围的若干张桌子上发现了类似的传单。如今他可以确定，在悠弗拉迪前来造访之前，他的桌子上绝对没有这张纸。诗人立刻在酒吧中转了一圈，将沿途所有粗糙卷边的传单收集起来。

"你在干什么？"温杜因质问道。她不耐烦地将双臂环抱在胸前。

"滚蛋！"卡尔卡斯咆哮一声，埋头走向出口，"你另找一个蠢货去色诱吧，我没时间。"

如果他有空回望一眼的话，必定会颇为享受对方脸上的诧异神色。

几分钟之后，卡尔卡斯便遁入了迷宫般的宿舍区深处，在拱顶通道与漏水走廊中穿行，最终站在了悠弗拉迪的住所门前。他注意到旁边的舱壁上也刻着与传单上相同的符号，于是用拳头重重敲打门板，直到房门打开。熏香蜡烛的气味缓缓飘入走廊。

悠弗拉迪微笑相迎，诗人明白对方在等着自己。

"圣言录？"他举起刚刚在避难所中收集的一摞传单问道，"我们得谈谈。"

"是的，伊格内斯，我们要谈谈。"悠弗拉迪说完便转身而去，将他一个人留在门口。

卡尔卡斯跟着对方迈入舱室。

佩卓尼拉认为，荷鲁斯的房间朴素得令人惊讶，室内布置简洁实际，仅有若干件称得上私人物品的东西。她原本也并不认为这该是一座装饰奢华的厅堂，但她确实期望看到与普通士兵舱室有所不同的模样。一沓泛黄的誓言纸张塞在墙边的储物柜里，几本饱受磨损的书籍立在书架中，旁边的轻便床铺显得极其宽大，但是对于一位体形远超凡人的基因原体而言，那或许只能勉强容身而已。

她微笑着想象荷鲁斯在这里睡觉，想象一位光辉绝伦的帝皇子嗣该有怎样的伟大梦境。原体卧床休息的概念显得格外人性化，不过她从来没有认真考虑过荷鲁斯这般人物是否真的需要休息。佩卓尼拉猜想，基因原体除了永不衰老之外也是不知疲劳的。她认定这张床只是一个假象，让战帅不忘自身人性。

这是她首次采访荷鲁斯，佩卓尼拉为表尊重，穿了一件翡翠绿的简朴长裙，裙边挂着白银和黄玉交织而成的饰品，上身则是一件低胸露背的猩红胸衣。她挎着一个配有金索的端庄手包，里面是数据板和金头记忆笔。她急于展开工作的十指阵阵麻痒。佩卓尼拉将马迦德留在了房间门外，纵然她很清楚，对方无缘目睹荷鲁斯这样的超凡战士必定分外恼怒。她明白自己的保镖将阿斯塔特敬若神明，近日来置身其间几乎令他沉溺上瘾。与这些强悍战士的近距离接触给马迦德带来了极大的喜悦，这让佩卓尼拉暗自欣赏钦佩，然而今日她不愿与旁人分享战帅的注意力。

她用指尖划过荷鲁斯的木质书桌，焦急地等待第一场采访拉开序幕。书桌和床铺一样有着庞大夸张的尺寸，佩卓尼拉微笑着想象战帅在此筹划众多宏伟战役，在这陈旧褪色的桌面上签署一份份作战命令。

她不禁猜想，上一次准许自己觐见的命令也是在这里由他签署的吗？

佩卓尼拉还清楚地记得自己当时接到指示，须立刻前去晋见战帅；她还记得昔日的满腔惊恐与绝顶狂喜，还有巴贝丝疲于奔命地为她试穿多款礼服。最终她选择了一套优雅而端庄的衣物——乳白色长裙搭配凸显双峰的象牙色胸衣，另外还有一条网状样式的玫瑰金项链。这件首饰从她的脖颈蜿蜒而上，将额头覆盖在一组恍若滴落雨点的珍珠和蓝宝石之下。她摒弃了浓妆艳抹的泰拉习俗，仅仅采用硫化锑粉末稍微加深眼线，并涂上多彩唇膏。

荷鲁斯显然欣赏她在着装方面的低调作风，满面笑容地表示欢迎。紧绷的胸衣早就让佩卓尼拉呼吸困难，而战帅那完美无缺的体格与触手可及的魅力更是令她屏息凝神。荷鲁斯一头短发，英俊容貌里充满诚意，那双令人着迷的眼眸目不转睛地报以凝视，无言地保证说她就是此刻最为重要的事物。佩卓尼拉感觉头晕目眩，仿佛自己变成了一个初次参加舞会的社交新手。

战帅穿着如冬日天空般洁白的闪亮铠甲，边缘镶有金箔，两侧肩甲则覆满了黄铜雕文。他的胸甲正中是一个红色眼眸图案，恍若无瑕初雪上的一滴鲜血。这枚徽记的凌厉目光似乎要将她刺穿了。

马迦德站在记述者身后，披挂着打磨锃亮的金色板甲与银色锁甲。他自然没有携带任何武器，而是早早将长剑与手枪上交给了荷鲁斯的护卫。

"大人。"佩卓尼拉开口道。她低垂头颅，行了一个优雅繁复的屈膝礼，并将手背伸到对方面前等待亲吻。

"你是卡皮努斯家族的？"荷鲁斯问。

战帅毫不理会她的手，又在正式引见之前直接发问，这都是对庄重礼数的极大破坏，然而佩卓尼拉迅速恢复了镇定神态，"的确，大人。"

"别那样叫我。"战帅说道。

"喔……好的……那么我该如何称呼你？"

"荷鲁斯就不错。"对方回答。她抬起头看到了一张咧嘴微笑的面孔。矗立在后方的战士们难以掩饰笑意，佩卓尼拉顿时意识到荷鲁斯在玩弄自己。她勉强挤出一个笑容作为回应，努力掩盖住这不拘小节所引发的恼怒，"谢谢你。我听从吩咐。"

"你是想担任我的纪实作者吧？"荷鲁斯问道。

"是的，如果你允许我获此殊荣的话。"

"为什么？"

她预想过各种尖锐质疑，却从未料到对方会如此直率地抛来一个如此简洁的问题。

"我相信这是我的天职，大人，"佩卓尼拉开口道，"作为卡皮努斯家族后嗣，我的命运就在于亲手记录重要事件与伟大功绩，将这场战争的光辉荣耀付诸笔端——无论是英雄成就、深重危险、险恶环境，还是狂怒战火。我想要——"

"你亲眼见过战斗吗，小女孩？"荷鲁斯突然发问。

"这倒没有，说不上。"她回答。"小女孩"这个称呼让她的双颊染上一层愤怒的红晕。

"我猜也是，"荷鲁斯说，"只有那些从未开枪杀戮，也从未听过伤者尖叫呻吟的人才会高声呼求鲜血、复仇与破坏。这就是你想要的？这就是你的'天职'？"

"如果这就是战争，那么是的，"她没有被对方的粗鲁态度吓退，"我想要目睹一切。目睹一切，并记录下荷鲁斯的光辉荣耀，用以流传后世。"

"荷鲁斯的光辉荣耀。"战帅重复道。他显然在品味这个说法。

他用灼灼目光将佩卓尼拉钉在原地，"我的舰队里有很多记述者，维瓦小姐。告诉我为什么偏偏要把这份殊荣交给你？"

对方单刀直入的态度再次让她慌乱无措，佩卓尼拉一时间不知如何作答，这窘迫模样让战帅轻笑起来。她的恼火重新涌上心头，顿时脱口而出道："因为你至今收容的那些记述者就是一群水准低下的乌合之众，其中没有任何人能够取代我。我会为你塑造一个永生不朽的形象，但如果你妄想用粗鲁语气和傲慢态度来欺侮弱者的话，那就请你见鬼去吧……先生。"

势若雷霆的沉默随之而来。

接着荷鲁斯便昂首大笑，那刚硬笑声让佩卓尼拉在刹那间气恼地意识到，自己显然白白葬送了这个达成人生目标的天赐良机。

"我喜欢你，卡皮努斯家族的佩卓尼拉·维瓦，"战帅说道，"你能胜任。"

她张口结舌，心脏在胸中狂跳。

"真的吗？"佩卓尼拉追问，她害怕战帅又是在玩弄自己。

"真的。"荷鲁斯保证道。

"但我以为……"

"听我说，姑娘，我通常在十秒之内就会对一个人作出定论，鲜有改变。你刚刚走进来的时候，我就已经看到了你身上的斗志。你心中有些狼性，小女孩，我很欣赏。不过有一件事……"

"什么？"

"下次不必如此正式，"他讥笑道，"我们这是一艘战舰，不是美国的宴会大厅。现在我恐怕要告退了，我必须前往戴文地表参加战争议会。"

就这样，佩卓尼拉受到了任命。

直至今日，那场无比简短的会面依旧令她感到惊愕，这也意味着她带来的众多华美礼服变得全无用处，她不得不穿上一些平淡乏味、难以忍受的寻常衣物，乍看之下与埃及尖塔救济所里的难民一个样子。那些上流社会的高贵女士想必都认不出来她了。

昔日记忆引来一抹微笑，佩卓尼拉的划动指尖来到了书桌末端，搭在一本陈旧典籍上。那古书的皮革封面已经干枯龟裂，镶金标题也暗淡无光。她将书籍打开，无所事事地翻动几页，看到一张繁复图示，其中包含众多星球轨道与星座关联，下方则描绘着某种神话怪物的形象——半人半马。

"那是我父亲给我的。"一个浑厚的声音从她身后传来。

佩卓尼拉扭过头去，顿时充满负罪感地将手指从书上抽走。

荷鲁斯站在她背后，那高大身躯披挂着全副铠甲。他一如既往地英气逼人，体格壮硕，力量强悍，与如此超凡脱俗的男性个体独处一室让佩卓尼拉在尴尬之余品尝到些许甘美快意。

"抱歉，"她说道，"恕我无礼。"

荷鲁斯摆摆手。"不必介怀，"他说，"如果我不想让你看到的话，就不会留在桌面上了。"

战帅虽然大度地一笔带过，却还是伸手将书拾起，收回到床铺上方的架子里。记述者顿时察觉到对方身上的深重焦虑，虽然荷鲁斯看起来平静如常，但他胸中的灼热怒火却让佩卓尼拉心跳加速。那股潜藏于表层之下的凶猛怒意仿佛是一座逐渐苏醒的休眠火山，随时都会彻底爆发。

在她开口作答之前，战帅便继续说道："今天我恐怕不能坐下来与你交谈了，维瓦小姐。戴文卫星上局势有变，需要我立刻着手处理。"

她努力掩盖住自己的失望，"没关系，我们可以等到你忙完之后另约时间。"

战帅笑了起来，那粗犷的声音饱含哀伤，其中难寻笑意。

"恐怕我要忙挺久的。"他警告道。

"我不是个轻言放弃的人，"佩卓尼拉庄重承诺，"我可以等。"

荷鲁斯略加思索，随后摇摇头。

"不，不必如此，"他微笑起来，"你曾说过想要目睹战争？"

佩卓尼拉热切地点点头。战帅又说："那么请随我一同前往登机甲板，我会让你见识一下阿斯塔特如何备战。"

第五章

我们的人民
领袖
矛头部队

复仇之魂号的舰桥熙熙攘攘,大批士兵与战争机械已经完成了从戴文星球地表的全面回撤,舰队此刻开始筹划如何剿灭尤甘·坦巴的叛军力量。

剿灭。这就是他们采用的词汇,并非镇压,并非平定——而是剿灭。

军团早已做好准备,急于执行这项判决。

舰队指挥官博阿斯·科门努斯注视着一艘艘纤长的战舰脱离戴文轨道。即便是在短距离上,确保整支庞大舰队维持阵形也绝非易事,但他麾下的众多舰长都是行家里手,撤离戴文的大规模行动完成得毫无疏漏,如同外科医生运用手术刀一般精细谨慎。

远征舰队并未全体退出戴文轨道,但跟随复仇之魂号一同出击的军事力量依旧颇为可观,足以碾碎阿斯塔特矛头部队面前的任何障碍。

那段航程非常短暂,戴文的卫星如同一枚黄棕色的闪亮污点,背后衬托着远方恒星的赤红光晕。

在博阿斯·科门努斯眼中,那个目的地恰似太空里的肿胀脓包。

登机甲板上是一片忙乱癫狂的景象,无数钳工、船工与机械神教技师为隆隆咆哮的风暴鸟展开临行前的检查。引擎喷薄闪动,灼目弧光将这高大宽阔的甲板映得苍白失色。舱门猛然关闭,保险销从弹头上卸下,燃料管线逐一与低沉嘶吼的引擎断开。六架怪兽般的庞大战机趴在弹射轨道末端,吊车运来了最后一批弹药,机仆则匆忙调试那些悬挂在驾驶舱下面的火炮。

获选组成矛头部队伴随战帅出击的连长与战士们跟着地勤人员检视风暴鸟,一遍遍确保战机状态良好。他们很快就要将自身性命托付出去,谁也不愿葬身于机械故障这种微不足道的小事上面。除了四王议会成员之外,卢克·赛迪瑞、耐罗·维帕斯和维汝兰·莫伊——以及他们各自连队中的特种小队——将一同前往戴文卫星，再次以帝国之名奋勇拼搏。

洛肯准备好了。他脑海里充斥着很多新近浮现且令人不安的念头，但他将一切无关事务暂且压下，以备投身随后的恶战。怀疑和犹豫会蒙蔽心灵，阿斯塔特绝不可如此。

"王座在上，我等不及了。"托迦顿说道。他显然十分期待战斗。

洛肯点点头。对于今日之事他依旧深感不安，同时他也渴望一场真正纯粹的战斗，渴望与活生生的敌人一较高下。不过如果情报无误的话，他们的对手就只是区区万余名叛乱士兵，阿斯塔特以一敌四都不在话下。

然而战帅要求彻底毁灭坦巴的反叛力量，于是便由五个阿斯塔特连队、一支瓦尔瓦鲁斯的拜占庭近卫军，以及死亡军团的泰坦编队一同出击，前去倾泻战帅的炽热怒火。埃索·图奈特机长驾驶审判日亲自参战。

"自从乌兰诺之后，我还没见过这样的军力集结呢，"托迦顿说，"卫星上的那些叛党死定了。"

叛党……

谁能想到这样一个词语？

敌人早已是家常便饭，但叛党……前所未有。

这个念头顿时搅乱了洛肯对于战斗的期许，他们并肩迈向风暴鸟的军械库，阿西曼德与阿巴顿正在激烈争辩哪种弹药更适合这场任务。

"我跟你讲，亚音速子弹更好。"阿西曼德说。

"如果他们的盔甲和那些英特雷斯混蛋近似的话，又怎么办？"阿巴顿质问道。

"那就用质爆弹啊。你说说看，洛肯！"

阿巴顿转过身来，看到洛肯和托迦顿后略微点头示意。

"阿西曼德说得对，"洛肯回应道，"亚音速子弹会让敌人没有卧倒的机会，可以迅速穿透躯体，制造一个致命的射出伤口。否则你可能用三四枚子弹都无法干掉一个敌人。"

"艾泽凯尔总是惦记着之前几次遭遇的重甲敌人，"阿西曼德说，"但我一直在和他讲，这场战斗的对手是普通人，与我们自己的帝国军队士兵装备水平相似。"

"咱们就实话实说吧，"托迦顿窃笑一声，"艾泽凯尔需要动用一切手段才能把敌人放倒。"

"我这就把你放倒，塔瑞克。"阿巴顿吼道。他严峻的面孔终于露出了笑容。第一连长将黑发紧紧束在脑后，以便穿戴战盔，洛肯看得出来，对方也备感焦躁地期待着即将来临的血腥事务。

"你们谁都不会介怀吗？"洛肯开口了，他再也无法压抑心中的顾虑。

"什么？"阿西曼德问道。

"这一切，"洛肯挥手指点甲板四下，示意这紧迫的备战工作，"你们难道不明白今日行动的意义吗？"

"我们当然明白，加维尔，"阿巴顿高声呼吼，"我们要杀掉某个胆敢侮辱战帅的该死蠢货！"

"不，"洛肯说道，"远不止如此，你没有意识到吗？我们即将杀死的这些人，他们并不属于异形帝国，亦非拒绝归顺的失散同胞。他们是自己人；我们即将杀死的是自己人。"

"他们是叛徒，"阿巴顿略显多余地强调着最后那个词，"仅此而已。你还不明白吗？他们背弃了战帅与帝皇，为此他们必须伏法。"

"行了，加维尔，"托迦顿说，"你多虑了。"

"是吗？如果这再次发生，我们要如何处置？"

四王议会其余成员困惑不解地面面相觑。

"什么再次发生？"阿西曼德最终问道。

"如果另一个世界爆发叛乱，如果一个接一个的世界纷纷效仿呢？这只是帝国军队，但如果阿斯塔特倒戈背叛呢？我们也要与之作战吗？"

三人对此报以大笑，托迦顿开口作答："你还真有幽默感，兄弟。你知道那是永远不会发生的事情。根本超乎想象。"

"而且危言耸听，"阿西曼德神色肃穆地补充道，"你这算得上是叛国言论。"

"什么？"

"我该向战帅汇报你的恶意煽动。"

"阿西曼德，你知道我绝不会……"

托迦顿最先忍不住了。"喔，加维尔，你也太容易逗了！"他开口道。其他两人顿时哄笑起来。"现在就连阿西曼德都能引你咬钩。王座在上，你可真是个直性子。"

洛肯挤出一丝微笑说道："你说得对。抱歉。"

"抱歉没有用，"阿巴顿说，"准备杀敌才是真的。"

第一连长将巨手伸在几人面前庄重宣告，"为生者杀戮。"

"为死者杀戮。"阿西曼德按住阿巴顿的手。

"管他是生者还是死者，"托迦顿随即效仿，"为战帅杀戮。"

洛肯胸中顿时洋溢起对诸位同僚的热爱，于是他点点头，伸出了自己的手掌，四王议会同僚的深厚情谊令他心底充满了自豪与宽慰。

"我定会为战帅杀戮。"他承诺道。

这幅雄壮景象让佩卓尼拉屏息凝神。她自己的飞船足有三个登机甲板，但与此相比实在不值一提，只能应付小型舰艇的需求。

目睹此等规模的军事力量让人心中充满谦卑。

两人身边的数百名阿斯塔特矗立于各自分配的风暴鸟面前——那些机身肥硕的庞然大物停靠在甲板中，双翼下方挂着一排排导弹，机首则安放了粗大的转管火炮。尖啸不已的引擎正在接受出击前的调试，每一组高大强悍的阿斯塔特战士都展开了最后一次枪械检查。

"我做梦也想象不到会是这样。"佩卓尼拉目不转睛地说道。弹射轨道末端的巨型防爆门伴着震耳的轰鸣缓缓开启，准备将这批战机释放出去。透过微光闪烁的整域力场，她已经能够看到戴文卫星的污浊光辉，背景里则是密集泡沫般的点点星辰，一块块早已被灼成焦黑的喷气导流板在嘶鸣气泵的推动下从甲板内部抬升就位。

"这些？"荷鲁斯说，"这不算什么。当年在乌兰诺，足足有六百艘战舰停泊于那颗绿皮星球上空。那一天，我的整支军团全体参战，姑娘。我们在大地上铺满了士兵：超过两百万名帝国军人，一百架机械神教泰坦，还有我们从绿皮劳工营里解救的所有奴隶。"

"都在帝皇麾下。"佩卓尼拉说。

"是的，"荷鲁斯响应道，"都在帝皇麾下……"

"还有其他军团在乌兰诺作战吗？"

"基里曼和可汗，他们的军团声东击西，协助扫清了外围星系，但真正击溃敌人的是我们,在鲜血与泥土中坚决推进的是我们。我亲自率领加斯塔林矛头部队夺取了最终的胜利。"

"那想必是一段无与伦比的经历。"

"没错,"荷鲁斯表示认同,"我们与绿皮酋长殊死搏斗,只有阿巴顿和我全身而退。那个畜生确实很难对付,但我还是启迪了他,把他的尸首从最高的塔顶抛了下去。"

"这是在帝皇赋予你战帅头衔之前吗?"佩卓尼拉问道。她的记忆笔疯狂地追赶荷鲁斯的迅捷思维。

"是的。"

"你亲自率领了这支……叫什么来着?矛头部队?"

"是的,一支矛头部队。这种精确打击力量意在斩落敌人首脑,摧毁对方的指挥和情报体系。"

"你今天也会亲自率领吗?"

"没错。"

"这是否有些不寻常?"

"什么?"

"军阶如此之高的人身先士卒冲锋陷阵,是否有些不寻常?"

"我和四王议会成员展开过同样的争……讨论,"荷鲁斯说道,并未理会她的困惑神情,"我身为战帅,绝不是通过避战退缩赢得这个头衔的。若要让所有人像阿斯塔特一样毫不迟疑地追随我的脚步、服从我的命令,我就必须和他们并肩奋斗,共赴险境,分享战场经历。如果诸位将士认为我只会签署命令,并不能真正体会大家所面临的种种危难,那么他们如何能够信任我的驱使调遣?"

"想必总会有一些情况迫使你出于自身地位的考虑而退出战场吧?如果你倒下了——"

"我不会。"

"但如果呢?"

"我不会。"荷鲁斯重复道。他的每一个音节里都浸透了坚定卓绝的信念。那双熠熠闪烁、富有力量的双眼与佩卓尼拉的眼睛四目交会,她顿时感觉到,自己对于战帅的彻底信任如同一团内在光辉,照亮了她的四肢百骸。

"我相信你。"她说道。

"告诉我,你愿意去见见四王议会成员吗?"

"什么?"

荷鲁斯微笑起来,"让我为你引见一下。"

"又是一个见鬼的记述者,"阿巴顿摇着脑袋冷笑一声,他远远看到荷鲁斯陪伴一名身穿红绿衣裙的女性走上登机甲板,"你身边跟着一群也就罢了,居然连战帅都要如此?简直可耻。"

"不如你直接去和他说说?"洛肯回应道。

"我会说的,你放心吧。"阿巴顿毫不示弱。

阿西曼德与托迦顿沉默不语,他们知道这时候应该保持低调,避免招惹第一连长。然而洛肯与阿巴顿相处的时日尚短,同时他依旧迁怒于对方包庇艾瑞巴斯的行为。

"你认为记述者项目有价值吗?"

"呸,照这样看他们纯粹是浪费时间。黎曼·鲁斯不是讲过该给他们配发武器之类的吗?要是任其胡写乱画,还不如让他们上战场,那要合理多了。"

"重点并不在于诗歌或绘画,艾泽凯尔,重点在于记录这个时代的精神,重点在于我们此刻所书写的历史。"

"我们可不是来书写历史的,"阿巴顿回答,"我们是来创造历史的。"

"一点没错。而他们负责讲述历史。"

"那对我们而言有个屁用!"

"或许这本就与我们无关,"洛肯说道,"你想过这一点吗?"

"那到底与谁有关?"

"这关乎我们的子孙万代,"洛肯说,"关乎人类帝国的未来。你根本想象不到记述者们收集了多么丰富庞杂的信息:汗牛充栋的记录档案,琳琅满目的艺术作品,无数座颂扬帝国荣耀的壮丽城市。几千年之后的人们若是回望今日,依旧能够知晓你我的作为,能够了解吾辈投身的光辉伟业。我们所处的年代将是启迪的代名词,后人会因生不逢时而垂首落泪。我们自始至终的一切成就都要受到庆贺与纪念,在普罗众生眼里,荷鲁斯之子将扮演这个充满了光明启示与长足进步的崭新时代的奠基人。你如果还要轻言贬低记述者的作用，就先想想这些吧，艾泽凯尔。"

他针锋相对地紧盯阿巴顿的双眼。

第一连长迎上洛肯的目光，大笑起来："或许我也该去找一个。可不能让后人忘记我的名字啊，是不是？"

托迦顿拍了拍两人的肩膀说道："得了，谁愿意记住你啊，艾泽凯尔？后人会记住的是我，在蜘蛛之地将帝皇之子从巨蛛怪魔掌中拯救出来的伟大英雄。那真是一段值得歌颂的传奇，是不是，加维尔？"

洛肯露出微笑，暗自感激塔瑞克的介入，"确实是个好故事，塔瑞克。"

"我倒希望咱们能少听两次，"阿西曼德插嘴道，"我都不记得你反复讲过多少遍了。这已经快要和那个关于熊的笑话一样糟糕了。"

"别。"洛肯立刻警告，他察觉到托迦顿又要重新讲述那个笑话。

"曾经有那么一头熊，个头大得超乎想象，"托迦顿随即开口，"还有一个猎人……"

其他人没有给他继续发言的机会，哄笑着一拥而上。

"这就是四王议会成员。"一个浑厚嗓音说道。他们顿时停止了打闹。

战帅的声音让洛肯匆忙抬起手臂放开托迦顿。四王议会的其他成员也充满负罪感地向指挥官立正行礼。那位一头黑发、衣着光鲜的女士站在旁边，作为凡人她称得上身材高挑，但也只能勉强达到荷鲁斯胸甲下沿的高度。她满脸困惑地盯着他们，显然不明白自己眼前究竟是什么情况。

"你们的连队完成备战了吗？"荷鲁斯质问道。

"是的，长官。"他们齐声回答。

荷鲁斯转向那个女士说："这位是卡皮努斯家族的佩卓尼拉·维瓦。她将担任我的纪实作者，而我很不明智地决定，是时候让她见见四王议会成员了。"

那位女士迈步上前，行了一个优雅繁复的屈膝礼，荷鲁斯则站在后面静静等待。洛肯在战帅的粗鲁态度背后捕捉到了一丝潜藏笑意，于是开口问道："你到底要不要介绍我们，长官？如果我们缺席的话，她恐怕没办法记录你的故事吧？"

"的确不行，加维尔，"荷鲁斯微笑起来，"我可不能让你们淡出荷鲁斯的传奇，是不是？好吧，这个骄纵轻狂的狼崽子是加维尔·洛肯，他最近刚刚荣获四王议会的要职。旁边是塔瑞克·托迦顿，他试图把任何事情当成笑话讲，通常都没有好结果。接下来是阿西曼德，我们管他叫'小荷鲁斯'，因为他幸运地继承了我的英俊容貌。最后这位是艾泽凯尔·阿巴顿，我的第一连长。"

"就是乌兰诺高塔上的那个阿巴顿吗？"佩卓尼拉问道。这令阿巴顿面露喜色。

"是的，就是同一个，"荷鲁斯回答，"不过你现在怕是看不出来他当年的英姿了。"

"那么这就是四王议会？"

"是的，他们虽然胡闹个没完，但对我而言确实宝贵无价。他们是无尽混乱中的理性声音。我与他们情同手足，将他们的忠告谨记于心。他们各自品性中的火爆、淡泊、阴郁和希望形成了最为恰当的平衡，帮助我不离正道。"

"也就是说，他们担任你的顾问？"

"这个词语太过乏味，难以表述他们在我心中的地位。你只要能记住这一点，佩卓尼拉·维瓦，就不算是与我虚度时光：若无四王议会，那么战帅的处境必然糟糕透顶。"

荷鲁斯迈步上前，从腰间抽出一件拖曳着修长纸条的事物。

"吾儿，"荷鲁斯单膝跪地，将那枚蜡印递向四王议会成员，"你们可愿见证我的临战誓言？"

这意义非凡的行为让四王议会成员惶恐僵立。登机甲板中的其他阿斯塔特看到这一幕之后也纷纷驻足旁观，大厅顿时陷入静默。战帅向亲信子嗣俯首屈膝的惊人场景仿佛让甲板中的嘈杂噪声都停滞下来。

最终，洛肯探出一只颤抖不已的手甲，从战帅掌中接过了蜡印。他看了看自己左右的托迦顿和阿西曼德，战帅的谦恭姿态让大家备感震憾。

阿西曼德点点头说："我们愿意聆听你的誓言，战帅。"

"我们也愿意见证你的誓言。"阿巴顿补充道。他将出鞘利剑平端在战帅面前。

洛肯举起誓言纸张，开口阅读指挥官亲手书写的文字。

"荷鲁斯，你是否接受这项职责？你是否保证向那些忤逆作乱、背弃荣光之人复仇？你是否立誓绝不放过任何一个胆敢对抗人类种族美好未来的死敌，是否立誓为第十六军团带来荣耀？"

荷鲁斯凝视洛肯的双眼，将手甲摘下，用拳头紧紧攥住阿巴顿所持的长剑。

"为此职责，以这把武器之名，我发誓如此。"荷鲁斯说着用手抹过剑刃，随后松开五指展露掌心。洛肯点点头交还蜡印，战帅则站起身来。

剑伤中涌出鲜血，荷鲁斯用誓言纸张蘸了蘸那迅速凝结的猩红血液，接着将其固定在胸甲上，向诸位子嗣露出笑容。

"谢谢你们，吾儿。"他说着走上前来与众人一一拥抱。

洛肯心中充满了对战帅的深厚敬爱，荷鲁斯在此前旅途中独自思索筹谋，令四王议会成员颇感失落痛心，然而那一切都在这亲近拥抱里烟消云散。

他们怎么能对战帅怀有疑虑？

"现在，我们有场仗要打，吾儿，"荷鲁斯喊道，"你们意下如何？"

"狼神！"洛肯举起拳头高呼。

其他人立刻响应，那呼声汹涌扩散，直到整座登机甲板都回荡着荷鲁斯之子的震耳咆哮。

"狼神！狼神！狼神！狼神！"

战帅的座驾如同一只猎鹰一样冲出弹射轨道。共有六艘风暴鸟以七秒间隔依次出动。驾驶员们操纵战机贴近复仇之魂号，等待剩余部队从其他登机甲板完成弹射。至今为止，尤甘·坦巴的旗舰泰拉荣耀号尚不见踪影，驻扎于此的其他舰船同样下落不明，但附近依旧可能潜伏着巡洋舰或战斗机猎杀编队，谁也不愿冒此等风险。

很快，另外十二艘隶属荷鲁斯之子的风暴鸟便与战帅的飞行编队会合，此外还有两艘怀言者战机。组成完整阵型之后，阿斯塔特战机立刻转向，朝戴文卫星地表发动俯冲。那高大峭壁般的战帅旗舰舰身逐渐远去，与此同时，数百架登陆船从帝国军队的重型运输舰上脱离出来，汇聚成一团飞舞蝇虫般的闪烁亮点——每一架都承载着上百名士兵。

但最为壮观的还要数机械神教的空降载具。

那些如城市街区般宏伟惊人的巨型舰船在外形上近似于短粗管道，表面配备了种类繁多的耐高温装置以及隐蔽难辨的减速推进器。惯性中和力场保护着里面的重要乘客，内部制动框架上的爆炸螺栓在遭遇冲击时会立刻脱落。

在军事单位后面接踵而来的便是保障单位，它们承载着包括武器弹药、食物、饮用水以及燃料等数不胜数的辅助物资，用于满足全面攻势的一切需求。

向地表进发的舰船多如牛毛，任何人都无法明确掌握每一艘的身份和动向，即便是博阿斯·科门努斯麾下的舰桥船员也难以洞悉全局，因此从复仇之魂号民用机库驶出的那艘金色登陆船并未受到丝毫的注意和质询。

平叛舰队在低空轨道集结，大气层中的一丝丝云朵被狂风攫住，在战舰下方盘卷成众多慵懒涡旋。

阿斯塔特一如既往地担任前锋。

空降过程并不顺利。气流扰动和剧烈风暴将天空撕裂，阿斯塔特风暴鸟如同风中枯叶般飘零飞落。洛肯能够体会到机身的癫狂颤抖，他庆幸自己被索具紧紧地束缚在座椅里。他已将爆矢枪存放在头顶，目前除了坐等风暴鸟降落和发动进攻之外别无选择。他努力放缓呼吸，清除脑海里的纷乱杂念，感觉到一股暖意渐渐注入四肢百骸。这是盔甲内置系统开始提升他的新陈代谢水平，为即将到来的战斗做好准备。

马刺小队以及耐罗·维帕斯麾下的巫师小队成员们围绕在身边，这些安如磐石的超群士兵代表着人类战斗技艺的巅峰水准。洛肯热爱每一位同僚，也相信他们不会令自己失望。他们在谋杀星球以及芝诺比娅的出众表现足以担当后世楷模，很多刚刚晋升的新兵已经在那些殊死搏杀的战场中得到了历练。

他的连队英勇善战，信心十足。

"加维尔，"维帕斯的声音在盔甲通信器里响起，"你该听听这个。"

"听什么？"洛肯在挚友的话语中察觉到一丝警戒意味。

"切换到第七频道，"维帕斯说，"我把它隔离起来了，其他人接触不到，但我觉得你应该听一听。"

洛肯切换到这个内部频道，起初只能听见一片低沉单调的杂音。静电嘶吼中偶尔掺杂了几声爆鸣，但仅此而已。

"我什么都听不到。"

"再等等，你会听到的。"维帕斯承诺。

洛肯集中注意力，仔细捕捉耐罗所指的声响。

他也听到了。

那汩汩水声般的嗓音分外微弱，就像是从天边传来的。

"……人类之道。愚行……寻找……万物灭亡。人类将通过死亡与重生达到永恒……"

洛肯虽然已经无法感受恐惧，却还是心中一惊，这让他立刻回想起昔日前往耳语山脉的那段航程，当时通信频道里回荡着所谓萨姆斯的嘲弄言语。

"喔不……"洛肯低声说。那湿滑嘶哑的嗓音则重新浮现，"因此我自愿背弃帝皇以及他的走狗战帅。如果他胆敢来此，就是死路一条。他将在死亡中永生。赞美腐败之主的手段。赞美。赞美……"

洛肯用拳头重重敲打座椅的解锁按钮，迅速站了起来，五脏六腑中的一阵异样感觉让他身形微晃。经过基因强化的躯体容许他抵抗战机的疯狂颠簸，他沿着加固甲板快步走向驾驶舱，决心阻止部队盲目地扎进一个可怕陷阱之中，重蹈63-19的覆辙。

他拉开舱门，看到飞行军官和驾驶员正在尽量稳住战机，与那土黄色的风暴雷云奋力搏斗。这里的舱内喇叭也播放着同样的莫名话语。

"这是哪儿来的？"洛肯质问道。

近处的飞行军官转过头说："这是通信信号，确凿无疑，但是……"

"但是？"

"但是它来自一艘舰船的通信系统，"对方指着面前屏幕上的绿色波形图说道，"根据波形特征判断，这是我们自己的信号。而且功率强劲，估计是用于舰对舰通信交流的发送装置。"

"这是实际的通信信号？"洛肯说。他庆幸没有再次遭遇某种来历不明的未知声响，类似于萨姆斯的恶毒耳语。

"看来是的，不过这种规模的舰载通信装置不应该出现在星球地表。大型战舰是不会下降到大气层内部的，否则就别想再起飞了。"

"你能阻塞信号吗？"

"我们可以试试，但我刚才说了，这个信号功率十分强劲，很快就能穿透我们的阻塞。"

"你能追踪信号来源吗？"

飞行军官点点头说道："是的，这个没问题。如此清晰的信号从轨道上都能追踪到。"

"那么为什么一开始没有追踪？"

"一开始并没有这个信号，"军官辩称，"这是在我们进入电离层之后才出现的。"

洛肯点点头："尽量阻塞信号，找到源头。"

他转身返回座舱，今日事态与耳语山脉的经历过于相近，这让他备感不安。

不可能是巧合，他心想。

他启动另一个频道与四王议会交谈，随即得到同僚们的确认，表明矛头部队全都收到了这个信号。

"没什么的，洛肯，"战帅的声音从为首的风暴鸟里传来，"只是宣传攻势。"

"无意冒犯，长官，但我们在耳语山脉也是这样推断的。"

"那么你有何建议，洛肯连长？我们应该调头返回戴文，忽视我荣誉上的污点？"

"不，长官，"洛肯回答，"我只是认为我们应该多加小心。"

"多加小心？"阿巴顿笑道，即便是在通信频道里，那粗重刚硬的科索尼亚笑声依旧隆隆震耳，"我们是阿斯塔特。旁人理应对我们多加小心。"

"第一连长讲得不错，"荷鲁斯说，"我们要追踪这个信号，将其彻底摧毁。"

"长官，或许这恰恰是敌人的陷阱。"

"那么敌人很快就会意识到自己犯下的错误。"荷鲁斯厉声回答，随后切断了连线。

不消片刻，战帅的命令便在全军通信频道中响起，风暴鸟编队如同一群狩猎猛禽般应声转向，洛肯察觉到脚下甲板的偏斜。

他走回座位上将自己固定好，心中确信部队即将踏入陷阱。

"怎么回事，加维尔？"维帕斯问道。

"我们要去摧毁那个声音，"洛肯重复着战帅的命令，"没什么的，只是通信信号。宣传攻势。"

"但愿仅此而已。"

是啊，洛肯心想。

风暴鸟重重砸落在地，起落架努力寻找松软土壤上的支点。束缚索具自动解除，巫师小队战士们动作流畅地站起身来，从储物柜里取出武器，同时风暴鸟尾部的舱门也轰然开启。

洛肯率领战士们冲出载具，炽热云雾和有毒烟尘充斥四周，喷薄蓝焰的风暴鸟引擎发出一阵阵破空尖啸。他从坚硬的金属舱门里迈出一步，顿时踩进了戴文卫星的泥泞土地。他的沉重盔甲迅速下陷，直至小腿没入过半，一股可憎的恶臭从泥沼里扑面而来。

巫师小队与马刺小队的阿斯塔特快步走出机舱，训练有素地在风暴鸟周围组成防御阵线，与其他荷鲁斯之子小队首尾相接。

风暴鸟的引擎缓缓停歇，从机翼下方传来的震耳噪声与碧蓝火光逐渐淡去。它们扬起的躁动云雾也尽数消散，洛肯终于看清了戴文卫星的真实面目。

无边无际的凄凉沼泽一直延伸到视野尽头，不过盘踞在地面的滚滚黄雾与悬浮在半空的厚重湿气让能见度仅有数百米。荷鲁斯之子在战帅的伟岸身形周围集结，随时准备出击，昏黄天空里的点点光芒表明帝国军队登陆船即将抵达。

"耐罗，派人去前面探查一下浓雾边缘的区域，"洛肯命令道，"我可不想让什么东西毫无预警地冲过来。"

维帕斯点点头，着手安排侦察小队，洛肯则启动频道与维汝兰·莫伊通话。第十九连连长主动贡献出了麾下的几支重武器小队作为支援，洛肯明白他此时需要那些战士的沉稳准星与冷静头脑。"维汝兰？确保你的毁灭者小队准备作战，让他们保持开阔视野，这里雾气太重了，他们恐怕难以得到什么预警。"

"的确，洛肯连长，"莫伊回答，"他们现在已经开始就位了。"

"干得好，维汝兰。"洛肯说着关闭了频道，放眼仔细检视面前的战场环境。潮湿泥地与湿滑池沼营造出了这一成不变的棕绿色景象，区区几棵凋零树木的漆黑剪影点缀在天际。成群结队的嗡鸣蝇虫如浓厚云团般在污浊水面上方盘旋飞舞。

洛肯通过盔甲的外部传感器品尝到了当地的空气，那秽物与腐肉的刺鼻味道让他一阵反胃。头盔迅速滤除异味，然而刚刚吸入的那一口空气足以告诉他，星球大气层已经被腐败物质彻底污染，仿佛脚下大地正在缓缓腐烂销蚀。他在泥泞沼泽里笨拙前行，每一个脚步都会卷起众多混浊波纹与有毒气泡。

在风暴鸟的咆哮彻底停息之后，这颗卫星的死寂静默就变得分外明显。仅有的声音来自穿越泥沼的阿斯塔特以及嗡鸣不止的飞舞蝇虫。

托迦顿向他大步走来，盔甲上沾满了污泥和黏液，虽然对方的面孔隐藏在头盔之下，但洛肯依旧能够察觉到，老友对于这片凄凉景象倍感烦忧。

"这鬼地方比乌兰诺的茅坑还要臭。"托迦顿说道。

洛肯不得不同意；在盔甲系统与外部环境彻底隔绝之前，他吸入的那几口恶臭空气至今还在喉咙里萦绕不去。

"这里究竟发生了什么？"洛肯表示疑惑，"作战简报完全没有提到卫星是这副模样。"

"作战简报是怎么说的？"

"你没读吗？"

托迦顿耸耸肩说："我觉得在空降之后亲眼看看就行了。"

洛肯摇摇头说道："你是永远当不了极限战士的，塔瑞克。"

"那是自然，"托迦顿回答，"我更喜欢临场发挥，基里曼手下那帮家伙比你还要榆木脑袋。但是咱们暂且不提我对于任务简报的轻率态度，这地方到底应该是一副什么模样？"

"这里的气候原本与戴文相近——温暖干燥。我们脚下这片区域应该是被森林覆盖的。"

"究竟发生了什么？"

"发生了一些糟糕的事情，"洛肯凝望着雾气缭绕的无边沼泽说道，"非常糟糕的事情。"

第二部

瘟疫卫星

第六章

腐败之地
蹒跚死物
泰拉荣耀

阿斯塔特战士们在浓雾中分头列阵,以最快速度穿越这泥泞地形,直逼通信信号的源头。荷鲁斯身先士卒,那位现世神祇在戴文卫星的恶臭泥潭与湿滑池沼中昂首前行,对于这腐败剧毒的空气环境毫不在意。他不屑于佩戴头盔,依靠其超人体质轻易抵抗任何毒素。

四个阿斯塔特方阵遁入迷雾之中,四王议会成员各自率领接近两百名战士。帝国军队紧随其后,一支支连队的士兵们身穿红色夹克,手持锃亮的激光枪与银色长矛。由于凡人的羸弱体质难以抵御这颗卫星上的致命环境,所以他们都佩戴了一套防毒面具。初期登陆的装甲部队遭遇了灾难性挫折,所有坦克都被沼泽吞没,空降船也陷在黏稠淤泥中动弹不得。

相比之下,从机械神教运输船里现身的战争机械要远远庞大得多。就连阿斯塔特都停下了进军的脚步,观看三艘巨型飞船降落的景象。那些外壳被大气炙烤成焦黑的宏伟飞船带着滚滚烟尘与喷薄火柱刺破了昏黄天空,功率强劲的逆推进器勉强对抗着重力的牵引,让它们如同传说中的太古巨石般缓缓降落。即便采取了种种迅猛而强力的减速手段,它们依旧引发了惊天动地的冲击,高达数百米的污浊涌泉拔地而起,瞬间蒸发的池沼化作漫天浓雾弥散开来。宽阔舱门轰然炸开,制动框架纷纷解离,死亡军团的泰坦昂首阔步迈出运输船,踏上了戴文卫星的地表。

审判日一马当先,其后是亡骨骷髅与泽斯托之剑,那两台战将泰坦的装甲躯干上都悬挂着轻轻飘扬的荣誉旌旗。这些雄伟泰坦的沉重步伐势若雷霆,将一道道冲击波送往几公里之外,它们壁垒般的腿足深陷在泥泞沼泽里,直达数米之下的牢固基岩。它们迈步行进时卷起大股泥水,仿佛是震慑人心的战神,下凡前来将战帅的死敌碾成粉末。

洛肯静静观望泰坦天降，心中交织着敬畏与不安：他敬畏那宏伟壮观的参天身影，但为战帅动用如此强大的毁灭工具深感不安。

部队进军步伐十分缓慢，战士们在黏稠淤泥和恶臭污水中艰苦跋涉，始终难以看清百米之外的情况。浓厚雾气对于声音的传播有着显著影响，近在咫尺的响动往往难以察觉，而远处卢克·赛迪瑞麾下战士的脚步却能清晰地传入洛肯耳中。在这昏黄迷雾里，任何人都难寻踪影，因此各支连队保持着频繁而规律的通信交流，尽量避免部队走散。

洛肯不确定这究竟是否奏效。怪异的呻吟与嘶鸣从脚下泥沼中不时传来，仿佛是死者的临终吐息，种种朦胧阴影在浓雾里穿梭闪现。每当他抬起爆矢枪瞄准目标时，雾气随即消散，展现出一个海绿色的荷鲁斯之子，或是铁灰色的怀言者。艾瑞巴斯率领麾下战士来到了戴文卫星，为战帅提供支援，荷鲁斯颇为欢迎他们的助力。

沼泽雾气以令人不安的速度变得越发浓厚，渐渐吞噬了全军上下，洛肯如今只能勉强辨别出自己连队的战士。他们穿过一片凄凉林地，所有枯萎的树木都掉光了叶子，湿滑的枝干表面闪着水光。洛肯停下脚步仔细检视，隔着手甲按动树木，顿时皱起眉头，他发现那腐烂树皮在一触之下便轻易脱落，种种蛆虫在朽坏边材中蠕动钻行。

"这些树……"他开口道。

"怎么了？"维帕斯问。

"我以为它们都死了，但并没有。"

"没死？"

"它们患了虫病。已经烂透了。"

维帕斯耸耸肩继续前进，洛肯则再次明确意识到，这里发生了某种可怕的事情。他看着腐坏不堪的树木芯材，担心糟糕事态远未结束。他将脏污手指在腿甲上抹了抹，快步追赶维帕斯。

这场静默而诡异的行军在浓雾中继续展开，阿斯塔特享受着盔甲伺服系统的协助，轻易将帝国军队抛在身后。对于那些凡人士兵而言，穿越泥沼要更为困难。

"四王议会成员，"洛肯对盔甲内置通信器说，"我们需要放慢行军速度，我们和帝国军队单位之间的缺口已经太大了。"

"那么他们就需要加快速度，"阿巴顿回应道，"我们没时间照顾次等人。我们已经快要找到通信信号源头了。"

"次等人，"阿西曼德说，"小心点，艾泽凯尔，你现在已经越来越像艾多伦了。"

"艾多伦？那个蠢货为了赚取荣誉宁愿单枪匹马上战场，"阿巴顿低吼道，"别拿他和我比！"

"真抱歉，艾泽凯尔。你和他一点都不像。"阿西曼德干巴巴地说。

洛肯带着笑意聆听四王议会同僚斗嘴，这再搭配上戴文卫星的寂静环境，让他逐渐抹消了此前对于全军贸然出击的忧虑。他将装甲战靴从泥沼里拔出来，向前迈动一步，却突然察觉到某些事物在脚下碎裂。他低头看到一个圆球形的白绿色物体摇晃着浮上水面。

洛肯不必仔细检视也知道，那是一枚颅骨，苍白骨骼表面还依附着些许腐朽血肉。紧接着是一对肩膀从水中浮现，肿胀变绿的肌体下面暴露着脊柱。

洛肯厌恶地咧着嘴，看到那具腐朽尸首翻转过来，眼眶里塞满了淤泥和水草。更多残破尸身随即四下浮现，想必是泰坦的沉重步伐搅扰了在沼泽底部沉眠的亡者。

他呼叫部队停止前进，再次启动通信频道与同僚军官联络，此时已经有数百具尸首漂浮在池沼表面。骨架上残存着毫无生机的灰暗血肉，泰坦的隆隆脚步为它们的僵死肢体注入了一种恐怖可憎的动态意味。

"我是洛肯，"他说道，"我找到了一些尸体。"

"是坦巴的部下吗？"荷鲁斯问。

"我说不好，长官，"洛肯回答，"已经严重腐烂，难以确认。我这就检查一下。"

他将爆矢枪挎在肩头，俯身攥住近处的一具尸体，将其拖出泥沼。那肿胀腐败的皮肉蠕动不止，里面必然盘踞着大群食腐蛆虫。不出所料，死者身上还挂着残破发霉的褴褛制服。洛肯伸手抹掉其肩头的淤泥。

透过污秽沼泽的残留痕迹，他勉强辨认出一块覆有咆哮狼首图案的肩章，上面还印着数字"63"。

"是的，63号远征队，"洛肯确认道，"这些是坦巴的部下，但——"

洛肯没能把话说完，那具肿胀尸体突然抬起手臂，用瘦骨嶙峋的指头紧紧掐住了他的喉咙，那空洞眼眶里燃起两团闪烁的绿火。

"洛肯？"荷鲁斯追问道，通信连线突然中断了，"洛肯？"

"有情况吗？"托迦顿问。

"我还不确定，塔瑞克。"战帅回答。

爆矢枪的粗重咆哮突然响起，火焰喷射器的尖锐嘶吼也从周围各处传来。

"第二连！"托迦顿高喊，"准备作战，拿起武器！"

"这是哪里来的？"荷鲁斯吼道。

"很难说，"托迦顿回答，"浓雾把声音搅得一团糟。"

"调查清楚。"战帅下令。

托迦顿点点头，向各支连队寻求接敌报告。模糊不清的呼喊从通信频道中传来，描述着种种难以置信的事物，同时爆矢枪的沉重怒吼也不绝于耳。

枪声突然在他左侧响起，托迦顿扭过身去迎击敌人，将爆矢枪抬在身前。然而他只能看到枪炮开火的密集闪光，偶尔还有等离子武器留下的碧蓝弹道。就连盔甲外部的传感器都难以穿透这无处不在的厚重浓雾。

"长官，我认为——"

他前方的泥水骤然纷乱四溅，某个庞大肿胀的物体冲出池沼向他猛扑而来。那腐烂败坏的躯体顿时将他迎面撞翻。

托迦顿沉入乌黑水面，依稀看到了一张遍布獠牙的松弛巨口，以及枯黄犄角之下的一枚灰绿独眼。

"我不明白。指挥频道一团糟。"高阶驾驶员阿鲁肯开口回应图奈特机长的质问。外部探测器突然令人心惊地传来了巨量信号，那些敌对目标在须臾之间凭空具现，机长立刻要求了解情况。

"那就搞明白，见鬼！"图奈特命令道，"战帅就在那里。"

"主武器激活，可以开火。"高阶驾驶员泰塔斯·卡萨高声汇报。

"我们首先需要找到一个该死的目标，我可不打算朝那边胡乱射击，"图奈特说，"如果只是帝国军队也就罢了，但那里有阿斯塔特。"

审判日的舰桥笼罩着猩红灯光，三位军官坐在高台上的指挥椅中，面对着战术示意图的绿色幽光。他们与泰坦的核心本体相连，对战争机械的一举一动都感同身受。

　　无数未知敌人向荷鲁斯之子群起而攻，这让乔纳·阿鲁肯顿觉自己渺小无力，纵然脚下是一台强悍可畏的战争机械。他们原本预期会遭遇到装甲部队的抵抗，与切实可见的敌人交手，所以至今为止，所有泰坦都仅仅扮演着标志物的角色，协助帝国力量整军集结。他们空有无坚不摧的凶猛火力，此刻却不能为同袍施以援手。

　　"有情况，"卡萨回报，"捕捉到了信号。"

　　"是什么？说清楚些，该死的。"图奈特喊道。

　　"空中目标。信号正在确认。速度很快，向我们逼近。"

　　"是风暴鸟吗？"

　　"不是，长官。所有风暴鸟都在部署区域里，没有缺失，我也并未收到任何军事代号。"

　　图奈特点点头。"那么就是敌对目标。你有火力方案吗，阿鲁肯？"

　　"这就构建方案，机长。"

　　"距离六百米，还在靠近，"卡萨说道，"帝皇保佑，它是径直朝我们来的。"

　　"阿鲁肯！那东西太近了，立刻击落。"

　　"正在准备开火，长官。"

　　"动作快点！"

　　透过前挡风玻璃只能看到一片浓雾；然而放眼展望脚下的陌生世界，她依旧有种难以抗拒的冲动——纵然她难以分辨出多少事物，或者说她难以分辨出任何事物。因此，当座驾冲破上层大气之后，佩卓尼拉的第一印象便是失望，毕竟她原本期待目睹种种超乎想象的奇观异景。

　　事实上，他们遭到了狂怒风暴的粗鲁摆布，除了昏黄天空之外便只能看到一团死气沉沉的厚重雾气，笼罩其下的那片棕色沼泽显然也是平淡无奇。

　　她曾申请跟随矛头部队的战士们一同前往星球地表，战帅则礼貌而坚定地加以回绝，但她确信对方眼中闪过了一丝狡黠笑意。佩卓尼拉将那道神色视为默许，立刻召唤马迦德和驾驶员前往机库，准备造访脚下的卫星。

　　他们的金色登陆船紧紧跟在帝国军队运输舰后面，迅速埋没于前往卫星地表的大批突击舰船之中。然而他们难以跟上大军前进的步伐，只能顺着尾迹缓慢航行，一头扎进了这团如浓汤般厚重的云雾，几乎看不到地面的任何情况。

"前方出现了一些信号，女士，"驾驶员说道，"我想应该是矛头部队。"

"终于到了，"她说，"尽量靠近，之后把我们放下。我要从这片浓雾里出去，找些值得一写的东西。"

"遵命，女士。"

登陆船偏转航向，朝那个信号疾驰而去。佩卓尼拉安坐在椅子里，气恼地调整束缚索具的位置，避免给长裙留下褶皱。最终她还是放弃了，认定这套礼服已经无可挽救，于是将视线重新投向前方，而就在此刻，驾驶员骤然发出一声惊惶呼喊。

炽热如火的恐惧顿时在佩卓尼拉的全身血脉中奔涌沸腾，登陆船前方的迷雾逐渐消散，展露出一个尺度惊人的装甲巨像。覆有锯齿城垛的要塞和塔楼充满了她的视野，众多粗重炮口环绕着一张嘶吼可畏的黑钢面孔。

"王座在上！"驾驶员厉声惊呼，在绝望之中奋力扭动操纵杆规避，而咆哮烈焰与灼目光芒则透过挡风玻璃扑面而来。

佩卓尼拉的整个世界随即化作一团剧烈痛楚与粉碎玻璃，审判日枪炮齐鸣，将她的登陆船从昏黄天空中击落。

洛肯在厌憎和惊惧中快步退却，那亡者则试图用黏滑手指将他掐死。作为一具理应脆弱不堪的腐尸，它拥有某种强悍可怕的力量，竟然迫使洛肯跪伏在地。

他心念微动，让大量战斗药剂迅速强化自己的新陈代谢，在眨眼间便感觉到崭新的力量注入全身。他握住袭击者的双手，将它的两条臂膀从恶臭扑鼻的躯干上连根扯断，顿时招致一股喷溅而出的腐液和污血。那邪物眼中的光焰随即熄灭，并了无生机地翻落在泥潭中。

洛肯站起身来检视局面，任何慌乱与困惑都因被阿斯塔特的严格训练而压制下去。之前看起来早已死去的那些尸首纷纷钻出乌黑池沼，从四面八方发动围攻。

众多爆矢枪的凶猛怒火将发霉皮肉炸开，把腐朽肢体撕碎，然而它们依旧蜂拥而来，探出一根根病态泛黄的手爪。更多邪物从战士们身边不断浮现，洛肯开枪击倒了三个敌人，用质爆弹轻易敲碎其头颅与胸膛。

"荷鲁斯之子，向我集结！"他喊道，"向我集结！"

第十连战士们冷静地朝连长所在位置后撤，同时向那些如同梦魇般钻出沼泽的腐坏残躯倾泻火力。成百上千的死物将连队重重包围，每一具浮肿发霉的可憎尸首都在喃喃低语，面孔正中无一例外地长着混浊独眼，额头上则是粗糙枯黄的骨质犄角。

这些究竟是什么？是能够驱役僵死尸体的异形怪物，还是某种更糟糕的东西？隆隆嗡鸣的密集蝇群在周围舞动盘旋。洛肯看到一名阿斯塔特不支倒地，他的头盔通气孔上挤满了壮硕飞虫。那位战士癫狂地扯下头盔，洛肯满怀惊惧地看到，对方的全身血肉以一种远超自然的速率衰败腐烂，皮肤在眨眼间灰暗剥落，展露出坏死液化的软组织。

爆矢枪的震耳咆哮帮助洛肯集中精力，重新着眼于面前的恶战，向那群蹒跚逼近的污秽怪物投以密集弹雨。

"只打脑袋！"他高喊着将一个死物击倒，那衰朽头颅顿时化作焦黑骨片与四溅黏液。战局走向逐渐逆转，越来越多的蹒跚尸骸被战士们摧毁，不再起身。一些肚腹肿胀可憎的绿色怪物更难击杀，但洛肯发现，它们倒毙遁入沼泽污水之后，似乎就立刻消解成恶臭扑鼻的黏稠液体。

又一批朦胧身影在雾气中浮现，战士们背后则传来重型火炮的雷霆咆哮，高空中应声点亮了一团灼目火光。洛肯抬头看到一艘金色登陆船拖曳着浓烟和烈焰摇摇晃晃地划过天际，但他无暇猜想那艘民用飞船究竟为何出现在作战区域中，因为此刻有更多腐朽死物从池沼中攀爬起身。

爆矢枪在这样近的距离上难以施展拳脚，于是他抽出链锯剑，按动激活钮，让那凶残锋刃旋动起来。一个衰朽腐烂的恐怖怪物朝他径直扑来，洛肯双手持握利剑，挥向对手的头颅。

链锯剑咆哮着展开杀戮，将那死物从头到脚劈作两半，让一团团湿滑的灰暗血肉泼溅在他的盔甲上。另一个敌人随即被洛肯腰斩，它眼中的碧绿光焰立刻闪烁熄灭。在他周围，诸位荷鲁斯之子战士与昔日的63号远征队成员——如今的恐怖邪物针锋相对。

众多腐烂手掌从水底猛然探出，紧紧抓住他的盔甲，洛肯顿时被拖向池沼深处。他怒吼一声，反手持握兵器，朝那些狞笑骷髅与残缺面孔刺去，然而它们的邪异力量竟更胜一筹，令他无法挣脱。

"加维尔！"维帕斯高喊一声，将面前拦路的敌人劈成碎块，大步穿过泥泞沼泽冲向战友。

"卢克！来帮我！"维帕斯奋力握住洛肯探出的臂膀。洛肯也紧紧攥着老友的手掌，并感觉到另有一人抓住自己的胸甲，将他逐渐拽出泥潭。

"松开，你们这些混蛋！"卢克·赛迪瑞咆哮着全力拉扯。

洛肯终于脱身，狠狠踢开那些潜伏在混浊池水里的怪物，匆忙站稳脚步。他与卢克和耐罗并肩奋战，以凶狠怒火面对成群结队的污秽敌人，然而那一度略有回转的战况已经变得彻底混乱。这是单纯而枯燥的屠戮工作，并不涉及一丝一毫的剑术和战技，仅需蛮横力量与坚韧意志即可。洛肯莫名想到了帝皇之子军团的剑客卢修斯，那人必然会极为厌憎这种粗鄙不雅的战争形式。

洛肯将注意力转回到面前的战场上，多亏卢克·赛迪瑞和耐罗·维帕斯的支援，他才得以脱离危难，重整旗鼓。

"谢了，卢克、耐罗。我欠你们一份情。"他在战斗间歇时说道。荷鲁斯之子纷纷重新装弹，着手清理链锯剑上的腐败碎肉。沼泽中不时传来阵阵零星枪声，萤火虫般的闪烁光芒也在浓雾深处点亮。洛肯注意到金色登陆船的坠毁残骸位于左方，那直冲天际的火光化作了浓厚雾气里的一点指路烽火。

"没说的，加维尔，"赛迪瑞回答，洛肯知道对方必定在头盔之下面露笑容，"我敢打赌，等到咱们了结这个烂摊子之前，你就会还上那份人情的。"

"我猜是的，但希望不要如此。"

"现在是什么计划，加维尔？"维帕斯问道。

洛肯抬起手示意安静，再次尝试与四王议会兄弟或战帅取得联络。静电干扰和急迫呼吼将通信频道彻底填满，在军队士兵的恐慌叫喊之中，那该死的湿滑嗓音还在一遍遍重复着，"赞美腐败之主……"

此刻，一个清晰明朗的声音突然切入所有频道，几乎让洛肯宽慰地放声呼喊。

"全体荷鲁斯之子，我是战帅。向这个信号集结！向火焰位置集结！"

随着战帅一声令下，崭新鲜活的力量顿时注入所有阿斯塔特的疲惫肢体与困苦心灵，他们重整阵线，有条不紊地发起进军，向那艘坠落飞船燃起的熊熊火柱走去。洛肯用机械般的精准动作展开杀戮，每一颗子弹都击倒一个目标。他逐渐认定，面前这可憎可怕的恶敌已然展现了全部伎俩。

无论是何种邪恶诡异的能量在驱动这些匍匐爬行的梦魇般的疫病尸骸时，其效力显然颇为有限，仅仅能够赋予它们最基础的运动能力与不知疲倦的冷酷敌意。

洛肯的盔甲覆满了深重的刻痕，他盼望自己能够知道，究竟有多少位战士牺牲在了这群横行死物的秽恶饥渴之下。

他暗自起誓，那个所谓的腐败之主必将为每一条性命付出惨烈代价。

佩卓尼拉几乎喘不过气来，胸膛剧烈地起伏抽搐，只能透过马迦德按在她脸上的呼吸面罩艰难喘息。她双眼刺痛不已，泪水顺着完美的脸颊流淌而下。她用尽全身力气勉强让自己坐起来。

关于登陆船轰然坠毁并粉身碎骨的过程，她仅仅可以回想起些许狂乱莫名的噪声与强光、刺耳的金属嘶鸣，还有那令人魂飞魄散的剧烈冲撞。她的口鼻耳目仿佛都充满了鲜血，一股撕心裂肺的痛楚在左侧躯干蔓延扩散。凶残烈火在四周跃动，污浊空气和滚滚烟尘模糊了她的视线。

"怎么回事？"她勉强开口，呼吸面罩让她的嗓音倍显沉闷。

马迦德没有作答，但她随即意识到对方无法作答，于是扭过头去张望周围，尽量了解他们此刻的处境。身穿家族制服的残破尸首四下横陈——那是登陆船的驾驶员和机组成员——零乱残骸上覆盖着大量鲜血。即便隔着呼吸面罩，她也能品尝到那刺鼻腥气。

浓稠厚重的病态雾气笼罩四方，但烈焰的高温似乎能够驱散近处的浓雾。蹒跚而行的身影逐渐靠近，她满怀欣慰地意识到自己很快就能获救了。

马迦德却一跃而起，抽出细剑和手枪。佩卓尼拉想要开口喝止，让保镖不要对援救人员动粗。

随后，第一个身影终于从雾气中浮现，那溃烂不堪的皮肉以及垂挂在破裂肚囊之外的腐败脏器顿时让她高声尖叫起来。然而这还远非秽恶至极的怪物，四面八方的大群腐尸如同游行队伍般跨过泥沼与残骸，拖着肿胀衰朽的疫病之躯缓步逼近，探来一只只可怕手爪。

它们眼眶里的闪烁绿火暴露出一股凶残贪念，前所未有的极端惊惧在佩卓尼拉腹中狠狠绞动。

挡在她和那群行尸走肉之间的只有马迦德一人而已。她曾在开罗的运动场馆里旁观保镖投入训练，然而还从未亲眼见过马迦德暴怒动武。

马迦德的手枪厉声咆哮，将一个蹒跚死物击倒，在它的额头上凿出若干弹孔。他不停开火直到子弹用尽，随后收起枪械，抽出一柄三棱匕首。

面对不断逼近的大群敌人，她的保镖发起了猛攻。

他飞身踢向临近的那具腐尸，将其脖颈在脚下碾断。马迦德落地之后扭转身躯，探出剑刃斩落两颗怪物的头颅，同时挥动匕首撕碎了另一个敌人的喉咙。他掌中的科里安细剑如同一条银蛇般迅猛出击，那幽光闪烁的锋刃不知休憩地横扫直刺，几乎肉眼难辨。利剑所及的任何腐尸都瞬间瘫倒在泥泞地面上，如同抽走了流程芯片的机仆。

马迦德的强壮身躯毫无停滞，始终保持着翻转腾挪，躲避那些污秽恶敌攫取的手掌。它们的不懈攻势毫无章法可言，仅仅是缺乏知觉的成群死物在试图将两人卷入泥沼。佩卓尼拉从未目睹过马迦德此刻倾尽全力的奋战姿态，那经过强化的虬结肌肉驱动着保镖用迅捷而致命的手法大杀四方。

然而无论他斩落多少头颅，敌人的攻势都未有丝毫减弱，更是逐渐逼迫他步步退却。无穷无尽的蹒跚尸骸最终将两人重重包围，佩卓尼拉意识到马迦德不可能永远抵挡下去。保镖骤然趔趄几步，身上的十余道轻伤流淌着鲜血，但伤口周围布满了脓疮水疱，他的皮肤也显得灰暗病态，即便一直佩戴着呼吸面罩。

惊恐万分的佩卓尼拉流下一串串苦楚泪水。那些怪物越发逼近，张开巨口准备吞噬她的血肉，伸出手爪要撕开她的完美皮肤，大啖其五脏六腑。不该这样的！伟大远征不该以失败和死亡收场！

一具遍布霉斑、皮肉松弛的腐尸绕过马迦德向她扑来。保镖此刻正在与一个体形庞大的坏死巨怪缠斗，致命利剑深深埋在了那蝇虫环绕的绿色躯体之中。

佩卓尼拉无助地尖叫起来，眼看着敌人探来魔掌。

震耳欲聋的轰鸣在她背后响起，那死物顿时爆炸解离成一摊碎肉残骨。滚滚雷霆般的枪械咆哮接连传来，迫使佩卓尼拉紧紧捂住耳朵，她周围的众多敌人则应声被撕成碎片，纷纷跌落在坠毁登陆船的炽热残骸之间，燃起一团团恶臭扑鼻的绿色火焰。

她翻身躺倒，在痛苦与惊恐中尖声哀叫。那仿佛近在咫尺的凶暴弹雨并无停歇之意，为身披铠甲的高大荷鲁斯之子战士犁出了一条进军道路。

一位居高临下的巨人向她递来了厚重手甲。

对方没有穿戴头盔，颈甲中散发着可畏的红色光晕，那雄伟身躯被腾跃烈焰和冲天烟柱化作剪影。即便泪眼蒙眬，佩卓尼拉还是被战帅的英俊面容和完美体态震慑得哑口无言。荷鲁斯的盔甲上覆满了鲜血和污泥，披风也被撕裂显得残破不堪，然而他依旧如下凡战神般傲然矗立，震怒面孔上写满了令人惊恐的超凡力量。

她像婴孩般被对方轻易拽起身来，战帅麾下的阿斯塔特则继续收割那些恐怖死物。越来越多的荷鲁斯之子向坠毁位置集结，手中枪械喷吐着火舌，把敌人迅速击退，并在战帅身边组成一道坚实防线。

"维瓦小姐，"荷鲁斯质问道，"以泰拉之名，你来这里干什么？我命令你留在复仇之魂号上。"

她不知如何作答，对方的光辉形象依旧令她张口结舌。荷鲁斯拯救了她。战帅亲手拯救了她，这让佩卓尼拉感动落泪。

"我必须来。我必须看一看——"

"你的好奇心差点把你害死，"荷鲁斯怒喝道，"若不是你的保镖如此英勇，你早就丧命了。"

佩卓尼拉麻木地点点头，握住一根扭曲金属杆支撑自己，战帅则踏过飞船残骸走向马迦德。那位金甲战士抗拒着伤口的剧痛屹立不倒。

荷鲁斯伸手抬起马迦德持剑的臂膀，审视那位战士的兵刃。

"你叫什么名字，勇士？"战帅发问。

马迦德自然没有作答，他转头望着佩卓尼拉以示求援。

"他无法回答你，大人。"佩卓尼拉说。

"为什么？他不会讲帝国哥特语吗？"

"他完全不会讲话。卡皮努斯家族仆从已经被摘除了声带。"

"为什么要做这种事？"

"他是卡皮努斯家族的劳役佣人，作为保镖，他是没有资格在主人面前开口的。"

荷鲁斯皱起眉头，似乎反感此等行为，随后说道："那么你来告诉我，他叫什么名字。"

"他叫马迦德，大人。"

"他手中这把剑又是什么？为何它在一触之下就能消灭那些怪物？"

"这是一把科里安剑刃，铸就于古老泰拉，据说能够切断灵魂与身躯间的纽带，但我此前还从未目睹过它发挥作用。"

"无论如何，我认为这把剑救了你的性命，维瓦女士。"

她点头表示认同。战帅转过身去重新面对马迦德，抬起手臂行了个鹰徽礼，"你表现出了极大的勇气。你的今日作为值得骄傲。"

马迦德顿时垂首跪地，战帅的赞誉让他泪流满面。

荷鲁斯俯身将手掌按在这名保镖的肩头说道："起来吧，马迦德。你已经证明自己是一位战士了，而如此英勇的战士不应向我屈膝。"

马迦德站起身来，动作流畅地反握利刃，将剑柄递向战帅。

昏黄天空在他的金色双眸中映出两池冷冽倒影，佩卓尼拉在保镖的举止中看到了一股赤诚，那充满信念与自豪的神色显得浓烈无比，让她惊惶地打了个冷战。

这个姿态的含义颇为清晰，它表明了马迦德无法开口言说的态度——我任由你差遣。

部队集结之后，阿斯塔特仔细审视局面。四支方阵都抵达了登陆船坠毁地点，那些染疫怪物与蹒跚腐尸的漫长攻势也暂为停歇。矛头略受磨损，但惊人的战力犹在，足以轻松摧毁坦巴麾下的羸弱残军。

赛迪瑞主动请缨率部构筑外围防线，洛肯挥挥手以示同意，他明白卢克对战斗的渴求尚未满足，且急于在战帅面前出彩。维帕斯重组了斥候小队，维汝兰·莫伊则为他手下的毁灭者安排火力点。

洛肯看到四王议会成员全数生还，心中的宽慰无以言喻，不过托迦顿和阿巴顿都在这场激烈恶战中遗失了头盔。阿西曼德身侧的铠甲更是被严重撕裂，一摊猩红血迹铺在他的大腿上，与那海绿涂装形成了鲜明对比。

"你还好吧？"托迦顿问道。他的盔甲表面遍布污点和焦痕，仿佛是被人泼上了强酸。

"勉强。"洛肯点点头,"你呢?"

"还好,不过挺险的,"托迦顿承认,"有个混蛋把我拖进水里去了,差点掐死我。我的头盔被扯掉了,感觉喝下去足有一桶脏水。最后只能用战斗短剑把他捅死,打得拖泥带水。"

托迦顿的体质经过强化,不会因吞入沼泽污水而受创,无论其中含有何种毒素,但像他这样的可怕战士竟险些落入下风,今日恶敌的强悍显然不可小觑。阿巴顿与阿西曼德也有着类似的凶险经历。洛肯强烈盼望战斗能够尽快告终。这项任务拖延得越久,就越让他联想到艾多伦在谋杀星球的鲁莽突击。

终于恢复的通信联络表明,来自沼泽的可怕突袭让拜占庭禁卫军损失惨重,他们已经驻足不前,采取守势,就连军纪官员手中的电能镰刀都无法逼迫士兵们继续行进。邪异恐怖的敌人暂时遁入了浓雾之中,但谁也无法确认它们究竟盘踞在何处。

死亡军团的泰坦傲然矗立于阿斯塔特头顶,审判日的庞大轮廓本身便足以让众多战士感到安心。

最终是艾瑞巴斯为大军指引前路,他与麾下的残兵败将跌跌撞撞地走进坠毁登陆船周围的火光之中。首席牧师的盔甲脏污磨损,众多蜡印和卷轴都已经被撕碎扯脱。

"战帅,我们大概已经找到了信号源头,"艾瑞巴斯报告称,"前方有一个……建筑结构。"

"在哪里,什么距离?"战帅质问道。

"大约西边一公里开外。"

荷鲁斯举剑高呼:"荷鲁斯之子,我们今日遭受了深重折辱,众多兄弟不幸丧生。是时候为他们复仇了!"

他的浑厚嗓音在沼泽死水上方扩散开来,众多战士立刻咆哮着紧跟战帅脚步,追随艾瑞巴斯和怀言者踏入迷雾之中。

阿斯塔特战士们心中燃起一团充沛力量,大步穿越湿滑泥沼,准备将战帅的怒火倾泻在恶毒敌人身上,对今日的种种污秽邪术施加报复。马迦德与佩卓尼拉一同随行,因为没有哪个阿斯塔特愿意护送他们撤回帝国军队阵线。军团药剂师处理了他们的伤势,并协助他们渡过最为艰险的地域。

最终,浓雾变得愈发淡薄,洛肯逐渐能够透过污浊雾气看到远方阿斯塔特的身影。伴随他们的进军步伐，脚下地面也不再泥泞，艾瑞巴斯将大军领向了这片云雾的边缘。

随后，他们突然彻底冲出了雾气的笼罩，仿佛是跨越门廊走入另一个房间那般突兀。

在他们身后，大团浓重迷雾翻滚积聚，如同剧院中的舞台帷幕，随时准备展现某种奇妙事物。

在他们面前，通信信号的源头扎在泥土平原之中，恍若一座庞大的钢铁山脉。

尤甘·坦巴的旗舰——泰拉荣耀号。

第七章

谨慎行事
崩塌
背叛者

经历了近六十载的锈蚀与荒废，那艘损毁战舰的残骸静静地深陷在泥土平原里，昔日强悍的舰身早已严重开裂，整体轮廓扭曲得难以辨别。高大壮丽的哥特式尖塔散落于地，恰似一片宏伟城区崩塌后的残骸，墙垛与拱廊上悬挂着密如蛛网的腐朽藤条。龙骨彻底断折，或许战舰坠向戴文卫星时恰巧以腹部着陆，上层建筑结构纷纷塌陷，将内部甲板暴露在风雨之下。

舰身表面爬满了苔藓植被，指挥塔依旧直刺天际；亚空间扇叶和通信桅杆在呜咽的阴风中摇摆不止。

在洛肯看来，这幅悲惨景象简直令人难以承受。如此雄伟的一艘战舰根本不该屈身埋葬于这种地方。

周围地面散布着无数细碎残骸，其中一些是锈迹斑斑的残破金属，另外还有种类多样的个人物品，想必属于昔日的战舰船员，在那场惊天动地的撞击里被抛落出来。

"王座在上……"阿巴顿喘息道。

"怎么会？"阿西曼德几乎说不出话来。

"这的确是泰拉荣耀号，"艾瑞巴斯说道，"我能认出指挥甲板的亚空间阵列结构。这是坦巴的旗舰。"

"那么坦巴早就死了，"阿巴顿沮丧地说，"那样的冲撞不可能留下幸存者。"

"既然如此，信号又是谁发出的呢？"荷鲁斯问道。

"可能是自动播放，"托迦顿提议，"或许已经持续很多年了。"

洛肯摇摇头："不，在我们突入大气层之后，信号才刚刚出现。想必是某些人发现了我们的动作，于是将信号激活。"

战帅盯着那艘损毁星船的庞大废墟，仿佛要用目光穿透舰身，明察内情。

"那么我们就该进去，"艾瑞巴斯敦促道，"揪出潜藏在里面的敌人，把他们干掉。"

洛肯扭过身面对首席牧师说道："进去？你疯了吗？我们根本不知道会遭遇什么样的埋伏。里面完全可能藏着成百上千个那种……东西，甚至更糟。"

"怎么了，洛肯？"艾瑞巴斯低声咆哮，"如今荷鲁斯之子开始怕黑了吗？"

洛肯向艾瑞巴斯逼近一步，"你胆敢侮辱我们，怀言者？"

艾瑞巴斯也迈步迎上，然而四王议会的其他成员立刻站在新晋成员背后，让首席牧师面露迟疑。艾瑞巴斯不得已放弃对峙，转而俯首说道："我为言语出格表示歉意，洛肯连长。我只是想抹去军团荣誉所受的深重污染。"

"军团荣誉由我们自行捍卫，艾瑞巴斯，"洛肯说，"还轮不到你指手画脚。"

此刻荷鲁斯已有决断，及时终止了这场口舌争锋。

"我们进去。"他说道。

翻卷不已的浓雾追随着阿斯塔特的进军步伐，缓缓向坠毁战舰逼近，死亡军团泰坦跟在后面，它们的钢铁腿足上雾气缭绕。洛肯紧握着爆矢枪，背后时常传来的泼溅水声让他神经紧绷，但他告诉自己，这只是当地世界的寻常响动——无论究竟是什么。

部队与目标逐渐靠近，洛肯快步走到战帅身旁说："长官，我知道你会说什么，但我若是不开口的话，那就是疏忽失职了。"

"开口说什么，加维尔？"荷鲁斯问道。

"这件事。你亲自带领我们踏入未知险境。"

"两个世纪以来我不是一向如此吗？"荷鲁斯又问，"我们向浩瀚太空展开了不懈的扩张，难道那不正是与未知事物的对抗吗？这就是我们来此达成的目标，加维尔，将未知化作已知。"

洛肯察觉到指挥官又在运用那炉火纯青的误导技巧，于是暗暗提醒自己抓住重点。战帅往往能够轻易转变谈话走向，绕开那些他不愿讨论的主题。

"长官，你是否看重四王议会的谏言？"洛肯直截了当地问道。

荷鲁斯停住脚步，转过身来，神色严肃地面对洛肯，"我在登机甲板里对那个记述者所说的话，你都听到了，对不对？我无比珍视你们的谏言，加维尔。你何出此问？"

"因为你经常让我们担任战犬，只知高声吠叫渴求鲜血。你利用我们扮演一种特定角色，却并未容许我们帮助你保持正道。"

"那么请你畅所欲言，加维尔，我发誓一定认真聆听。"荷鲁斯承诺。

"无意冒犯，长官，但你不该亲自率领矛头部队，我们也不该未经恰当侦察就盲目扎进那艘舰船内部。三架机械神教最强大的战争工具就站在我们身后。为何不能运用它们的火力，至少先弱化目标？"

荷鲁斯轻笑一声："你有个善于思考的脑袋，吾儿，但真正赢得战争的不是思考，而是行动。我已经太久没有手持利剑投身战场了——太久没有亲自对抗那些试图彻底毁灭人类的可憎恶敌。在谋杀星球上我就对你说过，如果我昔日怀疑自己要被迫远离战场的话，就一定会拒绝接受战帅头衔的。"

"四王议会成员本可以为你代劳，长官，"洛肯说，"如今你的荣誉该由我们捍卫。"

"你认为我的肩膀如此羸弱，竟不可独力承担自己的荣誉吗？"荷鲁斯问道。洛肯惊愕地在对方眼中看到了毫无做作的愤怒。

"不，长官，我只是说你不必独力承担。"

荷鲁斯放声一笑，顿时打破了紧张局面。他的怒火在顷刻间烟消云散，"当然了，你说得对，吾儿，但我的荣光岁月尚未远去，我还要赢得更多桂冠呢。"

战帅继续迈步前行，"记住我的话，加维尔·洛肯，伟大远征至今为止的一切成就都难以比肩我未来的作为。"

战帅坚持率领阿斯塔特亲身涉险，但他还是接受了洛肯提出的方案，由死亡军团的泰坦先行出手。伴随着战帅一声令下，三台火力强悍的战争机械站稳脚步，气势磅礴地将大批导弹与炮弹倾泻到那艘巨型战舰身上。灼目光辉在废墟上下绽放，惊天动地的冲击让整座舰身颤抖不已。熊熊烈焰贯穿舱室，乌黑刺鼻的浓重烟柱如同传讯烽火般冲天而起，仿佛那艘战舰想要向昔日主人发送某种信息。

战帅再次身先士卒，一袭脏污披风般的黄色雾气如影随形。洛肯依旧能捕捉到背后传来的间歇响动，然而雄伟泰坦的雷霆步伐，燃烧战舰的嘶鸣烈火以及涉水行进的众多战士让他根本无法确定自己究竟听见了什么。

"感觉像是个该死的套索。"托迦顿扭过头来说道。他的看法完美呼应着洛肯心中所想。

"我明白你的意思。"

"说实话，我不喜欢就这么冲进去。"

"你莫不是害怕了？"洛肯半开玩笑地说。

"严肃点，加维尔，"托迦顿说道，"就这一次，我看你说得对。整件事不大对劲。"

洛肯在挚友脸上看到了真切的忧虑，往日里嬉皮笑脸的托迦顿突然面色凝重，这让人颇为不安。抛开他的自吹自擂和不拘小节，塔瑞克的确具备敏锐过人的直觉，那已经不止一次拯救过洛肯的性命。

"你怎么看？"洛肯开口发问。

"我看这是个陷阱，"托迦顿说，"我们是被引到这里来的，目的似乎恰恰在于让我们走进那艘战舰。"

"我就是这样对战帅说的。"

"他怎么回答？"

"你觉得呢？"

"啊，"托迦顿点点头，"你总不会真的指望能劝动指挥官吧？"

"我原本指望能让他再作权衡，但是他好像已经听不进去我们的话了。艾瑞巴斯让指挥官对坦巴怒不可遏，除了把那个家伙亲手捏死之外，战帅看不到其他任何选择。"

"那我们怎么办？"托迦顿问道。这让洛肯再次感到惊讶。

"我们谨慎行事，朋友。我们谨慎行事！"

"好主意，"托迦顿说，"我怎么就没想到呢。我原本打算毫无戒备地冲进一个潜在的陷阱里。"

这才是洛肯所熟悉并热爱的那个托迦顿。

泰拉荣耀号的坠毁残骸矗立在他们面前，包括指挥甲板在内的后部舰身斜刺天空，遮挡住了那充满病态的昏黄日光。这参天废墟用一团深幽冷寂的阴影将众人包裹起来，洛肯发现此刻若要进入战舰内部已经并不困难了。泰坦的凶悍炮火在舰身装甲上轰出了宽大裂痕，破碎残骸从里面倾倒出来，形成若干条钢铁坡道，恰似堆积在破损城墙脚下的散落土石。

战帅呼叫部队停止前进，开始下达命令。

"赛迪瑞连长,你和你的突击小队担任前锋。"

洛肯几乎能感受到这项荣誉为卢克带来的自豪。

"莫伊连长,你跟我走。如果我们需要快速清理某些区域或者击穿舱壁的话,你的火焰喷射器与热熔单位会起到宝贵的作用。"

维汝兰·莫伊点点头,和急于在战帅面前大显身手的卢克相比,他的沉静稳重显得更具尊严。

"你有何指示,战帅?"艾瑞巴斯问道,众多身披盔甲的怀言者在首席牧师身边肃立待命,"我们任由差遣。"

"艾瑞巴斯,带领你的战士绕到废墟对面去。找一条路进入战舰内部,在中段与我会合。如果坦巴那个混蛋想逃跑,他就会遭到两面夹击。"

首席牧师点头遵命,立刻率领麾下战士在庞大战舰的阴影里迈步前行。随后战帅转向了四王议会成员。

"艾泽凯尔,利用我盔甲上的定位信号,在左翼构建重叠防线。小荷鲁斯,你负责右翼。托迦顿和洛肯,你们殿后,扫清这片区域,把守我们的回撤路线。明白吗?"

战帅用一如既往的高超效率下达指令,被留下殿后的洛肯则倍感惊诧。他能察觉到,四王议会的其余同僚同样颇为愕然,托迦顿尤其如此。莫非战帅不满于洛肯胆敢质疑命令或是提出荷鲁斯不该亲自率领矛头部队,于是在用这种方式惩罚他,刻意将他抛在后面?

"明白吗?"荷鲁斯重复道。四王议会成员俯首示意。

"那么我们出发,"战帅咆哮一声,"我还有个叛徒要杀。"

卢克·赛迪瑞率领突击小队发动冲锋,他们借助跳跃背包的粗壮推进器轻易跃上半空,扑向战舰侧面的漆黑裂口。不出洛肯所料,卢克果然一马当先,毫不迟疑地冲进了幽暗舱室。他的部下紧随其后,很快便踪影全无。阿巴顿和阿西曼德则另寻路线,率部爬上钢铁残骸所组成的斜坡,穿过尚未飘散的爆炸烟尘,钻进了泰坦炮火刚刚营造的洞口。阿西曼德带着队伍向上攀行,回过头来无奈地耸耸肩。洛肯站在原地目送他们,心中难以置信自己只能坐视同袍投身战场,却无法与之并肩战斗。

战帅本人大步踏上残骸,如同常人越过缓坡般轻松,维汝兰·莫伊带着他的特种武器小队跟在后面。

不消多时，这片凄凉泥地就只剩下殿后部队了，洛肯能察觉到麾下战士的困惑。大家尴尬地列队待命，随时准备出击作战，然而他却没有军令可下。

托迦顿看到洛肯的茫然无措，及时前来救场，他高声吼出命令，让留守的阿斯塔特顿时行动起来。他们在当前区域分散开来，组成环形防线，耐罗·维帕斯的斥候在雾气边缘就位，马刺小队则爬上斜坡把守泰拉荣耀号的出入口。

"你究竟对指挥官说了什么？"托迦顿踩着黏稠的淤泥走过来。

洛肯努力回想自己与战帅在踏足戴文卫星之后的所有交谈内容，搜寻一切可能的冒犯言语。他找不到任何严重的僭越行为，无法解释自己和托迦顿为何被排除在对抗坦巴的战斗之外。

"没什么，"他回答，"就和我对你说的一样。"

"这根本没道理，"托迦顿说着，抬起手擦拭脸上的些许泥点，然而最终只是将污渍均匀涂抹开来，"我是说，为什么偏偏把我们留下？我是说，莫伊居然能去？"

"维汝兰是个很有能力的军官。"洛肯说。

"很有能力？"托迦顿嘲笑道，"别误解，加维尔，我把维汝兰视作兄弟来爱戴，但他只是个普通军官。你知道，我也知道。帝皇作证，这本身没什么不好，我们需要很多优秀的普通军官，然而在这种时候，与战帅并肩前行的不该是他那种人。"

洛肯无法反驳托迦顿，他自己对于战帅的命令也有着同样的反应。"我不知道要怎么回答你，塔瑞克。你说得没错，但指挥官已经下达了指示，我们有责任服从命令。"

"即便我们都清楚，那些命令根本没道理？"

洛肯无言以对。

战帅和维汝兰·莫伊率领矛头部队的先驱单位在泰拉荣耀号幽暗压抑的内部舱室里穿行，一条条拱廊通道产生了不自然的扭曲，舱壁也都严重变形锈蚀。暴露在风吹日晒下的船舱滴淌着污水，一股秽恶微风在吱嘎作响的走廊里呜咽吹动，仿佛是疫病尸骸的喘息。黑色霉菌四下蔓延，藤蔓状的腐烂物质垂挂飘荡，不时搭在战士们的头盔上，留下一道道黏腻痕迹。

朽坏穿孔的地板湿滑难行,但阿斯塔特未受阻碍,他们毫不停歇地迈过这些腐烂厅堂,朝指挥甲板稳步进发。

赛迪瑞的前锋小队定时传来信息,透过浓重的杂音通报进度,这艘战舰显然荒弃无人。即便那些担任前锋的战士相距不远,但赛迪瑞的声音依旧遭到了强烈干扰,每一句话都断断续续。

他们越是深入舰体,通信质量就越糟糕。

"艾泽凯尔?"战帅启动了颈甲位置的麦克风,"汇报进度。"

阿巴顿的声音几乎难以辨别,信号里充斥着大量噼啪作响的杂音与湿滑粗重的嘶鸣。

"前进……通过……低层……甲板……继续……我们已经……侧翼……帅。"

荷鲁斯敲了敲颈甲,"艾泽凯尔?见鬼。"

战帅转头面对维汝兰·莫伊说:"试试联络艾瑞巴斯。"他随后继续尝试通信,"小荷鲁斯,你能听到吗?"

更多的静电干扰后便是回复,其中夹杂着一个微弱的嗓音,"……火炮甲板……缓慢……炮弹。正在安全……但……是……进度。"

"艾瑞巴斯没有回应,"莫伊报告,"但他或许已经抵达了战舰另一端。按照目前遭遇的通信干扰来判断,我们盔甲内置的设备恐怕难以联络到他。"

"见鬼,"战帅重复道,"好吧,我们继续前进。"

"长官,"莫伊鼓起勇气开口,"可否容我建言一二?"

"如果你要建议我们调头撤退的话,那就不必了,维汝兰。我的荣誉,还有伟大远征的荣誉,都遭到了恶劣诽谤,我不能任由旁人评说,而我对此置若罔闻。"

"我明白,长官,但我认为洛肯连长说得没错,我们正在冒不必要的风险。"

"生命本身就充满了风险,朋友。我们远离泰拉的每一天都有风险。我作出的每个决定都有风险。我们不可能彻底规避风险,我的朋友,否则便难以成事。如果一位船长的最高追求仅仅在于确保战舰平安无恙,那么就该停靠在港口里永不起航。你是一位优秀的军官,维汝兰,但你无法像我一样看到这些铸造英雄成就的天赐良机。"

"长官,"莫伊抗辩道,"我们无法和其余战士保持联络,我们也不知道这艘战舰里可能潜藏着什么敌人。恕我出言不逊,但贸然闯入未知境地并非英雄之举，而是盲目揣测。"

荷鲁斯俯身凑近莫伊说："连长，你我都明白，战争的艺术本就包含了对于未知情况的揣测。"

"这我明白，长官——"莫伊开口道。但荷鲁斯不愿被打断。

"自从帝皇任命我担任战帅之后，总有人来指指点点，告诉我应该做什么，不应该做什么，我早就烦透了。"荷鲁斯厉声说，"如果旁人不认同我的观点，那就是他们自己的问题。我是战帅，我已经下定决心。继续前进！"

一声刺耳的静电尖鸣突然撕开了沉闷黑暗，卢克·赛迪瑞的声音在盔甲内置频道中响起，清晰洪亮得仿佛近在咫尺。

"王座在上！它们在这里！"赛迪瑞高喊。

随后便是天旋地转。

洛肯感觉到一股巨大的隆隆颤震沿着脚跟传递到全身，仿佛来自这颗星球的根基。震耳欲聋的金属嘶吼让他惊骇地转过身去，眼看着喷泉般的泥浆冲天而起，埋没多年的星船舰体摆脱了沼泽的桎梏，终于重见天日。战舰整体开始翻倒，上层结构纷纷崩溃散落，宏伟的后部舰身划着一道不可阻挡的可怕弧线扑向地面。

"全体躲避！"洛肯高声呼吼，那规模恐怖的金属巨兽开始加速坠落。

阿斯塔特战士们四散逃生，遮盖大地的深幽阴影如同一块裹尸布。洛肯盔甲的自动感应系统屏蔽了星船崩塌时发出的尖厉咆哮。

他回过头去，恰好看到战舰残骸伴着轨道轰炸一样的可怕力量砸入地面，其巨大惯性引发的毁灭性撞击让舰身超结构瞬间瓦解，整片池沼中的污浊泥水都卷入半空。洛肯如同风中枯叶般被冲击波甩飞出去，落入一池及腰深的黑绿污垢中。

他翻身跪坐起来，看到一波波如同海啸一般的淤泥巨浪从战舰脚下奔涌而出，将他连队的数十名战士淹没在了棕色怒涛里。星船废墟在泥沼中挖出一个深坑，剧烈撞击的力量不断向外扩散。一阵污浊暴雨随即倾盆而下，涂抹在他的头盔护目镜上，让能见度仅有数百米之遥。

洛肯蹒跚起身，将爆矢枪的枪机清理干净，同时意识到，方才的冲击波已经将昏黄浓雾彻底驱散，让他们终于摆脱掉那个如影随形的怪异同伴，自从来到这颗可憎卫星之后首次获得了开阔视野。

"荷鲁斯之子,准备作战!"洛肯立刻喊道。如今他能清楚地看到浓雾深处究竟潜藏着什么了。

成百上千个腐朽死物正向他们无情逼近。

即便是基因原体的盔甲也难以抵御星船崩塌时的凶悍冲击,荷鲁斯将一根利齿参差的扭曲钢条从胸口抽了出去,不禁痛楚低哼。黏稠的鲜血铺在盔甲表面,在他取出那截金属之后,伤口便立刻闭合。他的强化机体可以轻易抵抗这种微不足道的伤害,即便刚刚在战舰舱室中翻滚坠落,他依旧能够认清方向,在倾斜甲板上站稳身形。

他能回想起金属撕裂的尖鸣、震耳欲聋的冲撞,还有骨骼断裂的脆响,众多阿斯塔特战士如同游乐场里的孩童般被颠倒抛散。

"荷鲁斯之子!"他喊道,"维汝兰!"

只有充满嘲弄意味的回响阵阵传来,他低声咒骂,明白自己孤身一人。他颈甲上的通信麦克风已经粉碎,一根根黄铜缆线瘫软无用地挂在空荡荡的接口里。他恼怒地将它们一把扯掉。

维汝兰·莫伊踪影全无,他的小队成员同样失散在视野之外。荷鲁斯迅速检视周围环境,发现自己位于军械库前厅。这里的天花板已经凹凸开裂,大量金属残骸将他的半个身躯都掩埋起来。冰冷滴水纷纷挥洒,他仰起头颅让那冻寒细雨冲刷面孔。

他距离战舰舰桥不远了,但愿坠地的冲击并未让舰桥断裂脱落——刚才的意外情况不可能有其他解释。荷鲁斯从残骸中奋力脱身,低头检查自己的武器装备,在前厅废墟里找到了显露在外的剑柄。

他伸手抽出武器。在微不足道的环境照明下,那金色锋刃却熠熠闪亮,仿佛蕴藏着一团熊熊燃烧的烈火。这是由第十军团钢铁之手的兄弟原体费鲁斯·曼努斯亲手铸就的,作为珍贵赠礼用以纪念荷鲁斯就任战帅职位。

他微笑着看到那柄武器未受丝毫磨损,与费鲁斯昔日呈现给他时一样完美无瑕。荷鲁斯的铁灰眼眸中闪动着诚挚的谢意,他从未如此感激手足兄弟那高超绝伦的锻造技艺。

荷鲁斯的沉重步伐让脚下甲板吱嘎作响,他突然开始质疑自己以身涉险的决定是否明智。无论如何，针对尤甘·坦巴的怒火如同岩浆一般，依旧在他胸中沸腾不已，那个人的优秀品性曾令他坚信不疑，如今的卑劣背叛则让他痛彻心扉，如受火烤刀割。

何等无信之人胆敢背叛效忠帝国的誓言？

何等无耻之徒胆敢背叛他？

甲板再次剧烈晃动起来，荷鲁斯轻松维持了平衡。他利用空闲的手臂帮助自己攀向大门，打算取道那些纵贯大型战舰的庞杂走廊。早在七十年前，荷鲁斯曾造访过泰拉荣耀号一次，但他对于这艘星船的内部结构记忆犹新。门外应当是军械库的上层通道，之后便是战舰的中央干道，再穿过几处防御关卡就能抵达舰桥了。

胸口的尖锐痛楚让荷鲁斯低哼一声，他意识到那根钢条想必撕裂了自己的一片肺脏。他毫不迟疑地转换呼吸节奏，若无其事地继续前进，他的锐利目光轻易穿透了笼罩舱室的深幽黑暗。

在这片毗邻舰桥的区域里，荷鲁斯开始注意到战舰所遭受的可怕转变，舱壁表面覆满了秽污可憎的软泥，像酸性真菌般缓缓腐蚀金属材料。滴淌黏液的水蛭状生物随风摇摆，纷纷依附在脉动脓包周围，贪婪吸吮着其中分泌的棕绿色物质，空气里弥漫着一股浓烈的腐败恶臭。

荷鲁斯不知道这里究竟发生了什么。卫星上的敌对部族或许向战舰船员投放了某种致命瘟疫？这就是艾瑞巴斯所说的某种手段吗？

他能察觉到周围充满了致命病菌和污染毒素，然而这些都远不足以侵扰他的超凡体质。荷鲁斯高举金色剑刃照亮前路，在战舰走廊中稳步穿行，仔细寻觅麾下战士的任何踪迹。偶尔传来的遥远枪响与金铁交鸣让他知道自己并非孤身一人，但战斗究竟在何处爆发却始终是个谜。饱受腐化的战舰内部结构让种种莫名回响与朦胧呼喊在他身边萦绕飘荡，战帅最终决定将其彻底忽略，埋头向目标进发。

荷鲁斯穿过了军械库，踏入星船的中央干道，脚下甲板扭曲变形，产生了不自然的倾斜。频繁闪动的照明球与喷吐火花的供能缆线用碧蓝电光照亮了这条高大走廊。整艘战舰还在晃动摇摆，一扇扇破损大门随之轰然拍合，那隆隆声响恰似丧钟奏鸣。

他能听见前方传来的低沉呻吟和蹒跚脚步，这是他首次捕捉到的明确响动。那声音来自一道宽阔门廊彼端，两扇锯齿交错的防爆门颤抖着开闭不止，恰似某种凶暴巨兽的可怕双颚。堆积在中央的破碎残骸让大门无法完全闭合，荷鲁斯明白，那声响的源头必然挡在了自己与最终目标之间。

门廊对面弥散而间断的灯光投来了怪异多变的阴影，闪烁不已的残像在他的视网膜上舞动，仿佛那光照来自一台慢速播放的投影仪。

舱门再次隆隆关闭，一只手掌突然闪现，握住了那涂抹污秽的金属门扉，一根根滴淌黏液的黄色利爪从指尖上延伸出来，整条皮包骨头的臂膀爬满了蛆虫和脓包。另一只手掌随即穿过门廊，紧紧攥住防爆门，那两条看似羸弱的肢体用难以置信的强大力量把门推开。

对于荷鲁斯而言，恐惧是一种彻底陌生的情感，然而当那秽恶恐怖的响动源头最终现身之时，他骤然在心底坚信，诸位连长的建议确实颇为合理。

蹒跚前行的大批衰朽饿殍结群而来，它们迈着摇摇摆摆的缓慢步伐组成了一个低声呻吟的腐化方阵。那些枯瘦肢体和浮肿肚腹中脉动着某种令人不安的潜藏力量，长有独眼和犄角的头颅周围环绕着低沉嗡鸣的大群蝇虫。肿胀龟裂的双唇吐出一串串单调吟诵，荷鲁斯完全无法理解其中的含义。它们的绿色皮肉之间暴露出泛黄枯骨，看似与那些死物一样步履沉重，行动呆滞，然而荷鲁斯能够在每个邪魔的肢体中察觉到蓄势已久的致命能量，敌人的一枚枚病态眼球也流露着凶残的饥渴贪欲。

那些怪物距离荷鲁斯不过十米之遥，但它们的轮廓依然模糊摇摆，仿佛他眼中泛着朦胧泪光。战帅快速眨动眼睛清理视野，注意到敌人手中的锈蚀剑刃上淌着疫病污秽。

"你们可真是一群帅小伙子。"荷鲁斯说着便高举长剑发起冲锋。

他的金色剑刃如同一枚烈火流星般横扫敌群，以秋风扫落叶之势将它们轻易剿灭。每个邪异怪物都迎刃而解，伴着沉闷轰鸣爆裂四溅，舱壁上顿时铺满了染疫腐朽的皮肉，空气中充斥着扑鼻恶臭。脏污利爪向荷鲁斯探来，然而他的肢体手足皆为兵器。他挥动手肘将枯槁的头颅击飞，用膝盖猛击敲断了一根根脊梁，掌中长剑斩敌无数，仿佛它们只是训练笼里的无脑机械。

荷鲁斯不知道面前究竟是何种生物，但它们显然不曾与基因原体这般强悍的对手交锋过。他沿着星船的中央干道继续推进，在成百上千个脏腑外露的怪物之间杀出一条血路。他所过之处尸首横陈，遍地残肢碎肉散发着腐坏与疫病的浓烈气味。更多敌人挡在面前，远方则是泰拉荣耀号的舰桥。

他逐渐失去了时间的概念，全神贯注于这场纯粹而野蛮的恶战，手中长剑招数精准，势大力沉。战帅的凶悍攻势无可抵挡，锐利刀锋的每一次挥击都推动着他向目标更进一步。他在这群涌动如潮的独眼邪魔之间奋力搏杀，借助剑刃散发的金色辉耀与忽明忽暗的照明灯光看到，前方走廊越发宽敞，敌人也逐渐稀疏。

他的长剑从对手腰间横扫而过，将那肿胀的肚腹剖作两半，泼洒出一股刺鼻腐液，但这个怪物的可憎躯体并未爆裂四溅，而是像风中油烟般消于无形。荷鲁斯迈步进逼，准备与随后的敌人针锋相对，然而他面前的走廊突然变得空空如也，静寂莫名。他环视四周，发现那群妄图夺他性命的染疫怪物已经踪迹全无，只剩下众多飘散着恶臭气味的残缺尸体。

就连这些遗骸也像烤架上的脂肪般嘶嘶作响，伴着一股极其深暗的墨绿油烟迅速解离。

"王座在上。"荷鲁斯喘息道。眼前腐朽皮肉液化消散的可憎景象让他倍感厌恶，同时他也终于辨认出那侵染了整艘战舰的污秽本质——这里已经变成了一座亚空间肆虐的停尸房：虚空邪物在此衍生盘踞。

荷鲁斯感觉到一股崭新的坚毅勇气充斥全身，他大步迈向通往舰桥的数层防爆门，心中笃信自己必将斩杀尤甘·坦巴。他时刻准备迎战另一批源自虚空的肮脏怪物，然而这里始终笼罩着近乎诡异的静谧，除了遥远朦胧的枪声之外（他如今确认那是来自战舰外部的），便只有滴落在他盔甲表面的污浊黑水能够打破这片死寂默然。

荷鲁斯谨慎行进，伸手拨开几根喷溅火花的断裂电缆，前方那一道道紧闭的防爆门依次伴着隆隆轰鸣缓慢开启。这显然是个彻头彻尾的陷阱，然而事到如今，任何险恶境地都休想阻止他的复仇脚步，于是他迈步而入。

荷鲁斯走进泰拉荣耀号的舰桥，立刻发现这座廊柱环立的庞大舱室早已失却了指挥中心的模样。覆满霉斑的旌旗挂在天花板高处，众多死去已久的尸骸被缝在残破布料里。荷鲁斯能够辨认出他们披挂着63号远征队的狼灰制服，心中不禁猜想这些可怜亡魂是否恰恰因为坚守誓言而一命呜呼。

"我必会报仇雪恨，朋友们。"他轻声说着，继续深入舰桥。

层层叠叠的工作台早已损毁，各色内部零件被撕扯出来，以某种怪异方式重新拼凑连接，粗达数米的成捆缆线向上攀升，遁入昏暗无光的拱顶里。

缆线之中能量脉动，荷鲁斯意识到，这就是令洛肯颇为困扰的通信信号源头所在。

的确，他此刻似乎还能听到那个该死的嗓音在空气中嘶声低语，仿佛讲述着一个足以腐蚀口舌的可怕秘密。

腐败之主，它一遍遍重复着。

战帅随后发觉，这并非战舰通信系统的模糊回响，而是人类喉咙的低沉絮语。

荷鲁斯眯起双眼仔细搜寻声音源头，顿时倍感厌憎地发现，一个极端肿胀的庞然大物站在舰长席前方。那起伏不已的肥硕肉体几乎难辨人形，松弛身躯上飘散出一股恶臭可憎的腐坏味道。

对方的皮肤皱褶里寄生着无数湿滑闪亮的漆黑蝇虫，灰绿病态的肉体上挂着些许残存布料，熠熠生辉的金色肩章与银色子母扣依附在那笨重躯干表面。

他用一只手捂住自己胸口的感染伤痕，另一只手则握着如钻石般晶莹闪烁的怪异剑刃。

荷鲁斯在愤怒与哀伤中屈膝跪倒，他辨认出了躺在那肿胀身影脚下的一具阿斯塔特尸首。

维汝兰·莫伊，他的脖子显然已经折断，死不瞑目的双眼还凝望着那些悬挂在旌旗上的腐朽尸体。

荷鲁斯不需将目光移向杀死莫伊的凶手，便已料到其身份：尤甘·坦巴。

背叛者。

第八章

陨落神明

洛肯难以回想起任何一场令他与同僚将子弹彻底耗尽的战斗。每个阿斯塔特携带的充沛弹药都能够应对绝大多数情况，毕竟他们枪法精准，且单单一枚爆矢弹便足以击毙常见目标。

弹药车已经返回了空降地点，如今不可能再来为他们提供补给。这恐怕要归咎于战帅那无比坚决的进军步调。

洛肯的爆矢弹早已全部耗尽，他十分感激阿西曼德对于亚音速子弹的坚持，那些弹药在死物躯体中引发的凶猛爆炸成效显著，令人颇为满意。

"王座在上，它们难道没完没了了吗？"托迦顿喘息道，"我肯定已经杀掉一百多个这种鬼东西了。"

"你恐怕还要杀一百多个，"洛肯一边回答，一边挥手甩掉长剑上的灰暗血肉，"如果不把脑袋毁掉，它们就能重新站起来。我砍倒的十几个敌人身上都有爆矢枪伤。"

托迦顿点点头说："站稳点，泰坦军团又要来了。"

洛肯紧紧抓住一块较为稳定的残骸。泰坦很快便展开了新一轮致命轰击，用凶残炮火席卷成群结队的腐烂怪物。那些泰坦从朦胧雾气里现身，双拳喷薄着雷霆烈焰，仿佛是传说中在巴巴鲁斯的致命毒云深处游荡的可怕巨人。水柱与火团从沼泽里升腾而起，蹒跚腐尸被高爆弹药抛入半空，随后又被震天撼地的战争机械用沉重步伐碾成肉酱。

泰坦的凶暴火力让空气颤抖不已，每一阵猛烈轰击与隆隆脚步都让大批残骸和淤泥如山崩一般从泰拉荣耀号的舰身震落。那些死物已经前后三次逼近了碎石坡道脚下，距离星船入口不过咫尺之遥；战士们则前后三次将敌人击退，起初是枪炮齐鸣，在弹药耗尽后便转而采用刀剑和蛮力。他们每一次都摧毁了数百个怪物，然而每一次也都有若干阿斯塔特被腐朽手爪攫住，不幸没入沼泽深处。

通常而言，阿斯塔特应付这些蹒跚邪物绰绰有余，但此刻战帅下落不明，大家都神经紧绷，情绪焦躁，难以像平日里那样冷静思考或凶狠出击。洛肯很清楚战友们的想法，因为他深有同感。

留守在废墟之外的诸位战士无法联络到战帅，阿西曼德或阿巴顿，失去挚爱领袖的引导让他们陷入慌乱，不知所措。

"坦巴。"战帅说着站起身来，大步迈向自己昔日任命的星球总督。他逐渐捕捉到了尤甘·坦巴背叛暴行的更多证据，例如那柄剑刃上凝结的血迹，还有对方嘴边凶狠的笑容。在这个曾经忠诚正直的追随者身上，荷鲁斯如今只能看到一个死不足惜的肮脏叛徒。秽恶光晕包裹在坦巴周围，进一步展现出他的腐坏肉体，荷鲁斯很清楚，面前这副染疫皮囊中早已不剩下往日老友的丝毫痕迹了。

荷鲁斯不禁猜想，洛肯在63-19山脉脚下的遭遇是否与此类似：亲密战友屈服于亚空间邪力的恐怖景象。荷鲁斯对于朱巴和洛肯之间的积怨早有所知，他此刻才真正明白，那份敌视恨意无论多么微不足道，依旧足以让朱巴的心防出现裂隙，令亚空间有机可乘。

导致坦巴堕落的缺陷又是什么呢？骄傲、野心，还是嫉妒？

曾经是尤甘·坦巴的浮肿怪物从维汝兰·莫伊的尸体上抬起头，面露狞笑，显然对于自己的暴行感到心满意足。

"战帅。"坦巴说道。每个音节都滞涩湿滑，仿佛从水面之下传来。

"休要用这个名号称呼我，你这可憎怪物。"

"可憎怪物？"坦巴摇摇头嘶声说，"你难道不认得我吗？"

"不，"荷鲁斯说，"你不是坦巴，你是亚空间催生的污秽，我来取你的性命。"

"你错了，战帅，"对方笑道，"我是坦巴。我是被你抛在身后的所谓朋友。我是荷鲁斯的忠诚仆从坦巴，在你追逐荣耀的时候，我却被扔在这个偏远角落自生自灭。"

荷鲁斯走向舰长席所在的高台，将视线从坦巴转移到维汝兰·莫伊的尸体上。那位战士躯干侧面有一道惨烈的伤口，鲜血依旧颇具力道地喷涌到舰桥的脏污地板上。他的喉咙满是紫黑瘀伤，脖颈折损处的断骨将皮肤顶了起来。

"莫伊真是可惜了，"坦巴说，"他原本是个不错的转化对象。"

"住口，"荷鲁斯警告道，"你不配说出他的名字。"

"他至死都保持忠诚，或许这会让你感觉好受些。我邀请他加入我，运用腐败之主的伟力，让不朽坏疽充斥他的血脉，但他拒绝了。他坚持尝试杀死我；说实话这十分愚蠢。我被亚空间的力量所加持，他根本没有取胜的希望，但他还是出手了。真是值得敬佩的忠诚，只可惜放错了地方。"

荷鲁斯踏上高台的第一级阶梯，将金色长剑举在身前，胸中的暴烈怒火淹没了其他一切想法。他唯愿亲手扼死这个背信弃义的畜生，但还是维持着理智，他明白既然对方能轻而易举地杀死莫伊，那么此刻自己手无寸铁地与之搏斗想必并非明智之举。

"我们不必为敌，荷鲁斯，"坦巴说道，"你毫不了解亚空间的力量，老朋友。那是我们前所未见的，实在美妙无比。"

"那的确是力量，"荷鲁斯表示认同，又踏上一级台阶，"是原始纯粹、无法控制的力量，因此不可信任。"

"原始纯粹？或许是吧，但远不止如此，"坦巴说，"其中充盈着生命，充盈着野心和欲望。你以为那是一片能量肆虐的荒寂领域，任由我们差遣驾驭，但你根本不知道那里蕴藏着何等力量：助你统御万物，掌控众生，君临天下的力量。"

"我对于这些不感兴趣。"荷鲁斯说。

"你撒谎，"坦巴咯咯讥笑道，"我在你的眼神里就看得出来，老朋友。你的野心藏得很深，荷鲁斯。不要惧怕它，你只需彻底接受它，我们就能化敌为友，并肩展开一场伟大征途，成为整个银河的主宰。"

"这个银河已经有了一位主宰，坦巴。他名唤帝皇。"

"那么他人在哪里呢？他起初像古老泰拉的部落蛮族一样，在辽阔寰宇里横冲直撞，将任何忤逆他意愿的人彻底毁灭，如今又把烂摊子抛给了你。这算什么领袖？他只是个另取称呼的暴君罢了。"

荷鲁斯又迈近一步，几乎来到了高台顶端，几乎可以出剑击杀这个胆敢嘲弄帝皇名号的叛徒。

"想想看，荷鲁斯，"坦巴敦促道，"在银河古往今来的历史中，茫茫众生已经逐渐意识到，一切事件的发生方式都绝非随机，而是遵循着一条深层次的命运线索。那命运便是混沌。"

"混沌？"

"没错！"坦巴高喊，"再说一遍，我的朋友。混沌曾是宇宙创生时的原初之力，也将是宇宙寂灭时的消亡之力。早在猿猴用骨棒敲碎同类头颅的时候，或是在它们染疫濒死之际仰天呼吼的时候，混沌便得到了哺育和滋养。纵欲妄为的狂喜与筹谋诡计的欢欣——这一切都是混沌的养料，是那些灵魂磨坊里的谷物。只要人类苟延残喘，混沌就兴旺永存。"

荷鲁斯来到高台顶端直面坦巴，他一度将此人视作伟大事业中的挚友与同袍。虽然这个怪物有着坦巴的嗓音，扭曲面孔上也是昔日同僚的容貌，但那位优秀军官已经不复存在，只剩下一个卑劣可憎的亚空间邪物。

"你死路一条。"荷鲁斯说。

"不，腐败之主的荣耀恰恰在此，"坦巴轻笑道，"我将永生不死。"

"我们走着瞧。"荷鲁斯咆哮一声，将长剑狠狠捅进坦巴的胸膛，那金色利刃轻易穿透层层脂肪，刺入了叛徒的心脏。

荷鲁斯猛力抽回利剑，带出一股四溅黑血与恶臭脓液，那刺鼻味道几乎令他难以忍受。坦巴大笑起来，显然对于这致命创伤不以为然，同时他举起了自己的武器，那裂痕纵横的闪亮兵刃仿佛是一片覆满纹路的黑曜石。

他将剑刃抬到蓝黑色的嘴唇边上说道："战帅荷鲁斯。"

剑尖应声跃向战帅喉咙，那超自然的出击速度无与伦比。

荷鲁斯匆忙挥动长剑挡住了坦巴的武器，那邪异锋刃距离他的脖颈不足一寸之遥。叛徒随即猛扑而来，逼迫他退却一步。荷鲁斯从对方的惊人突袭中回过神来，双手握住利剑，奋力抵御坦巴的凶狠攻势。

荷鲁斯从未经历过今日这般苦战，他的每一记招数都是招架格挡。尤甘·坦巴绝非出众剑客，荷鲁斯不明白这凶狠莫名的高超剑术缘何而来。两人在指挥甲板上往复交手，尤甘·坦巴拖着浮肿肥硕的身躯，行动却是超乎常理地迅捷灵活。事实上，荷鲁斯有种越发确切的感觉，他此刻对敌的并非坦巴的战技，而是那柄剑刃本身。

他俯身躲过一招挥向自己脖颈的劈砍，扑入坦巴的防线之内，用长剑扫过对手肚腹，让一团黏稠浓厚的感染污血和恶臭脂肪泼洒到甲板上。那黑暗兵器猛扑而来，伴着紫色的火花将他的肩甲击落在地。

荷鲁斯腾跃躲闪，避开了直取头颅的后招。他落地之后翻滚迂回，坦巴则扭动那遍布剑痕的躯体，重新面对战帅。叛徒所受的深重创伤足以令常人命丧黄泉十次有余，而他却显得毫不在意。

坦巴的面孔上汗水淋漓。荷鲁斯眨眨眼，发现那怪物的形体略显模糊，恰似他在战舰中央干道里屠戮的大批独眼邪魔。狂躁动作时而浮现，战帅能在那肿胀恐怖的躯体深处辨别出某种朦胧轮廓，那是一个痛苦尖叫的人形，双手紧紧捂住耳朵，面孔在惊恐中彻底扭曲。

尤甘·坦巴拖着黏腻绳索般的五脏六腑缓缓走下高台，仿佛是一位参加舞会的交际花灿烂登场。荷鲁斯看到那柄诅咒剑刃中闪动着一股残暴饥渴的光芒，邪异剑锋在坦巴手里微微颤抖，仿佛等不及要埋入战帅的血肉。

"不必如此了结，荷鲁斯，"坦巴嗓音汩汩，"你我不必为敌。"

"不，"荷鲁斯说，"你我必须为敌。你杀死了我的朋友，背叛了帝皇。唯有你死我活。"

话音未落，那灰暗兵刃便如离弦之箭般猛扑过来。荷鲁斯匆忙退避，但锐利剑锋还是触及了他的胸甲，在陶钢上留下一道刻痕。荷鲁斯继续后撤。突然听到两声脆响，那叛徒的脚踝终于难以支撑这倍显荒谬的肥硕躯体，不堪重负地一同折断。

荷鲁斯看着坦巴蹒跚不稳地拖动脚步，碎裂断骨从血肉模糊的脚踝处突刺出来。常人绝难承受这样的剧痛，荷鲁斯胸中不禁燃起一丝对于旧友的怜悯之情。谁都不该遭受此等折磨，荷鲁斯暗自发誓要了结坦巴的痛苦，他在那饱受亚空间蹂躏的邪异身躯上再次捕捉到虚幻模糊的残影。

"我本该听取你的意见，尤甘。"他轻声说道。

坦巴没有作答。那闪烁的剑刃在空中舞作一张明亮光网，但荷鲁斯毫不理会，这种低级把戏休想蒙蔽他这样的老练战士。

坦巴的武器再次向他探来，然而荷鲁斯已经渐渐看透了那股唯求杀伤自己的凶残渴望。它的迅猛攻势背后并非思想或理由，仅仅是无比单纯的毁灭欲望。他用武器纠缠住坦巴的剑格，横扫臂膀施以缴械，随后挥剑斩杀对手。

但是坦巴并未松脱兵刃以防手腕断裂，而是继续紧紧握住武器，那怪异剑锋在空中自行扭转，径直刺向荷鲁斯的肩膀。

两把利剑同时命中，荷鲁斯洞穿了对手的胸膛，将心肺彻底撕碎，坦巴则利用受损盔甲所暴露的破绽，把剑刃刺进荷鲁斯的肩头。

骤然爆发的痛楚让荷鲁斯惊呼一声，那微光闪烁的利刃让他整条臂膀都火烧火燎，帝皇倾力造就的迅猛速度立刻助他随机应变。他挥动金色长剑将坦巴的手臂齐肘切断，那把怪异武器顿时连同残肢一起坠地，却像是具备着可憎生命一般还在抽搐扭动。

坦巴在剧痛中厉声呼号，踉跄跪倒。荷鲁斯则举起长剑，居高临下地站在对手面前。他肩头的伤口血流不止，但胜利终究属于他，战帅暴怒地咆哮着，准备完成自己的复仇。

透过愤怒与伤痛的猩红迷雾，他看到了尤甘·坦巴啜泣不止的可悲模样，那一度攫取了对方心智的亚空间邪力如今踪影全无。叛徒的躯体依旧浮肿肥硕，但双眼里的黑暗光芒已经彻底消退，取而代之的则是泪水与痛苦，这项罪孽深重的背叛恶行如同一座山脉般压在他的身上。

"我做了什么？"坦巴自问，他的嗓音细若游丝。

荷鲁斯的怒火在顷刻间散去，他垂下利剑，跪在这位濒死旧友身边。

充满了痛苦与悔恨的抽泣让坦巴全身颤抖不已，他抬起剩余的手，用力抓住战帅的盔甲。

"原谅我，朋友，"他轻声说，"我不知道。我们谁都不知道。"

"别说了，尤甘，"荷鲁斯安慰道，"是亚空间。卫星上的部族对你们施加了毒手。他们想必称之为魔法。"

"不……我很抱歉，"坦巴悲泣着说，逐渐逼近的死亡让他的目光越发暗淡，"他们向我们展现了亚空间的能力，我看到了其中的力量，我望见了亚空间本身。帝皇宽恕我，我目睹了盘踞其中的力量，却还是屈从于它。"

"其中并没有盘踞任何力量，尤甘，"荷鲁斯说，"你被欺骗了。"

"不！"尤甘紧紧抓住荷鲁斯的臂膀，"我太软弱，自甘堕落，但我已经完了。亚空间里蕴藏着极大的邪恶，我必须让你了解混沌的真相，以免整个银河落入那份命运。"

"你在说什么？什么命运？"

"我看到了，战帅，银河荒废凄凉，帝皇陨落，人类陷入一个充斥着官僚主义和迷信愚行的梦魇地狱。一切都是严酷黑暗，一切都是无尽战争。只有你能够阻止这种未来。你必须保持坚定，战帅。永远不要忘记……"

荷鲁斯想要追问详情，却只能束手无策地看着生命的火花从尤甘·坦巴身上彻底消散。

荷鲁斯站起来，迈步走向那些切断重连的工作台，以及没入舰桥屋顶的脉动缆线，他的肩膀依旧火辣、痛楚。

伴着一声哀痛与愤怒的呼吼，他挥剑斩断了那些成捆缆线。它们顿时像搁浅海鱼般翻卷跃动，切口处喷溅着闪烁火花与绿色液体。荷鲁斯确定那该死的通信信号就此告终。

荷鲁斯抛下武器，捂住受伤的肩膀，颓然坐在尤甘·坦巴的尸体旁，为故去老友垂泪痛哭。

洛肯用长剑劈向一具腐尸的脖颈，将那枯朽发霉的亡躯斩落在地。后面的更多敌人蜂拥而来。他和托迦顿背靠背协同作战，两人的武器上沾满了死物皮肉，他们被迫沿着通往战舰舱室的金属坡道步步退却。其余战士也在殊死搏杀，疲惫不堪地挥动刀剑。死亡军团的泰坦尽其所能地碾碎了大批怪物，并时而用猛烈炮火横扫废墟底部，但还是无望阻止那茫茫敌群。

数十名阿斯塔特已经丧生，而遁入泰拉荣耀号之内的部队依旧音信全无。

拜占庭禁卫军的纷乱通信表明，他们终于展开了推进，但谁也无法明确判断他们的目的地究竟是哪里。

洛肯如同机器人般不懈奋战，每一个动作背后都是规整程序，而非高超技艺。他的盔甲遍布凹坑，伤痕累累，纵然当前局势无比绝望，但仍旧在为胜利而战。

这恰恰是阿斯塔特的作为：在不可逆转的劣势局面中顽强凯旋。洛肯已经不知道大家究竟鏖战了多久，种种凶猛剧烈的感官冲击将他的心神彻底钝化，让他仅仅能够认清下一个对手。

"我们必须撤到战舰里面去！"他大喊。

托迦顿和耐罗·维帕斯点头示意，他们都忙于应付面前如潮的死敌，无暇开口作答。洛肯在盔甲内置通信频道里下达指令，很快就得到了诸位幸存小队领袖的回复确认。

他听到一声怒喝，辨别出那是托迦顿的声音，顿时举起长剑转过身去。大群恶臭腐尸刚刚涌上了斜坡顶端，用凶恶利爪与贪婪巨口展开癫狂攻势，将阿斯塔特战士们一举淹没。托迦顿被敌人拖倒，众多死物狠狠咬住他的肩

耐罗·维帕斯

颈和手臂,让他动弹不得。

"不!"洛肯高呼着扑向那混乱的战场。他侧身冲入敌群,把它们撞飞到斜坡脚下。他挥拳击碎衰朽颅骨,举剑将亡躯劈作两半。一只披覆铠甲的手掌从灰暗皮肉之间探了出来,洛肯急忙紧紧握住那个身陷困境的阿斯塔特战士。

"坚持住,塔瑞克!"他拽着老友的手臂命令道。然而他即便倾尽全力,依旧无法解救托迦顿,反而察觉到众多疯狂攫取的肢体将自己的腰腿包裹起来。洛肯用空闲的臂膀奋力击打,但敌人无穷无尽。脏污手爪撕扯着他的头盔,将血迹涂抹在护目镜上,让他盲目地趔趄摔倒。

洛肯徒劳地挣扎反抗,将死物撕成碎片,最终还是被迫松脱了托迦顿的手臂。可憎敌人的邪异力量逐渐割裂他的盔甲,利爪刺穿身躯,品尝到他的宝贵鲜血。一个面如狞笑骷髅的怪物扑在洛肯胸前,与他面面相对,用垂涎巨口凶狠噬咬护目镜。它的双颚无法穿透强化玻璃,只能将一道道污浊口水抹在他的视野里。

洛肯用一记头槌将对手从胸膛上撞开,翻身跪伏在地稳住自己。长剑已经不知所终,他厉声怒吼着渐渐甩脱了那些难以忍受的污秽手爪。洛肯用尽一切力量展开反抗,终于站起身来,抢得些许喘息之机。

在他周围,阿斯塔特战士们与死物陷入鏖战,他明白败局已定。

随后,在眨眼之间,每一具腐尸都伴着终获解脱的轻柔叹息瘫倒在地。

不消片刻,星船周围的区域就从一片生死相搏的狂暴战场变成了诡异莫名的死寂墓园。困惑不已的阿斯塔特战士们纷纷起身,举目四望,盯着那些了无生机的僵硬尸骸。

"怎么回事?"耐罗·维帕斯问道,他从堆积成山的扭曲腐尸中挣脱出来,"它们怎么都停下来了?"

洛肯摇摇头。他也无法解释,"我不知道,耐罗。"

"这完全没道理啊。"

"你宁愿让它们站起来?"

"不,别犯傻。我只是说,既然某些人在驱使死物,那么他们为何要现在停手?我们原本死定了。"

洛肯全身一颤。某些人具备着足以击败阿斯塔特的力量,这是个令人警醒的念头。一直以来，他们纵横银河势不可当——面对星际战士的压倒性优势，任何敌人的意志最终都会崩溃。

然而他们若是遭遇了一个同样坚定不移的敌人，又会如何呢？

洛肯摇摇头甩开自己的阴郁想法，开始下达指令清理这些死物。众人着手将大批尸骸从星船废墟上抛开，并斩落或撕碎其头颅，以防再度复生。

过了些时候，阿西曼德与阿巴顿带着麾下战士从废墟彼端归来，战舰的崩塌让他们灰头土脸，伤痕累累，但除此之外，这两支队伍并未遭遇其他险境。艾瑞巴斯也率部返回，他的怀言者状态同样狼狈但安然无恙。

赛迪瑞的突击部队以及战帅本人依旧毫无音信。

"我们要进去找战帅，"阿巴顿说，"我领头。"

洛肯正要开口反对，但他看到了艾泽凯尔脸上那无可动摇的决然神色，只好点点头。

"我们都去。"他说道。

众人在战舰下层甲板找到了受困的赛迪瑞及其部属，他们被坍塌舱壁与成吨残骸重重围困。大家花了半个多小时才清理出足够的空间，让卢克的突击小队重获自由。成功脱离铁石监牢的赛迪瑞只能说："它们在这里。那些独眼怪物……凭空出现，但被我们干掉了，全都干掉了。它们现在已经没了。"

卢克损失惨重，七名部下在此丧生。他脸上那恒久不变的微笑也转变成了对复仇的渴求，洛肯觉得这颇像一个愤愤不平的年轻男孩。乌黑恶臭的残渣铺满了墙壁，赛迪瑞的恍惚神色令洛肯颇为担忧。他联想到了悠弗拉迪·奇勒，那人在附身朱巴的亚空间邪祟魔掌下侥幸生还后也是这副模样。

四王议会同僚与赛迪瑞合兵一处，由洛肯打头阵继续前进。战斗的迹象贯穿星船上下，众多爆矢弹坑和刀剑痕迹不出意外地将他们一步步引向舰桥。

"洛肯，"阿西曼德低声说，"我担心前方是一场悲剧。你应当做好心理准备。"

"不，"洛肯说道，"我明白你的意思，但我不会那样想。我不能那样想！"

"我们必须做最坏的打算。"

"不，"洛肯不经意间抬高了嗓音，"倘若果真如此，我们一定早有所知——"

"倘若什么？"托迦顿问道。

"倘若战帅已经殒命。"洛肯最终回答。

厚重的沉默将他们紧紧包裹起来，众人难以接受如此可怕的念头。

"洛肯说得对，"阿巴顿开口道，"如果战帅已死，我们早该感觉到了。你知道我们会的。你自己肯定最先察觉，小荷鲁斯。"

"希望如此，艾泽凯尔。"

"别这么惨兮兮的，"托迦顿说，"现在连战帅的一根毫毛都没有找到，你们却没完没了地讨论他死了。把这种阴郁念头留给那些确定牺牲的人吧。况且我们都知道，如果战帅死了，肯定会天崩地裂的，是不是？"

这让众人的情绪略有缓解，他们沿着中央干道继续前行，穿过战栗不止的残缺舱壁与灯光闪烁的杂乱走廊，直到站在了通往舰桥的防爆门面前。

洛肯与阿巴顿率先走入，阿西曼德、托迦顿与赛迪瑞殿后而行。

里面几乎一片漆黑，只有损毁机台的柔和幽光提供了微不足道的照明。

战帅背对众人坐在地上，那华美铠甲布满凹痕与污秽，他怀里抱着某个庞大而浮肿的事物。

洛肯走到战帅身旁，皱着眉头看到一具肿胀可憎的人类尸首躺在指挥官膝头。战帅的胸甲已经被洞穿，汩汩鲜血从肩膀处的深重剑伤中流淌出来，沿着手臂滴落在地。

"长官？"洛肯问道，"你还好吗？"

战帅并未作答，依旧抱着那死者的头颅。洛肯推断此人必定是尤甘·坦巴。他的身躯硕大无朋，洛肯难以想象这臃肿得堪称荒谬的生物如何能够自行移动。

四王议会其余成员也来到洛肯旁边，身心受创的战帅与污秽邪异的环境让大家都惊慌失措。他们带着越发浓重的不安面面相觑，谁也不知道该如何应对。

"长官？"阿西曼德跪在垂首悲泣的战帅脚边。

"我辜负了他，"荷鲁斯说，"我辜负了他们所有人。我本该听取他们的看法，但我没有，如今他们都死了。我受不了！"

"长官，我们要带你离开这里。死物已经停止了进攻。但我们不知道这种情况能持续多久，所以必须离开这里，重整部队。"

荷鲁斯缓缓摇头："它们不会再进攻了。坦巴已死，我也切断了通信信号。

我不明白其中原理，但我认为这信号正是驱使那些可怜亡魂的部分机制。"

阿巴顿将洛肯拉到一旁嘶声说："我们必须带他出去，而且不能让任何人看到他目前的状态。"

洛肯明白阿巴顿说得对。任何阿斯塔特若是目睹了战帅此刻的模样都会精神崩溃。战帅是一位勇往无敌的战争之神，是光辉伟岸的现世传奇，永远不会屈服言败。

他这副沮丧黯然的样子必将严重打击士气，63号远征队恐怕从此便要一蹶不振。

他们小心地从战帅怀中移走了尤甘·坦巴的庞大尸首，搀扶指挥官站起身来。洛肯将战帅的臂膀搭在自己肩头，顿时感觉到一股热血滴淌到脸上。

他和阿巴顿一同架着战帅离开舰桥。

"等等，"荷鲁斯说道，他的嗓音虚弱而低沉，"我要自己走出去。"

两人不情愿地放开手，面如死灰的战帅显然伤痛钻心，但还是身形微晃地站稳了脚步。

荷鲁斯回望一眼尤甘·坦巴说："带上维汝兰，我们走吧，吾儿。"

马迦德重重瘫在泰拉荣耀号的钢铁舱壁旁，手中细剑沾满了众多死物的漆黑腐液。佩卓尼拉想到众人在这个帝皇唾弃的凄凉卫星上死里逃生，勉强忍住大串泪水。

马迦德此前将她一把推进这块舱壁背后，佩卓尼拉便藏身于此，用耳朵而非双眼体会了外面的那场绝望鏖战——厉声呼吼、链锯剑切割湿滑肉体的声响，还有泰坦火炮的沉重轰鸣。

她的想象力填补了剩余的空白，虽然佩卓尼拉从头到脚都被一股极度惊恐所笼罩，但她依旧在脑海里描绘出种种光辉荣耀的作战场景，高大威武的阿斯塔特与污秽腐朽的怪物展开英勇决斗，抗击那些唯图毁灭的死敌。

她浑身颤抖，急促喘息，意识到自己刚刚活过了有生以来的首场战斗，一股奇异的冷静淡泊随之而来：她的肢体不再战栗，她想要开怀大笑。她用手掌抹了抹双眼，将黑色眼线都涂在了脸上，仿佛是远古部落的作战油彩。

佩卓尼拉凝视马迦德，她此刻才真正认识这位凶蛮、血腥而强悍的出众战士。她站起身来，从舱壁背后探出头，展望下方的战场。

这恍若一幅克兰德·罗杰特的绘画作品，美妙壮丽的景象令她屏息凝神。浓厚雾气已经消散，红润如血的阳光穿透云层沐浴大地。星罗棋布的众多池沼如同随意散落的破碎玻璃般熠熠闪亮。三架雄壮宏伟的死亡军团泰坦傲然矗立，一群群配备了火焰喷射器的阿斯塔特将死物尸骸付之一炬，堆积成山的邪魔残躯燃起蓝绿色的诡异火光。

佩卓尼拉已经开始构思自己将要采用的描写和比喻了：战士们秉承帝皇之光深入银河的黑暗角落，抑或阿斯塔特作为死亡天使向不洁不义之敌施以惩戒。

这些字句有着恰如其分的史诗感，然而她认为，此类描写方式还缺乏某种最为根本的真实内容，否则就只是一些宣传口号。

这恰恰是伟大远征的本质，对于阿斯塔特以及63号远征队全军的钦佩之情涌上心头，顿时冲散了她最近几个小时的惊恐。

佩卓尼拉听到一阵沉重脚步，立刻转过身去。四王议会军官们正大步走来，肩头扛着一具披挂铠甲的尸身，她此前目睹的那份轻松戏谑已经无影无踪。包括那个爱开玩笑的托迦顿在内，每个人脸上都挂着严峻肃穆的神色。

披风加身的战帅本人接踵而来，那副狼狈颓然的模样让她愕然僵立。荷鲁斯的盔甲上遍布裂痕与污秽，面孔和手臂上则沾着大片血迹。

"怎么回事？"佩卓尼拉向擦肩而过的洛肯连长发问，"那是谁的遗体？"

"安静，"对方厉声回答，"走开。"

"不，"战帅说，"她是我的纪实作者，她理应目睹我们的巅峰和低谷。"

"长官——"阿巴顿开口道。但荷鲁斯打断了他。

"吾意已决，艾泽凯尔。她要和我们一起走。"

这项决定让佩卓尼拉神采飞扬，她立刻跟上战帅等人的脚步，沿着斜坡走向地面。

"那具遗体是维汝兰·莫伊，我的第十九连连长，"荷鲁斯说道。他的嗓音里充满了疲惫与痛苦，"他以身殉职，必受缅怀。"

"请接受我最深切的哀悼，大人。"佩卓尼拉说。目睹战帅的苦楚悲伤让她心痛如割。

"是尤甘·坦巴的毒手吗？"她一边问一边取出自己的数据板和记忆笔，"是他杀死了莫伊连长吗？"

荷鲁斯点点头，疲于开口作答。

"坦巴死了吗？是你处决了他？"

"尤甘·坦巴死了，"荷鲁斯回答，"我认为他早已故去。我不知道我在战舰里杀死的究竟是什么，但肯定不是他。"

"我不明白。"

"我也不确定自己是否明白。"荷鲁斯说。他走到废墟斜坡脚下时趔趄了几步。佩卓尼拉伸手搀扶对方，随即意识到那是多么荒谬可笑的念头。她缩回了鲜血淋漓的手掌，这才注意到战帅肩头的伤口还在流血不止。

"我终结了尤甘·坦巴的生命，但我事后为他悲哀垂泪。"

"他难道不是敌人吗？"

"敌人并不会让我担忧，维瓦小姐，"荷鲁斯说道，"我可以在战斗中轻松应对我的敌人。但我的所谓盟友，该死的盟友，他们才是让我夜不能寐的心腹之患。"

几位军团药剂师向战帅冲来，佩卓尼拉则努力解读荷鲁斯所言何意。无论如何，她容许记忆笔录入了方才的谈话内容。她能察觉到四王议会成员投来的冰冷目光，但坚持不予理会。

"在杀死他之前，你和他对话过吗？他说了什么吗？"

"他说……只有我能够……阻止未来……"战帅回答。他的声音突然显得微弱而空洞，仿佛是从一条漫长隧道对面传来的。

佩卓尼拉困惑地抬起头，恰好看到战帅双目翻白，两腿瘫软。她尖叫一声探出手臂，心中明白自己根本无力支撑对方，但依旧要尝试阻止他的倒下。

战帅瘫倒在地，如同一场分外缓慢的宏伟山崩。

记忆笔在数据板上飞舞书写，佩卓尼拉读到那行字之后泪流满面。

我亲眼见证了荷鲁斯的陨落。

第九章

银色高塔
染血归途
薄弱帷幕

他在此处能够遥望到博学殿金字塔的顶端，一块块明亮金板在低垂夕阳的照映下光耀如火。马格努斯自然明白这只是一份辞藻华丽的比喻，但他依旧情不自禁地感到失落痛惜。仅仅想象这座包罗万象的知识殿堂被付之一炬就令人难以承受，于是他将独眼目光移开，不再注视那座由水晶和黄金堆砌而成的金字塔。

人们口中的光之城提兹卡铺展在他面前，宽广道路的两旁林立着大理石廊柱与繁茂树木，倍显平和静谧。直入云霄的银色高塔脚下是一座座金碧辉煌的图书馆、高大壮丽的博物馆，以及绵延不绝的求学论道之处。城区主体结构由白色大理石和蕴含金脉的石板组成，在阳光下如同一顶珠光宝气的皇冠熠熠生辉。众多美妙楼宇体现着历史久远的建筑风格，那些高超工匠在数个世纪以来接受千子的辅导，不断精进技艺。

在弗泰普金字塔顶端的露台上，千子军团基因原体，赤红的马格努斯仔细考虑着普罗斯佩罗的未来。那可怕的梦魇依旧让他头疼不已，他的独目在眼眶中痛苦地脉动着。昨夜闯入梦境的惊人幻景在朗朗白昼之下尚且萦绕不去，他紧紧握住露台的大理石护栏，试图用意志力将其驱散。夜晚的秘密通常会在阳光下无所遁形，然而这幅黑暗幻景却难以轻易消除。

从马格努斯记事以来，他就具备一项福祸同行的预知能力，虽然他不愿承认，但自己将博学殿的美景比作熊熊火焰的解读方式确实令他颇为担忧。

他从银瓶里倒了些酒，用紫铜色的手掌拢过自己夺目的红发。佳酿帮助他钝化了心底与脑中的痛楚，但他明白这只是麻醉自己而已。一连串事件已经启动，马格努斯有能力加以干涉引导，虽然他预见的景象大多是难以理解的莫名疯狂与无端动荡，但他还是捕捉到了些许含义，他明白自己必须尽快做出抉择——赶在事态失去控制之前。

马格努斯从提兹卡的美景面前转过身去，走入金字塔内部，又停下脚步在一块块锃亮银板上检视自己的模样。马格努斯身材高大，皮肤赤红，一头狮鬃般的红发富有光泽。他庄严的容貌显得高贵而正直，一枚金色的独眼里点缀着猩红斑点，应当生有另一枚眼眸的位置却是光滑的皮肤，他的鼻梁与颧骨之间贯穿着一条浅淡的疤痕。

人们称他为独眼马格努斯，或者其他一些更为刺耳的名号。千子军团自从创建以来便遭到了种种猜疑，因为他们善加运用的强大力量让旁人十分忌惮。这种不受理解的力量被视作污秽邪术，遭到了斥责与弃绝，自从尼凯亚议会之后便是如此。

马格努斯抛下酒杯，自己在帝皇御前身受折辱的回忆令他倍感恼怒，昔日他被迫放弃对任何巫异事物的研究，以免触及邪道。这显然荒谬至极，他父亲的辽阔疆域难道不正是建立在对于知识和理性的追寻上的吗？钻研和学习究竟能够带来何等危害？

虽然他退居普罗斯佩罗，并立誓放弃此类追求，但巫师星球的一项关键特质使其成为研习奥秘的完美所在——这里地处偏远，让那些妄称他玩火自焚的人无从窥探。

马格努斯微笑起来，他盼望众多控诉者能够亲历他的所见所闻，能够目睹那些隐藏在现实帷幕背后的绝妙奇景。在亚空间所蕴含的伟大力量面前，善与恶的划分顿时变得无关紧要，它们是宗教社会的陈旧概念，早已过时。

他俯身拾起酒杯，倒满美酒，走回私人房间，在书桌前就座。室内颇为凉爽，笔墨与纸张的混杂气味让他面露微笑。这个宽敞房间的墙面被书架和玻璃柜彻底遮盖，里面挤满了取自归顺世界的奇特物品与失落学识。在这座最为私密的图书馆里，很多文字作品都是马格努斯本人动笔书就的，不过其他人也有所贡献——包括弗西斯·塔卡、阿里曼和乌希扎尔等等。

知识的海洋向来是马格努斯的避难所，在他看来，将未知事物拆解研究并化作已知信息的过程充满了令人迷醉的愉跃。在人类种族的上古历史中，对天地万物的懵懂无知催生了种种伪神，而对宇宙机理的深刻了解则应当能将其全数颠覆。这恰恰是马格努斯的远大目标。

他的父亲否认此等事物的存在，帝皇让亿万子民对于银河所蕴藏的真正力量一无所知，纵然他大力推行科学与理性的严苛教条，但那不过是一个谎言，是一条遮盖人类并隔绝真相的厚重毯子。

马格努斯早已深入窥视亚空间，知晓其中真相。

他闭上眼睛，再次看到了那个黑暗腐坏的房间，那柄微光闪烁的利刃，还有那改变银河命运的一剑。他看到了死亡与背叛，英雄与怪物。他看到了历经考验的忠诚，其中半数崩溃屈服，半数坚定不移。可怕的命运在等待着他的诸位兄弟，而最糟糕的是，马格努斯知道自己的父亲对于这威胁整个银河的末日即将到来却毫无警觉。

一阵轻柔的敲门声传来，披挂红色铠甲的阿里曼迈步走入，他手中的长杖顶端是一枚独眼徽记。

"你已有决断了吗，大人？"首席智库直截了当地问道。

"的确，我的朋友。"马格努斯说。

"那么我是否应当召集众人？"

"是的，"马格努斯叹息一声，"去城市下方的洞穴吧。命令仆役集结法阵，我随后就到。"

"如你所愿，大人。"阿里曼说。

"你有何事烦心？"马格努斯问道。他在老友的语气里捕捉到一丝默然不安。

"没有，大人。我不应僭越。"

"胡说。如果你心怀忧虑的话，就尽管讲出来。"

"可否容我畅所欲言？"

"当然，"马格努斯点点头，"你在担心什么？"

阿里曼作答之前迟疑了片刻后说道："你提议施展的那道咒语很危险，非常危险。我们谁都无法真正参透其微妙细节，或许会引发不可预见的后果。"

马格努斯笑了起来，"我还从没见过你被一道咒语的威力吓退呢，阿里曼。在操纵此等规模的强大能量时，未知情况是不可避免的，但我们只有亲手运用它，才能将其驯服。永远不要忘记，我们是亚空间的主宰，朋友。它的确桀骜刚烈，蕴含着超凡力量，但我们具备的知识和技艺足可令它俯首听命，不是吗？"

"是的，大人，"阿里曼表示认同，"然而帝皇已经禁止我们研习这些事物，那么我们为何还要借此向他发出警告呢？"

马格努斯站起身来，愤怒让他的紫铜肌肤越发深暗，"当我的父亲发现，拯救人类疆域的恰恰是我们的巫术时，他就不得不承认，我们的所作所为对于帝国的延续是至关重要，不，是关乎生死存亡的！"

面对原体的怒火，阿里曼惊惧地点点头。马格努斯的语调随即软化下来，"除此之外别无选择，我的朋友。亚空间的力量难以触及帝皇宫殿，只有具备此等威力的咒法才能突破那些防护手段。"

"那么我立刻召集众人。"阿里曼说。

"是的，召集他们，但要等我抵达之后再开始施法。荷鲁斯或许还能出人意料。"

慌乱，惊惧，不知所措。伴随荷鲁斯的陨落，这三种前所未有的情绪填满了洛肯的心胸。战帅如慢动作般轰然坠地，整个身躯彻底瘫软落入淤泥之中。警觉的呼喊顿时响起，但围拢在战帅身旁的众人都被一股无所适从的麻痹感紧紧攫住，仿佛时间本身都放缓了脚步。

洛肯俯视面前的泥地，盯着那个像一具尸体般了无生机的战帅，始终无法相信自己的眼睛。四王议会其余成员同样呆若木鸡，被惊疑与愕然牢牢钉在原地。他感觉空气突然变得浓厚黏稠，由近至远扩散开来的一声声惊恐呼叫只是朦胧不清的回响，恍若慢速播放的全息投影。

在洛肯以及诸位兄弟茫然无措的时候，似乎只有佩卓尼拉·维瓦行动如常。她跪在战帅身旁的淤泥中，痛哭流涕地哀求对方站起身来。

指挥官受伤倒下，然而所有荷鲁斯之子都毫无作为，却让一个凡人女性率先有所应对，羞愧之情顿时鞭策洛肯行动起来，他单膝跪在荷鲁斯身侧。

"药剂师！"洛肯喊道。时间随即流动如常，呼喊与尖叫扑面而来。

四王议会的其他成员纷纷跪在他两旁。

"怎么回事？"阿巴顿质问道。

"指挥官！"托迦顿大喊。

"狼神！"阿西曼德高呼。

洛肯忽略了几位同僚，强迫自己集中精神。

这只是战场负伤，我要正常应对，他心想。

他扫视战帅的身躯，其他人则七手八脚地将记述者推搡到一边，纷纷试图唤醒他们的领袖。然而太多人插手只能徒增混乱，洛肯高声喊道："停下。退后！"

战帅的盔甲饱受磨砺，但除了破损脱落的肩甲以及胸前的宽阔伤痕之外，洛肯并未发现其他显著问题。

"帮我脱掉他的盔甲！"他喊道。

情同手足的四王议会同僚立刻点点头遵从洛肯的指示，他们庆幸能够找到一个合力施为的焦点。不消片刻，他们就卸下了荷鲁斯的胸甲和护颈，并着手解除剩余的那块肩甲。

洛肯扯掉自己的头盔抛在一旁，将耳朵贴在战帅胸口。他能听到战帅的两颗心脏死气沉沉地缓慢跳动。

"他还活着！"洛肯高呼。

"让开！"背后传来一声大喊。洛肯转过身去打算斥责这个新来者，但立刻注意到对方盔甲上的双螺旋节杖徽记。另一名药剂师接踵而来，两人粗鲁地推开了四王议会成员，立刻展开工作，将尖锐嘶鸣的纳瑟希姆护手刺入战帅的皮肉。

洛肯束手无策地站在旁边，看着药剂师们奋力稳定战帅的生命体征。他眼中噙满泪水，举目四望，徒劳地寻觅一些有所助益的事情来做。但他无法做出任何贡献，这种徒具力量却无处施展的沮丧感让他想要昂首呼号。

阿巴顿不加掩饰地悲泣落泪，看到第一连长如此失态让洛肯心中的忧虑越发深重。阿西曼德肃穆无言地旁观药剂师展开抢救，托迦顿则咬着下嘴唇，拦住记述者不让她再做搅扰。

战帅面无血色，双唇淡蓝，四肢僵硬，洛肯明白他们必须尽快摧毁某种伤及了荷鲁斯的力量。他转过身去，大步迈向泰拉荣耀号，决意找到这一切的根源，即便要将那座战舰废墟撕成碎片也在所不惜。

"连长！"一位药剂师高呼，洛肯知道此人名叫瓦顿，"立刻叫一架风暴鸟来！我们必须把他送回复仇之魂号！"

洛肯定住脚步，对复仇的渴求与对战帅的职责在心中交锋。

"立刻叫来，连长！"药剂师的喊叫打破了他的迟疑。

洛肯麻木地点点头，打开通信频道联络诸位风暴鸟机长，他庆幸能在这旋涡般的困惑无助中找到一个行动目标。医疗运输机立刻起航，他则失神入迷地旁观药剂师们奋力救助战帅。

洛肯能在那两人的狂乱操作与急躁手法中看出来，这是一场分外艰难的战斗。药剂师的纳瑟希姆护手传来阵阵低吟，快速离心血样，配发小块合成皮肤用于处理伤口。他们的交谈内容晦涩难懂，但洛肯偶尔可以捕捉到几个熟悉的词语。

"拉瑞曼细胞没有功效……"

"中毒性缺氧……"

阿西曼德来到他身边，将手掌按在洛肯肩头。

"别说了，小荷鲁斯。"洛肯警告道。

"我没打算说，加维尔，"阿西曼德说，"他会好的。这个地方没有什么东西能让战帅一蹶不振。"

"你怎么知道？"洛肯的声音近乎崩溃。

"我就是知道。我有信念。"

"信念？"

"没错，"阿西曼德回答，"我的信念在于，以战帅的强大和顽固，他是绝不会屈服于此等手段的。"

洛肯点点头，一艘风暴鸟抵达现场，那呼啸气流顿时让他喘息困难。

尖厉嘶吼的运输机在头顶盘旋下降，扬起大团水汽。风暴鸟展开起落架，伴着四溅泥水缓缓着陆。

未等战机落地，四王议会成员和药剂师们便一同将荷鲁斯抬起。突击舱门刚刚打开，他们就冲了进去，把战帅安置在一张轮床上。风暴鸟的引擎随即喷吐烈焰，从戴文卫星上冲天而起。

突击舱门在众人背后轰然紧闭，洛肯能感觉到驾驶员操纵着运输机直刺天际。药剂师们将各种医疗器械与战帅相连，在他的臂膀上插满了细小的针头和嘶鸣的管线，并在他的口鼻处罩上一个氧气面具。

突然间无所适从的洛肯瘫在一张覆有护甲的凹背座椅里，颓然倚靠着战机舱壁，用双手捧住脑袋。

坐在他对面的四王议会同僚也都是如此。

如果说伊格内斯·卡尔卡斯今天心情不好，那就太轻描淡写了。他的午餐已经冰凉，梅萨蒂·欧丽顿却还是迟迟未到，他杯中的劣酒甚至不配拿去当作机油使用。雪上加霜的是，他郁闷地用笔尖敲打着邦兹曼7号的厚重纸页，胸中并无丝毫诗情。他近来刻意没有造访避难所，一部分是担心再撞上温杜因，但主要还是因为那个地方太让人沮丧了。酒吧所遭受的肆意蹂躏营造出了一股极度悲凉而阴郁的气氛，某些记述者需要那个肮脏角落来激发灵感，但卡尔卡斯绝非如此。

如今，他安然坐在下层甲板里，这是大部分记述者进餐的地方，但是在饭点之外便人烟稀少。前些日子，针对散发圣言录传单的事情，他与悠弗拉迪·奇勒展开了对峙，此后的这段独处时光对卡尔卡斯颇有裨益，只不过并未帮助他谱写出任何诗篇。

当时悠弗拉迪毫无悔意，反而敦促他一同加入，要在某种临时神殿面前向神皇祷告。

"我不能，"诗人说道，"这太荒谬了，悠弗拉迪，你难道看不出来吗？"

"有什么荒谬的，伊格？"她反问，"想想看，我们展开了一场人类历史上前所未有的伟大远征。这是一场圣战，由宗教信仰所推动的战争！"

"不，不，"伊格内斯抗辩道，"完全不是这样。我们已经大有进步，不再需要宗教作为拐杖了，悠弗拉迪，而且我们从泰拉迈向银河也不是为了开倒车，我们不能重新启用这种陈旧过时的信仰概念。只有彻底驱除愚昧迷信的宗教，我们才能拨云见日，最终找到真相、理性和道义。"

"信仰神祇并非迷信，伊格内斯，"悠弗拉迪说着递出一张圣言录传单，"你先读一读再下定论。"

"我没必要读，"他厉声说道，将传单扔在地上，"我知道里面会说些什么，我没兴趣。"

"但你根本不知道，伊格内斯。如今我都看清楚了。自从被那个东西袭击之后，我就一直在逃避。我躲在舱房里，也躲在自己的脑袋里，但我现在已经懂得，只要接受帝皇的光辉照耀心灵，我就能够痊愈。"

"莫非这跟我和梅萨蒂没有关系？"卡尔卡斯冷笑道，"让你在我们肩膀上哭了那么久都是白费？"

"当然与你们有关系，"悠弗拉迪微笑着迈上前来，用双手捧着诗人的脸颊，

"所以我才想要把这份信息传递给你,把我的顿悟与你分享。这很简单,伊格内斯。我们的神祇要由我们自己树立,而万众祝福的帝皇正是人类之主。"

"由我们自己树立?"伊格内斯说着退后一步,"不,亲爱的,神祇都是由无知和恐惧所树立的,被狂热与欺瞒加以粉饰,利用人类的弱点获取崇拜。自古以来便是如此。当人们推翻旧神的时候,往往会寻找一些新神取而代之。你凭什么认为这有所不同?"

"就凭我能感觉到帝皇之光浸润身心。"

"喔,那好吧,这我可没法反驳啊,是不是?"

"省省你的讽刺吧,伊格内斯,"悠弗拉迪顿时充满敌意,"我原本以为,你或许能够听取良言,但显然你只是个故步自封的蠢货。出去,伊格内斯,我不想再看到你了。"

就这样,他呆呆地站在屋外的走廊里,突然失去了一个刚刚交的朋友。他们自此便形同陌路。事后他曾见过奇勒一次,但对方刻意忽视了卡尔卡斯的问候。

"琢磨什么呐,伊格内斯?"梅萨蒂·欧丽顿问道。诗人愕然地抬起头来,顿时从白日梦中惊醒。

"抱歉,亲爱的,"他说,"我没听见你来。我走神了;刚刚在构思一篇作品,回头可以用来让洛肯连长误解含义,让辛德曼不屑一顾。"

对方面露微笑,立刻让卡尔卡斯精神一振。与梅萨蒂相处的时候,谁也没法保持感伤抑郁,因为她总能令人意识到生命的美好。

"你适合独处,伊格内斯,这样就更容易抵抗诱惑了。"

"喔,这可说不好,"诗人举起酒瓶回答,"我的生命里总能容下各种诱惑。在我看来,不受任何诱惑的日子恐怕是糟透了。"

"你简直无药可救,伊格内斯,"梅萨蒂笑道,"行了,到底有什么重要的事情,让你把我从工作上拽到这里来?矛头部队快要从卫星返回了,我可不想落后进度。"

面对她的开门见山,卡尔卡斯有些手足无措,不知道从何说起,于是便采取了更加委婉的方式,"你最近见过悠弗拉迪吗?"

"我昨天晚上见到她了,就在风暴鸟出击之前。怎么了?"

"她看起来正常吗?"

"是啊，我觉得挺正常的。她的新造型让我有点惊讶，不过她毕竟是个摄影师。我猜他们时不时就要改头换面一下。"

"她有没有把什么东西交给你？"

"交给我什么东西？没有。我说，到底怎么回事？"

卡尔卡斯将一张磨损折皱的传单递向桌子对面的梅萨蒂，眼看着她辨明其中内容，脸色骤变。

"你从哪里搞到这个的？"她读完之后问道。

"是悠弗拉迪给我的，"卡尔卡斯回答，"显然她打算首先向你我传播神皇的真言，以此回报我们在关键时刻提供的帮助和支持。"

"神皇？她是脑袋糊涂了吗？"

"我不知道，或许吧。"卡尔卡斯说着给自己倒了杯酒。他也斟满了梅萨蒂推过来的杯子。"我觉得她还没有从耳语山脉的经历中走出来，即便她装作常态。"

"这简直疯了，"梅萨蒂说，"她会被吊销执照的。你有没有告诉她？"

"算是提到了吧，"卡尔卡斯回答，"我试过和她理论，但你也知道那些信教的家伙，容不得一点相反的意见。"

"然后呢？"

"然后就没有然后了，她把我从舱房里赶了出来。"

"如此说来，你又采取常用战术了吧？"

"或许我的语气应该更缓和一些，"卡尔卡斯承认，"但我当时没法冷静，一位聪慧女士居然被那种无稽之谈蒙蔽了。"

"我们该怎么办？"

"你说说看。我完全没主意。你觉得我们要不要找谁说说悠弗拉迪的事？"

梅萨蒂灌了一口酒说："我觉得只能这样。"

"有什么人选吗？"

"或许可以去找辛德曼？"

卡尔卡斯叹息一声："我就知道你要提起他。我不喜欢那个家伙，但现如今，他或许是最好的人选。如果有谁能让悠弗拉迪回心转意的话，就只有那个宣讲者了。"

梅萨蒂也叹了口气，重新倒上一轮酒，"想不想喝个烂醉？"

"这才像话。"卡尔卡斯说。

在随后的一个小时里,他们开怀畅谈,追忆往事,讲述那些更为单纯的岁月,把酒喝干之后又差遣机仆再拿了一瓶。等到第二瓶酒过半的时候,两人已经开始筹划一份伟大作品,用卡尔卡斯的诗词来衬托梅萨蒂的记录。

他们高声欢笑,刻意将话题绕开悠弗拉迪·奇勒,避免提及日后对朋友的背叛。

一声尖厉警铃骤然奏响,打断了他们的思绪,走廊中很快就挤满了焦急的人群。两人起初不以为然,然而随着来来往往的人越来越多,他们还是决定前去调查一下情况。卡尔卡斯与梅萨蒂拿起酒瓶和杯子,步履蹒跚地走向舱门,外面是一幅彻底癫狂的慌乱景象。

大批士兵、平民、记述者和船员神色匆忙地涌向登机甲板。两人看到了一张张涕泪纵横的面孔,他们彼此之间显然深有同感,并肩痛哭,互作慰藉。

"怎么回事?"卡尔卡斯抓住一个路过的士兵高声问道。

那人恼怒地转过身来,"松开我,你这老白痴。"

"我只是想知道,这是怎么回事。"对方的怨毒让卡尔卡斯颇为震惊。

"你没听说吗?"士兵悲泣道,"战舰上都传遍了。"

"什么传遍了?"梅萨蒂质问。

"战帅……"

"战帅怎么了?他还好吗?"

那人摇摇头,"帝皇在上,战帅已经死了!"

酒瓶从卡尔卡斯手中滑脱,在地板上摔得粉碎,他瞬间清醒过来。战帅已死?这肯定是搞错了,荷鲁斯肯定早就超脱于生死之外了。他和梅萨蒂面面相觑,脑海里飞旋着同样的思绪。刚刚被拦下的那个士兵甩开诗人的手臂,抛下两人沿着走廊狂奔而去。这无比惊人的可怕事态将他们钉在原地动弹不得。

"这不可能,"梅萨蒂轻声说,"不可能的。"

"我明白。一定是搞错了。"

"万一不是呢?"

"我不知道,"卡尔卡斯说,"但我们得去把事情弄清楚。"

梅萨蒂点点头，等待卡尔卡斯冲回去拿起邦兹曼记事本，随后两人便加入了步履匆匆的汹涌人潮，像一批寻衅暴徒般埋头冲向登机甲板。他们一路上默然不语，战帅之死所引发的剧烈冲击占据了两人全部的心思。这沉重如山的悲哀事件让卡尔卡斯心底的诗意蠢蠢欲动，他暗暗厌憎这不识时务的糟糕灵感。

他注意到了一条通往观察甲板的走廊，那里紧邻战机弹射口，可以遥望风暴鸟出击和返航。起初梅萨蒂很抗拒他的拉扯，直到卡尔卡斯解释了自己的计划。

"他们不可能放我们进去，"卡尔卡斯上气不接下气地说，"但我们可以从这里远观风暴鸟抵达，而且还有一条梁架能直接俯瞰登机甲板。"

他们从涌向登机甲板的人流中抽身而出，沿着拱顶走廊迈向观察甲板。在这座修长舱室里，宽阔的玻璃墙让漫天星辰与远方战舰都一览无余，那些明亮夺目的大型巡洋舰隶属于帝国军队或机械神教。两人下方则是深渊裂谷般的登机甲板入口，众多猩红的定位灯闪烁不已。

梅萨蒂调低了室内照明，让玻璃墙之外的景象更加清晰。

戴文卫星的棕黄弧线在他们面前铺展开来，倍显肮脏的星球地表此刻云雾缭绕，一团朦胧病态的月华将卫星衬托起来，貌似静谧平和。

"我什么都看不见。"梅萨蒂说。

卡尔卡斯把脸紧贴玻璃避免反光，在自己和梅萨蒂的倒影里寻觅其他事物。他看到了一个遥远细微的亮点冲出卫星的月华，向复仇之魂号径直扑来，仿佛是一只闪烁光焰的萤火虫。

"那里！"他指着迫近的亮点说道。

"哪儿？喔，等等，我看到了！"梅萨蒂眨动眼睛，拍摄那架疾驰而来的战机。

卡尔卡斯眼看着远方的亮点逐渐靠近，显现出风暴鸟的轮廓，它瞄准登机甲板全速前进。卡尔卡斯虽然不是个驾驶员，但也明白如此迅猛的飞行速度堪称鲁莽，战机在最后一刻收拢双翼，遁入那红光照耀的舱门深处。

"快来！"他抓起梅萨蒂的手，带领她沿着阶梯跑上观察梁架。台阶陡峭而狭窄，卡尔卡斯不得不中途稍事休息，等到喘过气来再继续上行。当他们站在梁架顶端时，风暴鸟已经降落，突击舱门正缓缓打开。

一群阿斯塔特聚集在运输机周围，军队得胜归来的大钟隆隆奏响，四名战士走出机舱，每个人的盔甲全都覆满了凹痕和血迹。他们共同肩负一具包裹着军团旗帜的遗体。卡尔卡斯顿时无语凝噎，心冷似铁。

　　"是四王议会成员，"梅萨蒂说道，"喔不……"

　　在四位战士身后，一张宽大轮床接踵而来，躺在上面的那个人体形雄伟，已经除去了部分盔甲。

　　即便相距甚远，卡尔卡斯依旧轻易辨认出了轮床上的战帅。目睹那位登峰造极的战士沦落到此等境地让诗人的泪水夺眶而出，而同时他又十分庆幸那位军旗裹尸者并非战帅。他听到梅萨蒂眨动双眼拍摄照片的声音，但他很清楚这毫无意义；朋友的视线同样被泪水所模糊。那个女性记述者维瓦跟在轮床后面，她的破损长裙血迹斑斑，精良布料早已沾染污泥，多有撕裂。而就在此刻，新一批快步冲向轮床的战士让卡尔卡斯顿时将维瓦抛诸脑后。这些披挂白色铠甲的阿斯塔特把战帅包围起来，簇拥着他匆匆穿过登机甲板。卡尔卡斯辨认出军团药剂师的装备，顿时心神振奋。

　　"他还活着……"诗人开口说。

　　"什么？你怎么知道？"

　　"药剂师还在抢救他。"卡尔卡斯笑道，他心中的宽慰如同绝妙佳酿般甘美。两人顿时激动相拥，庆祝战帅的生还。

　　"他还活着，"梅萨蒂抽泣道，"我就知道他肯定活着，他不可能死。"

　　"没错，"卡尔卡斯表示同意，"他不可能死。"

　　身心俱疲的两人松开臂膀，靠在护栏上遥望阿斯塔特护送负伤战帅横穿甲板。随着高大的防爆门隆隆开启，早已聚集在外面的大批人群顿时如潮水般一拥而入，他们充满失落与伤痛的呼喊透过强化玻璃一直传到了观察梁架上。

　　"不，"卡尔卡斯低声说，"不，不，不。"

　　阿斯塔特丝毫没有为他们放慢脚步的意思，而是径直突入密集人群，用凶蛮拳脚驱散任何挡路者。四王议会成员一马当先，在拥挤人潮中为轮床开辟出了一条血路。卡尔卡斯眼看着众多男女被打倒在地，惨遭践踏，那凄厉尖叫令人不忍听闻。

　　梅萨蒂紧紧攥住他的臂膀，两人目睹阿斯塔特横冲直撞地离开了登机甲板。那些战士穿过另一道防爆门，消失于视野之外，想必是匆匆前往医疗甲板。

"那些可怜的人。"梅萨蒂哭喊着跪了下去，含泪俯瞰那恍若血战尾声的场景：身受重伤的众多士兵、记述者和平民伏地不起，鲜血横流，骨断筋折，而这一切仅仅是因为他们不幸挡住了阿斯塔特的道路。

"他们不在乎，"卡尔卡斯说道，刚刚目睹的血腥景象依旧让他难以置信，"他们杀死了那些人。他们好像根本就不在乎。"

阿斯塔特向人群大加拳脚时毫无迟疑和顾忌，这令卡尔卡斯倍感惊愕，他指节泛白地握着护栏，在震怒中咬紧牙关。

"他们怎么敢？"他嘶声说，"他们怎么敢？"

对于下方这场暴行的怒火在卡尔卡斯胸中沸腾不息；同时他也注意到了一个披着长袍的人在那惨烈场面里穿行，向身心受创者施以援手。

他眯起双眼，认出了悠弗拉迪·奇勒的苗条轮廓。

她在散发圣言录的传单，而且不止她一个人。

马罗格斯特带着严峻肃穆的神色观看登机甲板的监控录像，目睹自己的荷鲁斯之子同僚用暴力手段在人群中开辟路径，驱散那些涌向负伤战帅的平民。这段影像在战帅内厅书桌的屏幕上一遍遍重播，他则一次次徒劳地盼望看到某种不同的场景，然而那闪烁的画面一直没有发生变化。

"多少死者？"站在马罗格斯特背后的海克托·瓦尔瓦鲁斯问道。

"我还没有拿到最终数据，但至少有二十一人身亡，此外还有更多人身受重伤或是永久昏迷。"

录像再度播放，马罗格斯特在心底咒骂着洛肯和其他人下此重手，同时又觉得无法责难他们的暴躁态度。战帅生命垂危，谁也不知道他能否获救，所以战士们急于抵达医疗甲板的绝望心情是可以理解的，纵然很多人会说这凶蛮行径不可原谅。

"这事很糟，马罗格斯特，"瓦尔瓦鲁斯多余地说，"阿斯塔特很难收场。"

马罗格斯特叹息一声说："他们当时相信战帅濒临死亡，所以依理行事。"

"依理行事？"瓦尔瓦鲁斯重复道，"我可不认为众人会接受这种说辞，我的朋友，而一旦实情传了出去，就必定严重打击士气。"

"不会传出去的，"马罗格斯特作出承诺，"我已经把亲临现场的人都控制住了，也关闭了所有非指挥层面的外部通信频道。"

一丝不苟的海克托·瓦尔瓦鲁斯身材高大，有一张棱角分明的瘦削面孔，举止言行都是精准无误——作为63号远征队帝国大军的总司令，他在工作中具备同样的特质。

"相信我，马罗格斯特，这一定会传出去。无论如何，都会传出去的。没有什么秘密能够永不泄露。纸是包不住火的，今天的事情也不例外。"

"那么你有何提议，总司令？"马罗格斯特问道。

"你是在认真地问我，还是仅仅想要不失礼数，老马？"

"我在认真问你。"马罗格斯特回答。他微笑着发现自己确实是此意。瓦尔瓦鲁斯是个深谙人心的精明士兵。

"那么你必须公布实情。明言真相。"

"如此一来，就要有人掉脑袋了，"马罗格斯特警告道，"民众会要求以命抵罪。"

"那就满足他们。既然只有如此才能解决问题，那就满足他们。总要有人为这项暴行公开付出代价。"

"暴行？我们现在要采用这个说法了吗？"

"你要采用什么说法？阿斯塔特战士犯下了谋杀罪行。"

瓦尔瓦鲁斯所提方案的深重意义让马罗格斯特全身一震，他缓缓瘫坐在战帅桌边的椅子里。

"你要让我容许一名阿斯塔特战士为此伏法？我办不到。"

瓦尔瓦鲁斯俯身靠近，他军装制服的众多饰品和奖章映在黑色桌面上，恍若一枚枚金色恒星。

"无辜者溅血伤亡，纵然我能够理解你的部下为何做出此等行为，这也丝毫无法改变事实。"

"我办不到，海克托。"马罗格斯特摇摇头说。

瓦尔瓦鲁斯移步站在他身旁，"你我都曾宣誓效忠帝国，对不对？"

"是的，但那与这件事有何干系？"

老迈将军盯着马罗格斯特的眼睛说道："我们立誓捍卫人类帝国所秉承的高尚与正义，是吗？"

"是的，但这不一样。当时的状况情有可原……"

"无关紧要，"瓦尔瓦鲁斯厉声说，"帝国要么坚持原则，要么毫无原则。你若不做处置，就是背叛了那份忠诚誓言。你可有此意，马罗格斯特？"

在侍从开口作答之前，内厅的玻璃门外传来一声轻柔敲击，马罗格斯特转身审视何人擅自搅扰。

星语者领袖英梅星如同一个白袍加身的枯槁幽魂般站在两人面前，她的上半张脸笼罩在兜帽阴影里。

"星女士。"瓦尔瓦鲁斯躬身行礼。

"瓦尔瓦鲁斯大人。"她用轻柔无比的嗓音答道。英梅星向总司令鞠躬回礼，她虽然双目已盲，但颔首的方向毫无偏差——这份特异天赋总是让马罗格斯特倍感不安。

"你有何事，星女士？"他开口问道。同时暗自庆幸对方的打扰。

"我有重要消息向你们呈报，马罗格斯特大人，"对方转过头来，用失明的双眼盯着他。"星语者团队心神不宁。他们察觉到了亚空间波涛中的剧烈动荡，不断增强的剧烈动荡。"

"这意味着什么？"马罗格斯特追问。

"意味着亚空间与现实之间的帷幕越发薄弱。"英梅星说。

第十章

药剂室
祷言
告解

卸去了全身盔甲的瓦顿披着染血手术服,他作为荷鲁斯之子药剂师已有多年经验,然而他从未像此刻这般近乎绝望慌乱。战帅躺在他面前的轮床上,皮肉暴露在他的手术刀下,全身与众多医疗器械相连。氧气面具罩在战帅脸上,生理盐水为他的躯体补充水分,尽量稳定血压。医疗机仆取来一袋袋鲜血,整座手术室充满了紧绷气氛与忙乱行动。

"他要不行了!"药剂师罗甘看着心电图仪高喊,"血压迅速下降,心率飙升。即将心搏骤停!"

"见鬼,"瓦顿咒骂道,"他还是不凝血,多给我拿点拉瑞曼细胞来,再接一根输液管。"

一支轻吟不已的纳瑟希姆外科工具从屋顶降下,伸展出众多嘀嗒作响的机械臂,即刻遵照瓦顿的高声指令展开操作。新鲜的拉瑞曼细胞被直接泵入荷鲁斯肩头,立刻减缓了失血,但瓦顿注意到,血液依旧没有彻底凝结。粗大针头扎进战帅双臂,为他灌注富氧鲜血,然而库存血量的消耗速度令人难以置信。

"逐渐稳定,"罗甘长出一口气,"心率放缓,血压回升。"

"很好,"瓦顿说,"那么我们至少有些喘息的空间。"

"如此下去他是承受不住的,"罗甘说,"我们能为他做的已经不多了。"

"我不想在我的手术室里听到这种话,罗甘,"瓦顿厉声道,"我们绝不会放弃他。"

战帅命悬一线,胸膛剧烈起伏,喘息过度急促,肩头的伤口涌出更多鲜血。

战帅肩膀位置所受的损伤看似较轻,然而瓦顿明白这恰恰是致命所在。胸膛的穿刺伤口已经基本痊愈,超声图像表明他的肺脏自行与支气管建立隔绝并完成了修复。战帅的次级肺脏目前足以维持他的呼吸功能。

四王议会成员如同陪产父亲般焦躁不安地站在一旁，围观药剂师们穷尽浑身解数展开救治。瓦顿从来没有想过，战帅竟会成为自己的患者。原体的生理机制远超阿斯塔特战士，正如瓦顿和凡人之间有着天壤之别，他很清楚这绝非自身能力范畴所及。唯有帝皇本人具备此等学识，有信心着手处置基因原体的身躯，面前这项工作的深重意义死死压在瓦顿肩头。

锃亮如银的纳瑟希姆仪器上绿灯闪烁，他将数据板从接口上取出。一行行数字和说明在那光滑屏幕上滚动显示，其中大部分都难以解读，而意义明确的部分则足以让他情绪低落。

瓦顿看了一眼状态暂且稳定的战帅，绕过手术台走到四王议会成员面前，他在心中盼望自己能呈报一些更好的消息。

"他怎么了？"阿巴顿质问，"他为什么还躺在那里？"

"说实话，第一连长，我不知道。"

"什么叫'你不知道'？"阿巴顿大喊着扭住瓦顿，将他轰然撞在手术室墙边，盛满了刀片、骨锯和止血钳的银色托盘顿时纷纷砸落在瓷砖地面上，"你为什么不知道？"

洛肯与阿西曼德扑上去拉扯第一连长，瓦顿感觉阿巴顿的可怕巨力渐渐将自己的喉咙碾碎。

"放开他，艾泽凯尔！"洛肯高呼，"你这是帮倒忙！"

"你不许让他死！"阿巴顿嘶吼道，瓦顿惊愕地在第一连长眼中看到了深切的惧意，"他是战帅！"

"你以为我还不明白吗？"瓦顿哑着嗓子回应。其他人终于将阿巴顿的手指从他喉头上掰开。药剂师背靠墙壁瘫坐在地，他已经察觉到脖颈处的肿胀瘀伤。

"你要是让他死了，就等着见帝皇去吧，"阿巴顿嘶声说道，他像一头凶恶猛兽般在手术室里踱步，"如果他死了，我就要你的命。"

阿西曼德拽着第一连长走到远处好言相劝，洛肯与托迦顿则搀扶瓦顿站起身来。

"那家伙是个疯子，"瓦顿说，"立刻让他从我的手术室里滚出去！"

"他状态失常，药剂师，"洛肯解释道，"我们都一样。"

"那就让他离我的人远点，连长，"瓦顿严正警告，"他控制不住自己，这很危险。"

"我们一定，"托迦顿向他承诺，"那么你能告诉我们什么？他会活下去吗？"

在开口作答之前，瓦顿首先恢复镇定，俯身捡起数据板。"我刚刚说了，我不知道。我们就像一群无知孩童，在尝试修复一台从天而降的逻辑引擎。我们对于他的身体机能和生理机制没有丝毫理解，我甚至都无法猜测这种危急状况是由何种伤害所引发的。"

"他究竟怎么回事？"洛肯问道。

"是他肩膀的伤口，一直无法凝结。它流血不止，我们束手无策。我们在伤口处发现了一些经过降解的残余遗传物质，或许是某种毒素，但我难以确认。"

"有没有可能是细菌或病毒感染？"托迦顿追问，"戴文卫星的沼泽污染严重。这我可以作证，我足足喝了一桶脏水。"

"不，"瓦顿说道，"从任何角度而言，战帅的躯体都免疫于此类问题。"

"那么到底是什么？"

"我只是猜测，这股特定毒素似乎会引发某种贫血性缺氧。它一旦进入血液循环，就与氧气展开竞争，被红细胞成倍吸收。战帅的新陈代谢非常高效，毒素因而迅速扩散到了全身各个系统，并沿途损伤他的组织细胞，导致其无法恰当利用已经低于常态的血氧含量。"

"那么毒素是哪里来的？"洛肯问，"你不是说战帅免疫于此类问题吗？"

"的确如此，然而我从来没有见过这种情况，就好像毒素是为了谋害战帅而特意设计的。它具备着完美无缺的基因伪装，能够骗过功能强大的生理防线，从而造成最大限度的伤害。简单而言，这是一种彻彻底底的原体杀手。"

"那么我们要如何阻止它？"

"这种敌人不是用刀枪能够奈何的，洛肯连长。这是一种毒素，"药剂师回答，"如果我更加了解它的来源，或许还可以做些事情。"

"如果我们找到了带有毒素的武器，是否会有用处？"洛肯问道。

瓦顿在连长眼中看到了对于希望的迫切渴求，于是点点头，"或许吧。从伤口形态来看，像是刀剑的刺伤。如果你能带回那把武器，或许我们就能想想办法。"

"我一定会找到，"洛肯发誓。他从瓦顿面前转过身去，径直走向手术室大门。

"你要回去？"托迦顿快步赶上他。

"是的，你休想阻拦我。"洛肯警告道。

"阻拦你？"托迦顿说，"别这么一惊一乍的，加维尔，我要和你一起去！"

从作战区域回收泰坦是一项漫长而枯燥的工程，其中充满了技术难点、物流瓶颈和人力问题。成群舰船带着体型庞大的起重机、挖掘机和运输车从星球轨道前往地表。首先需要将泰坦的空降载具从冲击坑里挖出来，这项工作由一支浩浩荡荡的机仆大军负责开展。

泰塔斯·卡萨精疲力竭。他花了大半天时间为泰坦进行准备，确保一切就绪，可以随时启程返回舰队。此刻，尚未离开戴文卫星的人员只能无所事事地坐等回收，而这恰恰成了最艰难的经历。

既然有时间等待，就有时间思考。而一旦有时间思考，人类的大脑就会从想象力的深渊之中营造出各种各样的事物。泰塔斯依旧难以相信荷鲁斯居然倒下了。战帅像泰坦般强大伟岸，他不该在战场上倒下——他是所向无敌的神祇子嗣。

泰塔斯坐在审判日的阴影里，掏出自己的圣言录小本子，确认四下无人之后，开始潜心阅读。那质量粗劣的印刷品赋予了他一股温暖慰藉，将他的思维转移到人类帝皇的神圣光辉上。

"喔帝皇，统御万众的尊主与神祇，在此危急时刻，请聆听我的祷言。你的仆人落入了死亡的冰冷魔掌，我恳求你向他投以慈悲目光。"

泰塔斯低声诵读，从制服外套里拎出一枚护身符。他早先指示某个面无表情的机仆为他打造了这枚金银搭配的精巧饰物。银制的大写字母"I"中央是一个黄金星标，它代表着光明希望与美好未来。

泰塔斯将护身符紧紧握在胸前，继续吟诵圣言录的内容，那些字句让一种十分熟悉的温暖感觉彻底充斥身心。

泰塔斯未能及时察觉背后有人靠近，他猛地转过身去，看到了乔纳·阿鲁肯和几名泰坦机组成员。

经过与当地怪物的搏杀之后，这些人和泰塔斯一样浑身脏污且疲惫不堪，但不一样的是，他们心中并没有信仰。

他充满负罪感地合上小本子，准备接受乔纳的冷嘲热讽。然而谁也没有开口，他仔细观察，在面前这些人的脸上看到了脆弱不堪的悲伤神色，以及对于心灵慰藉的急切渴求。

"泰塔斯，"乔纳·阿鲁肯说道，"我们……呃……那个……战帅。我们觉得或许……"

泰塔斯终于明白了对方的来意，顿时露出微笑。

他重新翻开小本子，"我们来一同祷告吧，各位兄弟。"

洁净无菌的医疗甲板仿佛是一片铿亮的荒漠，铺有瓷砖的墙边站着钢铁立柜，冰冷无魂的玻璃房间与实验室交错纵横。一道急迫的指令让佩卓尼拉从卫星地表匆匆返回复仇之魂号，满心困惑的她很快就彻底迷失了方向。

她穿过血迹斑斑的登机甲板，看到战舰上层部分彻底陷入了慌乱喧嚣，战帅已死的消息如同一场凶恶瘟疫般迅猛传播。

扭曲者马罗格斯特向整支舰队发送了一条公告，坚决否认战帅身亡的谣言，然而抢先扩散出去的癫狂与恐慌早已将他的话语远远甩在身后。数艘战舰上暴乱四起，末日预言者和蛊惑民心者纷纷涌现，大肆宣扬终焉之时已经降临。种种反乱分子遭到了帝国军队的无情镇压，然而前仆后继的叛逆言行如同雨后春笋般出现，竟有愈演愈烈之势。

距离战帅倒下仅仅过去了几个小时，群龙无首的63号远征队已经开始自行崩溃。

马迦德紧紧跟在佩卓尼拉身后。在驶向战帅旗舰的航程中，一位军团药剂师用合成材料处理了他的众多伤口。虽然这位保镖的皮肤依旧灰暗病态，盔甲也伤痕累累，但他毕竟尚在人世且倍显勇武。马迦德只是一个仆役，然而他出众的天赋已经让佩卓尼拉另眼相看，决心以礼待之。

一个戴着头盔的阿斯塔特战士带领她进入那深邃迷宫般的医疗甲板，最终示意她走进一扇平淡无奇的白色大门，上面印着的徽记是一支缠绕着双蛇的有翼权杖。

马迦德为她拉开大门，佩卓尼拉迈入这间一尘不染的手术室。地板到及腰高度的圆形墙壁覆盖着绿色的搪瓷。银光闪亮的储物柜和嘶鸣运转的医疗器械将战帅重重包围，躺在手术台上的荷鲁斯全身插满了密如蛛网的导管和缆线。一个锃亮的金属高凳摆在旁边。

医疗机仆潜伏在房间外围的壁龛中待命，战帅身躯上方那台汩汩作响的悬垂仪器为他不断输液和输血。

饱受摧残的战帅身影顿时模糊了佩卓尼拉的视线，违逆天理的可怕现实让泪水夺眶而出。一个穿着染血手术服的高大阿斯塔特向她走来，"我是药剂师瓦顿，维瓦小姐。"

佩卓尼拉用双手擦掉泪水，她很清楚自己此刻是何狼狈模样——撕裂破损的长裙上沾满了干涸污泥，抹花的妆容将眼睛周围涂得乌黑。她不由自主地抬起手来让对方亲吻，随即意识到这是多么愚蠢的姿态，急忙简洁地点头示意。

"我是佩卓尼拉·维瓦，"她勉强作答，"我是战帅的纪实作者。"

"我知道，"瓦顿说，"他特地召唤你来。"

希望骤然在她胸中点燃，"他醒了吗？"

瓦顿点点头，"他醒了，如果决定权在我的话，你是休想进来的，但我不会违抗指挥官的命令，他想要与你谈话。"

"他状态如何？"佩卓尼拉问。

药剂师摇摇头，"他时而清醒时而昏迷，所以不要期望过高。要是我认定你必须离开，你就马上离开。明白吗？"

"明白，"她说道，"请你快让我去见战帅好吗？"

瓦顿看起来很不情愿让她靠近战帅，但还是挪步放行。佩卓尼拉点头道谢，随后迈着蹒跚迟疑的步伐向手术台走去。她一方面急于见到战帅，另一方面又害怕自己会遭遇某种景象。

看到他之后，佩卓尼拉顿时用手捂着嘴巴，压抑住那声不由自主的惊呼。战帅双颊深陷，目光暗淡无神。灰白的皮肉挂在他的头颅上，沟壑纵横，倍显苍老，他的双唇像死尸般发蓝。

"我看起来有那么糟吗？"荷鲁斯问道。那嗓音嘶哑而微弱。

"不，"她结结巴巴地回答，"完全没有，我……"

"不要对我说谎，维瓦小姐。既然你要聆听我的遗言，你我之间就必须以诚相待。"

"遗言？不！我不听。你要活下去！"

"相信我，我也只求活下去，"他喘息道，"但瓦顿告诉我说，这已经没什么希望了，我在作别人世的时候想留下一点遗产：我想把死前该说的话都记录下来。"

"先生，你的所作所为本身就是永恒不灭的遗产，求求你不要把这件事托付给我。"

荷鲁斯剧烈咳嗽起来，将大团血沫喷在胸前，随后积攒力量重新开口，那嗓音突然恢复了记忆中的强壮与浑厚，"你曾对我说过，你的天职就在于为我塑造一个永生不朽的形象，记录下我的光辉荣耀用以流传后世，对不对？"

"是的。"她啜泣道。

"那么就为我效劳这最后一次，维瓦小姐。"他说。

佩卓尼拉费力地吞咽一下，随后从手包里取出数据板和记忆笔，坐在了手术台旁边的高凳上。

"那好吧，"她最终说道，"我们从头开始讲。"

"太多了，"荷鲁斯开口说，"我向我的父亲承诺不会犯下错误，如今却走到了这步田地。"

"错误？"佩卓尼拉问，不过她大致猜到了战帅的意思。

"坦巴，任命他掌管戴文，"荷鲁斯说，"他恳求我不要将他抛下，他说自己无法承受。我本该好好听取他的看法，但我一心远离这里，急于开展新的征服。"

"坦巴的弱点并非你的错误，先生。"佩卓尼拉说道。

"你这样讲是出于好心，维瓦小姐，但任命他的人是我，"荷鲁斯说，"责任理应由我承担。王座在上！等到基里曼听说这件事，他肯定要笑死了。他还有莱恩两个人，他们会说我不配担任战帅，因为我无法洞察人心。"

"绝不会！"她喊道，"他们不敢这样说。"

"喔，他们会的，小女孩，相信我。我们是手足兄弟，然而就像所有兄弟一样，我们拌嘴争吵，总想超过对方。"

佩卓尼拉一时之间不知如何作答；她完全无法想象这些超凡脱俗的基因原体相互拌嘴。

"他们嫉妒我，都很嫉妒，"荷鲁斯继续说，"当帝皇钦定我为战帅的时候，有那么一些人几乎难以向我开口道贺。尤其是安格隆，他性子狂野，时至今日我都无法彻底约束他。基里曼也好不到哪里去。我看得出来，他认为这个头衔理应归他所有。"

"他们嫉妒你？"佩卓尼拉追问道。战帅所述内容令她难以置信，记忆笔在数据板上飞舞着录入她的思绪。

"喔，是的，"荷鲁斯苦涩地点点头，"只有寥寥数位兄弟真心实意地向我俯首致敬。洛加，莫塔瑞恩，圣吉列斯，弗格瑞姆和多恩——他们是真正的兄弟。我至今都记得昔日痛哭不舍地遥望帝皇乘坐风暴鸟离开乌兰诺，但让我印象最深刻的还是送别他之后那种芒刺在背的感觉。我能听到他们脑海里的想法，就像张口说出来一样清晰：既然有其他人更配得上这份荣誉，那么为何要任命荷鲁斯为战帅？"

"你被任命为战帅恰恰是因为你最具资格，先生。"佩卓尼拉说。

"不，"荷鲁斯说道，"并非如此。我仅仅是在当时最符合帝皇需求的那个人。你要知道，在伟大远征初期，我和帝皇并肩作战三十余年，只有我真正体会到了他执掌银河的雄心。我继承了他的这份远见，在驰骋星海的征途上始终铭记不忘。那真是场波澜壮阔的冒险，一个接一个的星系向人类之主归顺效忠。你真的无法想象那段岁月，维瓦小姐。"

"听起来非常辉煌。"

"的确，"荷鲁斯说，"那确实辉煌，但难以长久。很快我们就在其他世界上发现了我的兄弟原体。我们诞生之后不久便散落在银河里，天各一方，而帝皇将我们全数寻回。"

"与素不相识的手足兄弟重逢想必十分怪异。"

"并没有你想象中那么怪异。每当遇到某个兄弟时，我都会立刻感觉到一股亲情，一种跨越时空的纽带。我必须承认，其中有些人相对难以亲近。如果你见过午夜游魂的话就会明白我的意思。他可真是个喜怒无常的混球，不过在关键时刻也能派上用场，尤其是我们需要让某个异形帝国在开战之前就吓得尿裤子的时候。"

"安格隆也是半斤八两，他的暴脾气无人能及。你自以为知道何谓怒火，但我现在告诉你，等到你目睹了安格隆怒不可遏的样子才算真正明白。莱恩就更不用说了。"

"是暗黑天使原体吗？他执掌第一军团，对吗？"

"是的，"荷鲁斯回答，"他也最喜欢提醒大家这一点。我能在他的眼神里看出来，他认为自己理应担任战帅，因为他的军团排行第一。但你知道吗，他从小在森林中长大，像头动物一样，和蛮族野人没什么区别。我倒要问问，你想让这种人担任战帅吗？"

"当然不想。"荷鲁斯自问自答。

"那么你会选择谁来担任战帅？"佩卓尼拉问。

她的问题似乎让荷鲁斯的烦恼迟疑了一阵，"圣吉列斯，应该由他担任。他具备着率领我们走向胜利的远见和力量，同时也拥有和平御国的智慧。他纵然有些孤傲淡漠，但唯独他承载了帝皇的全部心血。我们每个人都继承了父亲的一部分本质，无论是好战渴望、灵能天赋还是求胜决心。圣吉列斯身上则集合了这一切。理应由他担任……"

"那么你继承了帝皇的什么品质，先生？"

"我？我继承了他的统御雄心。在整个银河等待我们去开拓征服的时候，这就是最好的品质。但是现在，那项征途已经走到了末尾。有句克里特谚语说，和平总是'触手可及'，然而今非昔比了，和平如今就握在我们手中。吾辈的征战事业即将大功告成，那么在工作结束之后，像我这样充满雄心的人又有何用？"

"你是帝皇的左膀右臂，先生，"佩卓尼拉抗辩道，"是备受他宠信的子嗣。"

"再也不是了，"荷鲁斯哀伤地说，"我已经被一群无足轻重的行政官僚所取代。战争议会不复存在，我如今接受的是泰拉议会的命令。帝国上下曾经同心协力开疆拓土，但现在却饱受征税官和书记员的拖累，他们索求无度，唯利是图。帝国正在转变，然而我不确定自己能否一同转变。"

"帝国在如何转变？"

"官僚主义逐渐占据上风，维瓦小姐。繁文缛节、行政流程和办公人员逐渐顶替了当今年代的英雄，我们如果再不改弦易辙的话，人类帝国的辉煌很快就会变成史书中的一记注脚。届时我至今成就的一切都将化作往昔荣耀的朦胧记忆，像古老泰拉的失落文明那样消逝于时间迷雾深处，作为美好过去被人类加以缅怀。"

"但是我们力图打造一个崭新帝国，让人类统御银河，那么伟大远征想必仅仅是其中的第一个步骤。在这样的银河里，我们需要行政官僚、严谨律法和书记人员。"

"为你们征服了银河的那些战士又当如何？"荷鲁斯咆哮道，"我们又当如何？我们日后要去担任狱卒和卫兵吗？我们为战争而生，为杀戮而生。那是我们的天职，但我们早已远超如此，我早已远超如此！"

"进步绝非易事，大人，我们都必须适应动荡年代。"佩卓尼拉说，战帅的动荡情绪让她颇为不安。

"人们很容易将转变误认为进步，维瓦小姐，"荷鲁斯说道，"我生来就具备着超凡脱俗的力量，这种伟大潜能烙印在我的身心之中，但我能够走到今天这一步，依靠的绝不是白日做梦；我在征战杀伐的铁砧上把自己锻打成型。然而我在两个世纪以来奋力成就的一切都要被次等人肆意攫取，他们可绝没有在银河的黑暗角落里挥洒过血汗。这有何正义可言？我的征伐成果要拱手交给卑劣之人接管统治，那么等到战事终了之后，我又能得到什么奖赏？"

佩卓尼拉转头瞥了一眼药剂师瓦顿，后者只是面无表情地旁观她记录战帅的言语。她不禁猜想，对方是否与自己一样对荷鲁斯的怒火感到不安。

佩卓尼拉虽然倍感震惊，但在骨子里还是充满野心，她意识到这份绝妙材料能够淬炼出极具轰动效应的记述作品，足以永远打消那团笼罩在伟大远征上的传奇迷雾，证明这并非一群同心协力的兄弟在浩瀚星海里联手铸就命运。荷鲁斯的话语描绘出一幅充满了猜疑与隔阂的图景，超乎任何人的想象。

看到佩卓尼拉的表情后，荷鲁斯抬起一只颤抖的手搭在她臂膀上。

"我很抱歉，维瓦小姐。我的思绪恐怕不太清晰。"

"不，"她说道，"我认为你的思绪从未如此清晰过。"

"我看得出来，我让你受惊了。很抱歉打碎你的幻想。"

"我得承认，你所说的很多话让我……十分惊讶，先生。"

"但你喜欢，是吗？这就是你来此的目的吧？"

佩卓尼拉试图加以否认，但垂死原体的模样让她迟疑起来，最终点了点头。

"是的，"她说道，"这就是我来此的目的。你会把一切都告诉我吗？"

战帅抬起头直视着她。

"是的，"荷鲁斯回答，"我会的。"

第十一章

答案
邪魔的交易
宿敌刃

雷鹰的覆甲机身不像风暴鸟那般纤细优美,但它与体形较大的战机相比更具实用性,能够将众人快速送抵戴文卫星。技术机仆和机械神教驾驶员正在调试战机准备起航,洛肯暗暗盼望他们加快进度。此刻流逝的每一秒都让战帅距离死亡更近一步,他绝不容许那样的结局。

自从他们护送战帅归来已经过去了几个小时,但洛肯仍旧没有清理自己的盔甲或武器,他打算以原样返回战场,仅仅补充了弹药。甲板上还沾染着湿滑血迹,这是他们方才横冲直撞留下的惨象。洛肯直至此刻才有机会默然反思,顿时感到满心羞愧。

他无法回忆起任何一张面孔,但他记得颅骨碎裂的声响与痛苦的呼喊。阿斯塔特的一切高尚理念……显然可以被如此轻易地抛诸脑后,那么它们又有何意义?凯瑞尔·辛德曼说得没错,体面礼数和文明行为只是一层薄如蝉翼的外壳,人类内心的那股兽性本质就隐藏其下,众生皆是如此……甚至阿斯塔特也不例外。

文明行为的作风习惯能够被如此轻易地忘却,那么面对危机困境,还有什么品格会同样遭到不假思索的抛弃?

洛肯扫视甲板四周,察觉到了一丝细微难辨的不同。重锤继续轰然敲打,舱门依然隆隆开合,满载弹药的运输车照旧在甲板上蜿蜒穿行,但整个登机甲板笼罩着一股压抑气氛,仿佛那场惨剧才刚刚发生。

通向甲板的防爆门紧紧闭锁,但洛肯还是能听到外面人群的沉闷吟诵与朦胧歌声。

数百人在登机甲板周围的宽阔走廊上秉烛集结,观察甲板也是人满为患。头顶梁架上就有几十个人透过玻璃窗俯瞰着他。大批民众贡献了祭品和许愿纸条，上面写着对战帅痊愈的祈求，对内心情感的发泄，以及形式多样的涂鸦。

谁也说不清楚他们究竟在向何方神圣许愿，但这似乎给予了人们某种切实目标，而在此黑暗时刻，洛肯能够理解一个目标的宝贵价值。

巫师小队已经准备就绪，但他们前往登机甲板的旅程险些引发了一场慌乱踩踏——惊恐民众对于阿斯塔特战士上一次穿过人群的血腥记忆难以忘却。

托迦顿与维帕斯正在着手展开最后一轮临战检查，洛肯只需一声令下便可领军出击。

他听见背后的脚步声，转过身去看到一位全副武装的战士向自己走来，那是第十八连连长泰保特·玛尔。他有时被称作"亦者"——与他难分彼此的维汝兰·莫伊则是"或者"——他的容貌和战帅又是如出一辙，洛肯不禁哽咽难言，向同僚躬身行礼。

"洛肯连长，"玛尔回礼说道，"我可否与你谈谈？"

"当然，泰保特，"他说，"维汝兰的事情我很惋惜。他是个勇敢的人。"

玛尔点点头，洛肯无法想象对方此刻正经受着怎样的痛苦。

洛肯知道为牺牲兄弟哀悼是何感受，但莫伊和玛尔形影不离，他们之间共生共存的纽带与孪生双子无异。作为挚友和兄弟，他们始终并肩作战，但这一次，莫伊幸运地加入了矛头部队，玛尔则没有。

今天，莫伊为自己的幸运付出了生命的代价。

"谢谢你，洛肯连长，我很感激你。"玛尔回答。

"我能为你做什么吗，泰保特？"

"你们打算返回卫星？"玛尔问道。洛肯立刻明白了对方的来意。他点点头，"是的。那里或许有些东西能帮助战帅。如果有的话，我们就一定要找到。"

"那是维汝兰牺牲的地方吗？"

"是的，"洛肯说，"我想是的。"

"你们能否再容下一人？我想去看看……去看看现场。"

洛肯在玛尔眼中看到了令人心痛的悲伤，"当然可以。"

玛尔俯首致谢，他们一同走向突击舱门，雷鹰引擎的嘶吼随即像女妖尖啸般抬高了声调。

阿西曼德看着阿巴顿挥拳猛击训练机仆的肩膀，将其持剑手臂连根打断，随后趁势向躯干送去一连串迅猛重击。在这凶狠攻势下，机仆皮肉顿时凹陷，骨骼与钢铁纷纷断折，血肉和金属瘫作一团，破损不堪。

这已经是阿巴顿在三十分钟内摧毁的第三个机仆了。艾泽凯尔向来用拳头排解自己的焦虑，今日同样如此。暴力和杀戮是第一连长与生俱来的天职，但这已逐渐转变成他的生活方式，让他无法借助其他渠道发泄沮丧情绪。

阿西曼德自己则是第六次拆解组装爆矢枪了，他有条不紊地将每个部件摆在油布上，细致入微地清理。阿巴顿用暴力来宣泄内心痛苦，与之相比，阿西曼德更愿意借助熟悉的日常工作来平复心情。他们无法为指挥官提供任何具有建设性的帮助，于是便进行着各自最为擅长的事务。

"你这样胡乱摧毁机仆，军械总管非得要你的脑袋。"阿西曼德抬起头说。阿巴顿正挥拳打碎机仆的残躯。

气喘吁吁的阿巴顿迈出训练笼，全身大汗淋漓，头顶发辫也被汗水浸湿。即便在阿斯塔特之中他也是格外壮硕魁梧，肌肉虬结，坚若磐石。托迦顿经常开玩笑说，阿巴顿之所以把加斯塔林小队的指挥权交给法库斯·齐伯尔，主要是因为他自己已经挤不进终结者盔甲里了。

"它们就是干这个用的。"阿巴顿厉声说。

"我不觉得你应当下手那么狠。"

阿巴顿耸耸肩，从军械室里抓起一条毛巾搭在肩头，"在这种时候你怎么能如此淡定？"

"相信我，我可一点都不淡定，艾泽凯尔。"

"你看起来很淡定。"

"我没有用拳头大肆破坏，但这并不代表我就心如止水。"

阿巴顿拿起一块盔甲着手打磨，随即伴着恼怒咆哮将其狠狠抛开。

"调整你的情绪，艾泽凯尔，"阿西曼德建议道，"心态失衡不是好事，你或许会越陷越深的。"

"我明白，"阿巴顿叹了口气，"但我心已经乱了，暴躁、忧郁、阴沉，全都混在一起。我连一秒都坐不住。如果他挺不过来怎么办，小荷鲁斯？如果他死了怎么办？"

第一连长站起身来，绞着双手在军械室里踱步，阿西曼德能看到对方双颊泛起潮红，愤怒与绝望再度涌上心头。

"这不公平，"阿巴顿低吼道，"不应该这样的。帝皇不会放任如此。他不该放任如此。"

"帝皇已经很久都不在这里了，艾泽凯尔。"

"他知道发生了什么吗？他还在乎吗？"

"我没法回答你，我的朋友，"阿西曼德说着重新拿起爆矢枪，按动开关将弹夹卸下，他明白阿巴顿已经为沮丧怒火找到了一个新的发泄对象。

"自从他在乌兰诺抛弃我们，事情就变了，"阿巴顿怒喝，"他甩手而去，扔下我们收拾残局，又是为了什么？某个远在泰拉的该死项目难道比我们更重要？"

"小心了，艾泽凯尔，"阿西曼德作出警告，"话不可乱讲。"

"但这是实话，对不对？我知道你也是这样想的，别说不是。"

"现在确实……不一样了。"阿西曼德承认道。

"我们在这里浴血奋战，生死拼搏，为他打下这个银河，而他甚至都不愿与我们共赴前线。他的荣誉何在？他的骄傲何在？"

"艾泽凯尔！"阿西曼德说着扔下爆矢枪站起身来，"够了。若是其他人讲出这种话，早就被我撂倒了。帝皇是我们的领袖和尊主，我们立誓服从他的命令。"

"我们立誓服从指挥官。难道你忘记了四王议会的誓言？"

"我记得很清楚，艾泽凯尔，"阿西曼德驳斥道，"显然比你更清楚，但我们也立誓效忠高于一切原体的帝皇。"

阿巴顿转过身去紧紧攥住训练笼的铁丝网，肌肉暴起，头颅低垂。伴着一声野兽般的狂怒呼吼，铁丝网被他一把扯下，凌空抛向训练大厅对面，滑落在艾瑞巴斯的覆甲双足前方，那名怀言者像一道幽暗剪影般静静站在门口。

"艾瑞巴斯，"阿西曼德惊讶地说，"你在那里站了多久？"

"足够久，小荷鲁斯，足够久了。"

阿西曼德突然感到忐忑不安，"艾泽凯尔只是有些气愤沮丧。他情绪失衡了。不要——"

艾瑞巴斯挥挥手打断阿西曼德的话，他的铁灰色铠甲映着暗淡灯光，"不必担心，我的朋友，你明白我们都是自己人。我们都是结社成员。如果有人问起我今天在这里听到了什么，你知道我会如何作答，对不对？"

"我很难说。"

"没错。"艾瑞巴斯微笑着说。但阿西曼德远远没有就此心安,反而突然感到亏欠了怀言者首席牧师,仿佛对方的缄默是一份筹码。

"你来这里有事吗,艾瑞巴斯?"阿巴顿质问道。他的怒火依旧没有消散。

"是的,"艾瑞巴斯点点头,伸出手展示他的银色结社徽章,"战帅的情况逐渐恶化,塔苟斯特要召开一场集会。"

"现在?"阿西曼德问,"为什么?"

艾瑞巴斯耸耸肩,"我很难说。"

他们穿过复仇之魂号深层甲板的维修旋梯,又一次前往旗舰尾部舱室集结。纤细蜡烛一如既往地照亮前路,阿西曼德发现自己急于了结此事。战帅命悬一线,他们却要聚众集会?

"何人前来?"一个戴着兜帽的身影在黑暗中发问。

"三个灵魂。"艾瑞巴斯回答。

"姓甚名谁?"对方又问。

"现在我们有必要这样吗?"阿西曼德厉声说,"你知道我们是谁,赛迪瑞。"

"姓甚名谁?"那人重复道。

"我很难说。"艾瑞巴斯回答。

"请进吧,朋友们。"

他们走入尾部舱室,阿西曼德朝戴着兜帽的卢克·赛迪瑞狠狠瞪了一眼,对方则只是耸耸肩,跟上三人的脚步。这个梁架高悬的宽阔空间照旧被烛光点亮,然而往常把酒言欢的活跃气氛已经不复存在,整座舱室被阴郁沉闷所笼罩。常见成员无一缺席:瑟加·塔苟斯特,卢克·赛迪瑞,卡卢斯·埃卡顿,法库斯·齐伯尔,众多他早已熟识的大小军官和普通战士,以及扭曲者马罗格斯特。

艾瑞巴斯当先而入,站在人群中央,阿西曼德向战帅侍从点头致意。

"我有段时间没见你来参加集会了。"阿西曼德说。

"的确,"马罗格斯特表示同意,"我近来一直疏于结社成员的职责,但摆在面前的议题需要我参加讨论。"

"兄弟们,"塔苟斯特召开了集会,"我们活在一段严峻的岁月里。"

"说重点，瑟加，"阿巴顿咆哮道，"我们没时间废话。"

结社领袖瞪着阿巴顿，然而第一连长身上散发的潜藏怒火让他点点头未作斥责。塔苟斯特伸手指着艾瑞巴斯，向结社全体开口，"我们的第十七军团兄弟有话要说。我们应当聆听吗？"

"我们应当聆听。"荷鲁斯之子齐声回答。

艾瑞巴斯躬身说道："艾泽凯尔兄弟说得不错，我们没有时间拘泥于繁文缛节，那么我就直奔主题了。战帅生命垂危，伟大远征的未来悬于一线。只有我们能够出手相救。"

"这是什么意思，艾瑞巴斯？"阿西曼德问。

艾瑞巴斯一边解释一边沿着环立四周的人群踱步，"药剂师已经对战帅束手无策。他们纵然全力施救，依旧难以治愈他的伤势。他们目前只能维持住战帅的生存，即便这样也坚持不了太久。如果我们不立刻行动的话，恐怕一切就太晚了。"

"你有何提议，艾瑞巴斯？"塔苟斯特问道。

"戴文的部落。"艾瑞巴斯说。

"他们又如何？"结社领袖追问。

"他们是一个野蛮的民族，由战士阶级所统治，你我都很清楚。我们自己的隐秘组织在结构和行为方面与他们的战士结社颇有共通之处。他们的每个结社分别崇拜一种当地的原生掠食动物，这便是与我们的区别所在。在戴文走向归顺的过程中，我亲身研究了这些结社以及他们的行为方式，仔细寻找腐化迹象或宗教愚行。我没有找到任何污点，但我在其中某个结社里发现了有可能拯救战帅的唯一希望。"

阿西曼德不由自主地被艾瑞巴斯的话语所捕获，对方的演说技巧堪比宣讲者，他对于声调和语气的掌控炉火纯青，足以让听众沉醉入迷。

"告诉我们！"卢克·赛迪瑞喊道。

结社成员们随之一同高呼，最后瑟加·塔苟斯特不得不咆哮着下令肃静。

"我们必须将战帅送往戴文的盘蛇结社圣殿，"艾瑞巴斯宣称，"那些祭司专擅于治病疗伤的神秘奥艺，我相信这恰恰是拯救战帅的最佳机会。"

"神秘奥艺？"阿西曼德问道，"这是什么意思？听起来像是巫术。"

"依我所见并非如此，"艾瑞巴斯转身面向他，"况且是又如何，小荷鲁斯兄弟？你愿意拒绝他们的帮助吗？为了让我们保持纯粹，你愿意放任战帅去死吗？战帅的生命就不值得冒些风险吗？"

"风险值得冒。但这感觉不对劲。"

"我们不尽己所能去拯救指挥官才是不对劲。"塔苟斯特说。

"即便那意味着我们要沾染不洁魔法？"

"别这么自视清高，阿西曼德，"塔苟斯特说，"我们这是为了军团。别无选择。"

"如此说来已有定论了？"阿西曼德质问道，他挤开艾瑞巴斯走到人群中央，"既然如此，又何必佯装探讨？何必召唤我们来此？"

马罗格斯特一瘸一拐地从塔苟斯特身旁走来，摇摇头说："我们必须统一意见，荷鲁斯兄弟。你很清楚结社的运作方式。如果你不同意的话，我们就不会采取任何行动，战帅将留在这里，然而我们若是坐视不管，他就只有死路一条。你知道这是事实。"

"你不能这样逼我。"阿西曼德恳求道。

"我必须如此，兄弟，"马罗格斯特说，"已经别无选择了。"

阿西曼德感觉到这项沉重如山的抉择将自己压得抬不起头，房间里的每一双眼睛都凝视着他。他与阿巴顿四目相对，顿时意识到艾泽凯尔显然愿意采取一切手段拯救战帅。

"托迦顿和洛肯呢？"阿西曼德问道，他试图争取时间再作思考，"他们还没有出席发话。"

"洛肯不是我们的一员！"收割者小队上尉卡卢斯·埃卡顿喊道，"他曾经有机会加入，却背弃了我们的组织。至于塔瑞克，他会服从我们的决议。现在没时间把他找来了。"

阿西曼德看着周围的一张张面孔，逐渐明白自己别无选择。自从他走入这间舱室的那一刻便是如此。

无论如何，战帅必须活下来。就这么简单。

他明白这件事必定会引发深远影响。与邪魔的交易向来如此，但拯救指挥官值得让他们付出任何代价。

他绝不能让后人将自己视为那个放任战帅殒命的家伙。

"好吧，"阿西曼德最终开口道，"那就让盘蛇结社尽其所能。"

自从他们上一次踏足戴文卫星到现在过去了区区数个小时,然而这里产生的巨大变化让洛肯倍感惊异。浓厚迷雾踪影全无,天空从污浊昏黄转为明亮苍白。恶臭依旧萦绕不去,但已经大为缓解,从无法忍受变成略为恼人。莫非坦巴之死打破了某种魔咒,让这颗卫星摆脱了一场永恒无尽的腐朽循环?

　　随着雷鹰掠过沼泽,洛肯发现染疫树木已经全部凋亡,众多湿滑枝干失去了那腐化邪力所灌注的秽恶生命,纷纷崩解倒塌。没有了浓雾的遮挡,他们可以轻易找到泰拉荣耀号。谢天谢地,这一次通信频道里并未传来任何呼唤死亡的信息。

　　他们着陆之后,洛肯便迈着领袖的自信步伐率领巫师小队、托迦顿、维帕斯以及玛尔走出雷鹰。纵然托迦顿和玛尔担任连长职位的年头都更长,在这项任务中他们却本能地服从了洛肯的指挥。

　　"你打算在这里找到什么,加维尔?"托迦顿眯着眼睛遥望那艘坍塌的战舰残骸问道。他没有寻觅一顶新的头盔,所以此地的恶臭让他拧着鼻子。

　　"我不确定,"洛肯回答,"或许能找到一些答案,或许是可以帮助战帅的东西。"

　　托迦顿点点头说:"听起来不错。你呢,玛尔?你来找什么?"

　　泰保特·玛尔并未作答,而是拉动爆矢枪的枪栓,大步迈向坠毁战舰。洛肯追上去抓住对方的肩甲。

　　"泰保特,我带你一起来是不是自找麻烦?"

　　"不。我只是想看看维汝兰牺牲的地方,"玛尔回答,"如果不亲眼看看,感觉总是不真实。我知道我在停尸间里见到他了,但那不是个死人。那就像是照镜子一样。你能理解吗?"

　　洛肯并不能理解,但他还是点点头,"好吧,那就入列。"

　　众人一同爬上废墟坡道,向僵死星船侧面的深暗破洞走去。

　　"见鬼,我感觉在这里战斗好像是上辈子的事情。"托迦顿说。

　　"那只是三四个小时以前的事,塔瑞克。"洛肯指出。

　　"我明白,无论如何……"

　　他们最终来到了斜坡顶端,遁入昏暗无光的星船内部,洛肯回想起上一次的类似经历,众人在旅途终点目睹的情景顿时鲜活地浮现于脑海。

　　"保持警惕。我们不知道这里还有什么活物。"

"我们应该从轨道上把这块破东西炸掉。"托迦顿嘀咕道。

"安静!"洛肯嘶声说,"你没听到我的话吗?"

托迦顿抬起双手表示歉意,他们在低沉呻吟的废墟中前行,穿过一处处幽暗大厅、闪烁通道以及恶臭幽黑的走廊。维帕斯和洛肯带头前进,托迦顿与玛尔负责殿后。遍布阴影的星船残骸依旧保留着搅扰人心的异样力量,但那曾经覆盖了全部舱壁的有机物已经不再湿滑闪亮,如今显得全无活力——逐渐干燥开裂。

"这里是怎么回事?"托迦顿问道,"这地方在几个小时之前还像是水培基地一样,现在……"

"像是在凋亡,"维帕斯接过话头,"类似于我们刚才看到的那些树。"

"更像是已经死了。"玛尔说着从墙上撕下一片枯燥霉菌。

"什么都别碰,"洛肯警告道,"这艘战舰里的某种事物有能力伤到指挥官,在搞清楚缘由之前我们不要接触任何东西。"

玛尔丢下那枯死残骸,用手抹了抹腿甲,和众人一同继续深入星船。洛肯对于此前路线的记忆精确无误,他们很快就沿着中央干道走向舰桥。

一束束日光透过舰身破洞泼洒进来,飘浮在空气中的明亮尘埃如同一堵闪烁墙壁。洛肯一马当先,从扭曲突出的舱壁和喷吐火花的电缆下面俯身钻过,带领战士们逐渐接近最终目的地。

洛肯早早便闻见了尤甘·坦巴尸身的味道,那腐败与死亡的刺鼻恶臭在舰桥之外就已经颇为浓郁。他们谨慎地踏入舰桥,洛肯挥动臂膀指派战士们在四周警戒就位。

"上面那些尸体怎么处理?"维帕斯指着天花板上悬挂的旗帜,看着那些被缝在布料里的死去士兵,"我们不能把他们留在这里。"

"我明白,但我们现在什么都做不了,"洛肯说,"等到我们摧毁这座残骸的时候,他们就能获得解脱了。"

"是他吗?"玛尔指着前方的肿胀尸体问道。

洛肯点点头,抬起爆矢枪向那具亡躯走近。坦巴的皮肤下方有着毫不停歇的脉动,那肥硕无比的肚腹内部传来阵阵颤抖。他的血肉紧绷在骨架上,以致粗壮蛆虫的轮廓在那干燥皮肤之下若隐若现。

"王座在上,他真是恶心,"玛尔说,"就是这个……东西杀了维汝兰?"

"我猜是的，"洛肯回答，"战帅没有明言，但这里也找不到别的什么吧？"

洛肯留下玛尔哀悼故去兄弟，向麾下战士们说："分头搜索，与这个地方相关的任何线索都有用。"

"你完全不知道我们该找什么吗？"维帕斯问。

"确实不知道，"洛肯承认道，"或许是一把武器。"

"你明白我们必须给那个死胖子搜身，对吧？"托迦顿指出，"哪个幸运的倒霉蛋负责干这事？"

"我以为你会感兴趣呢，塔瑞克。"

"喔不，我连碰都不想碰那家伙。"

"我来。"玛尔说着跪在地上，开始翻动尤甘·坦巴的肮脏衣物与秽恶皮肉。

"你瞧？"托迦顿说着后退几步，"泰保特自愿报名了，不如就由着他吧。"

"好吧。小心点，泰保特。"洛肯说道，随后转身离开，不再观看玛尔撕扯坦巴尸体的让人反胃的景象。

他的部下着手搜索舰桥，洛肯则迈上阶梯来到舰长席前方，盯着船员操作台，那上面填满了种种丑陋物体与肮脏污秽。洛肯难以相信一艘荣耀战舰和一位高尚人物竟能堕入此等可憎境地。

他在舰长席周围绕行，脚下踢到的某个物体让他骤然停住步伐。

他俯身看到一个经过打磨的木盒。它的表面平滑洁净，显然不属于这片恶臭扑鼻的坟冢。那盒子约有常人手臂的长度和粗细，厚实的棕色木料上刻满了怪异符文。盒盖配有金色合页，洛肯打开了那做工精巧的扣锁。

垫着红色天鹅绒内衬的木盒空空如也，洛肯凝视其中，突然意识到自己随手掀开是多么莽撞。他用手指划过盒子表面，抚摸那些符文的轮廓，在优雅的草书中察觉到某种熟悉的意味。

"这里！"巫师小队的一名成员喊道。洛肯立刻拿着木盒快步走去。泰保特·玛尔继续拆解着那个叛徒的腐烂尸首，其余阿斯塔特战士则环绕在甲板上的某个闪亮物体周围。

洛肯发现那是尤甘·坦巴的一条断臂，五指之中还紧紧握着一柄光芒闪烁的怪异长剑，那锋刃仿佛是灰色燧石造就。

"这确实是坦巴的右臂。"维帕斯说着便伸手探向那柄剑。

"不要碰，"洛肯说，"如果就是它击倒了战帅，我可不知道它在我们身上会有什么效果。"

维帕斯骤然缩回手掌，仿佛那剑刃是一条毒蛇。

"那是什么？"托迦顿指着木盒问。

洛肯蹲下去，将盒子放在长剑旁边，毫不惊讶地发现两者完美契合。

"我认为它曾经是这把剑的容器。"

"看起来很新，"维帕斯说，"表面是什么？文字吗？"

洛肯没有回答，伸手从剑柄上掰开坦巴的僵死指头。当他皱着眉头将一根根手指扯下的时候，始终提防那条断臂重获生命发动袭击，纵然他心里明白这是个荒谬的想法。

剑终于松脱，洛肯小心翼翼地拎起那把武器。

"当心。"托迦顿说。

"多谢提醒，塔瑞克，我正打算随手乱扔呢。"

"抱歉。"

洛肯将长剑缓缓放进盒子里。握住剑柄的手上突然感到细微刺痛，他在说出塔瑞克名字的时候有一种怪异的感觉，仿佛品味到了这把武器能够引发的可怕伤痛。他匆忙关闭盒盖，长呼一口气。

"以泰拉之名，坦巴如何能够染指这样一件武器？"托迦顿问道，"这看起来根本就不是人类造物。"

"的确不是，"洛肯回答，盒子表面那些略显熟悉的符文终于点亮了他的记忆，"这是坎布拉克武器。"

"坎布拉克？"托迦顿问道，"但它们不是——"

"没错，"洛肯谨慎地将木盒从甲板上端起来，"这就是芝诺比娅仪器大殿中遭窃的宿敌刃。"

消息如同闪电一般迅速传遍了整个复仇之魂号，战帅他们的行进路线两旁站满了垂首悲泣的男男女女。每条通道中都挤着成百上千人，阿斯塔特战士们用方盾组成担架抬着战帅前进。荷鲁斯身上那套仪式盔甲如凛冬般洁白，覆有锃亮的黄金镶边与赤红眼眸图案。他双手紧握金色利剑，额头上佩戴了一副白银桂冠。

阿巴顿、阿西曼德、卢克·赛迪瑞、法库斯·齐伯尔以及卡卢斯·埃卡顿将指挥官高高抬起，后面则是海克托·瓦尔瓦鲁斯以及马罗格斯特。每个人都披挂着闪亮甲胄，背后飘扬着代表各自连队的披风。

传令官和通告员高声宣布队伍的行进路线，以防登机甲板的血腥场景在此重演，阿斯塔特抬着这位自伟大远征之初便与他们并肩奋战的挚爱领袖缓缓迈动脚步。他们一边前进一边哭泣，心中痛苦地感觉到，这或许就是战帅的最后一程了。

作为鲜花的替代品，人们抛撒出被泪水溅湿的残破纸张，上面写满了表达希望与热爱的字句。得知战帅一息尚存之后，他的子民便开始焚烧各种据传有疗伤功效的药草，将飘着轻烟的香炉悬挂在路线两旁，附近的乐队演奏着军团进行曲。

明亮蜡烛挥发出一股甜腻香气，沿途之人无论男女长幼、士兵平民，全都悲恸欲绝，哭得撕心裂肺。林立两旁的军队旗帜低垂下来向战帅致敬，恳切的吟诵伴随他们一路前行，最终抵达登机甲板。那宽阔大门周围铺满了纸张，为战帅及其子嗣书写的言语将舱壁的每一寸表面覆盖。

这扑面而来的哀愁与热爱让阿西曼德备受震撼，人们对于战帅负伤所表现出的悲痛是他前所未见的。对于他而言，战帅是一个光辉伟岸的形象，但首先是一名战士——是大军统领、帝皇选民。

对于这些凡人而言，指挥官远不止如此。在他们眼中，战帅是高尚品质与英雄气概的标志，是他们自己永难企及的榜样，代表着人类从冲突年代的战火灰烬之中携手重铸这个崭新的银河。

荷鲁斯的存在本身就昭示着，那些纠缠人类种族多年的苦难与死亡都走到了尽头。

归功于战帅这样的英雄人物，古老长夜已经告终，黎明的第一束光芒刺透了地平线。

如今这一切都面临着重大威胁，阿西曼德立刻明白，自己容许同僚们将荷鲁斯送往戴文是一项正确的决定。盘蛇结社能够治愈战帅，即便这要牵涉一些在往日里遭受谴责的力量，那也无可厚非。

局势已定，为今之计只有紧握信念，等待战帅起死回生。他微笑着回忆起，战帅针对信念这个题目曾对自己说过一段话。按照惯例，荷鲁斯挑选了一个毫不适宜的场合来传授这份智慧箴言——就在他们站在一艘尖厉呼啸的风暴鸟舱内，准备举身遁入乌兰诺的绿皮城塞之前。

"当你来到一切已知事物的极限边际，将要落入未知事物的无底黑暗时，信念就意味着，你知道两件事的其中之一必将发生。"当时战帅对他说道。

"哪两件事？"阿西曼德问。

"要么你会找到立足之处，要么你会习得如何飞翔。"荷鲁斯大笑着纵身跃下。

这份回忆让泪水奔涌得更加凶猛，登机甲板的钢铁大门在众人背后隆隆闭合，诸位阿斯塔特迈向战帅的风暴鸟。

第十二章

宣传鼓动
疑心相同的兄弟
盘蛇与月亮

伊格内斯·卡尔卡斯在记事本上笔走龙蛇，手中的书写工具仿佛拥有自我意识。或许确实如此，他在动笔时几乎不假思索。灵感女神真真切切地降临在卡尔卡斯身上，他胸中的诗意化作一股奔涌的河流，讲述着登机甲板上的那场残暴恶行。他脑海里的精妙韵脚汇成一场完美交响，每一篇的每一节都像拼图般严丝合缝，仿佛再也没有可作替代的排列方式。

即便在事业的巅峰期，在撰写海洋诗集和内省与颂歌的时候，他也从未品味过灵感如此汹涌澎湃。事实上，卡尔卡斯此刻回顾自己的代表作品，不由得憎恶其低俗品位，颇为反感那种完全忽视银河大局的短浅目光和沾沾自喜。此刻的这些文字，这些倾心吐露的思想，它们才是关键所在，他暗暗咒骂自己居然虚度了那么多时日。

真相才是关键所在，洛肯连长早就对他说过。但卡尔卡斯之前并未将这话真正听进心里。自从获得了洛肯的支持至今，他所谱写的那些诗篇都微不足道，根本配不上一个曾经赢得埃塞俄比亚奖章的诗人，但今日一切都变了。

在登机甲板的血腥惨剧发生之后，他立刻冲回自己的舱房抓起一瓶泰拉酿制的好酒，又匆匆赶往观察甲板。然而他发现那里挤满了惨呼哀号的疯子，于是转而造访避难所，他很清楚这里必然空无一人。

义愤填膺的字句如同滚滚洪流般从他心头倾泻到笔下，他肆意运用着大胆而直白的比喻和描写，毫不回避自己方才目睹的可怕暴行。他已经在邦兹曼本子上写满了三页，手指被墨水染得乌黑，诗人之魂熊熊燃烧。

"我至今为止的一切成就都只是序章。"他低声自言自语。

卡尔卡斯暂且停笔，仔细思索面前的窘境：真相若无人知晓便是毫无用处。为记述者预留的设施中包含一台印刷机，容许他们大规模发行作品。但众所周知，送交那里印刷的所有材料都会遭受严格管控与大幅删减，所以很少有人真正加以利用。考虑到这份新诗篇的内容，卡尔卡斯是肯定用不上的。

他的圆润面孔上缓缓展露出一道微笑，他将手探进长袍口袋，抽出一张皱巴巴的纸——悠弗拉迪·奇勒的圣言录传单——并将它放在桌面上，用掌根抚平。

纸上墨迹模糊，散发着氨水的臭味，显然是某种廉价机械式大规模印刷机的产物。既然悠弗拉迪能想方设法弄到一台，那么卡尔卡斯也可以。

在离开舰桥之前，洛肯允许泰保特·玛尔将尤甘·坦巴的尸体付之一炬。这位全身沾满血迹和污秽的同僚连长用一台火焰喷射器的炽热吐息将那具可憎尸体笼罩起来，直到它化作灰烬。这远远难以偿还一位亲近兄弟的牺牲，但也别无他法。众人将一摊闷燃残骸留在身后，循着原路离开泰拉荣耀号。

等到他们彻底走出战舰的时候，这颗卫星已经渐渐落入夜幕，远在上方的戴文变成了低垂于薄暮天空里的淡黄圆盘。洛肯捧着盛放宿敌刃的光滑木盒，麾下战士们一言不发地跟随他远离星船废墟。

一阵隆隆震颤传遍整个星球，三股拔地而起的明亮烟柱直刺天际，见证这场灾厄行动拉开序幕的帝国登陆区如今要为它收场了。洛肯遥望着死亡军团战争机械返回轨道泊位的壮观景象，心中暗暗感谢那些机组人员为击退如潮死物所提供的关键协助。

很快，泰坦的运输载具就化作天边的一团朦胧光芒，唯有水波拍岸的轻柔响动与雷鹰引擎的低沉咆哮能够打破四下的沉寂。方圆数公里的荒凉泥地空空如也，洛肯举步迈下残骸坡道，感觉自己像是银河之中最孤独的人。

在几公里外，他能看到若干碧蓝光点追随泰坦载具而去，那些帝国军队运输船正在将最后一批士兵送往重型运输舰。

"这里的事情很快就要了结了，嗯？"托迦顿说。

"我猜是的，"洛肯表示认同，"越快越好。"

"你觉得那玩意是怎么跑到这里来的？"

洛肯不必询问他的兄弟所指何物，仅仅摇摇头，暂且不愿与托迦顿分享自己的怀疑。他对挚友充满敬爱，然而托迦顿有一张大嘴巴，洛肯可不想打草惊蛇。

"我不知道，塔瑞克，"洛肯说，两人来到地面，走向雷鹰的突击舱门，"我觉得我们恐怕永远都无法知道了。"

"得了，加维尔，是我啊！"托迦顿笑道，"你是个直性子，所以说谎的技术烂透了。我知道你已经有些想法，赶快吐出来吧！"

"我不能说，塔瑞克，抱歉，"洛肯回答，"现在还不行。相信我。我知道该怎么办。"

"你真的知道吗？"

"我不确定，"洛肯承认，"我想是的。王座在上，真希望能和战帅谈谈。"

"这个没戏，"托迦顿指出，"所以你只好和我谈了。"

洛肯迈上舱门，很高兴终于摆脱了卫星的泥泞地表，随后转身面对托迦顿，"你说得没错，我应该告诉你，我很快就会说的。但我首先要搞清楚一些事。"

"行了，我又不傻，加维尔，"托迦顿凑近说道，确保旁人无法听见他们的交谈，"我知道这东西肯定是被远征队里某个人带过来的。而且必须早在我们抵达之前。那就意味着，只有一个人和我们同在芝诺比娅，又赶在我们前头来到了这里。你知道我说的是谁。"

"我知道你说的是谁，"洛肯表示同意，他将托迦顿拉到一边，让其余战士陆续登上雷鹰，"但我不明白的是，为什么？为何要大费周章窃取这个东西，再把它带来这里？"

"要是他果真和战帅负伤有牵连，我就要把那个狗娘养的劈成两半，"托迦顿低吼道，"军团非要剥了他的皮不可。"

"不，"洛肯嘶声说，"现在还不行。我们要把前因后果搞清楚，确认是否还有共犯。我难以相信竟然有人胆敢谋害战帅。"

"你觉得这是某种政变吗？你觉得这会不会是其他某位原体动手夺取战帅头衔？"

"我不知道，这听起来没道理。这听起来像是辛德曼书里的故事。"

两人默然无语。有着永恒不变兄弟情谊的基因原体之中竟会有人妄图篡夺荷鲁斯的职位，这简直荒谬无端，惊世骇俗，超乎想象，不是吗？

"嗨，"雷鹰机舱里的维帕斯喊道，"你们两个阴谋家嘀咕什么呢？"

"没什么，"洛肯充满负罪感地说，"我们只是聊聊。"

"那就赶紧把话聊完。我们得立刻出发！"

"为什么,怎么了?"洛肯走入机舱问道。

"是战帅,"维帕斯回答,"他们要把战帅送到戴文去。"

雷鹰随即踏着苍蓝烈焰隆隆启动,扬起一片混浊泥水。炮艇在那座庞大残骸周围盘旋爬升,越发迅猛地刺向夜空。

驾驶员将引擎功率锁定,雷鹰咆哮着遁入黑暗。

赤红火球般的恒星逐渐低垂,消失在地平线彼端,他们乘坐雷鹰重返戴文大气层,下方平原卷起的炎热气流让这趟旅途颇为颠簸。透过驾驶舱的强化玻璃窗,那片广阔大陆尘灰飞扬,棕黄干燥。洛肯坐在飞行员旁边,凝视战机的电子设备面板,看着那枚代表战帅所乘风暴鸟的红色亮点越发接近。

他能远远望见脚下的闪动光芒,那是大军最初造访戴文时建立的帝国部署区,无以计数的弧光灯、临时停机坪和防御工事组成了一个宽阔明亮的圆环。驾驶员带着他们俯冲而下,对洛肯而言,目前行动速度远比飞行安全更加重要,他们沿途超越了众多登陆舰船。

"怎么这么多?"洛肯不禁问道。战机的飞行方向逐渐平缓,从那光明圆环上方闪过,他看到一群群士兵和机仆正在埋头劳作,迎接大批飞船的降落。

"不知道,"驾驶员说,"来自舰队的登陆船足有几百艘。显然很多人都想来戴文。"

洛肯没有作答,无数登陆船集体涌向戴文的景象是他脑海里又一片难以理解的拼图。通信网络里充满了狂乱信息和啜泣语音,一些人坚称末日已然降临,另一些人则赞颂帝皇神威,相信他的钦选勇士即将起死回生。

这全都毫无道理。他试图与四王议会成员联络,但并未得到回话,而当他发现自己也无法接通复仇之魂号上的马罗格斯特时,一种可怕的不祥预兆便笼罩在洛肯心头。

他们的航线很快就越过了帝国阵地,洛肯看到一条蜿蜒光带从登陆区向北延伸出去。星星点点的细微光芒穿透了昏暗夜色,洛肯命令驾驶员放慢速度,低空飞行。

那是一条长长的车辆队列:坦克、补给车、平板运输车,甚至是一些民用交通工具,全都满载乘客,沿着尘埃飞扬的土路隆隆开动,以各自引擎所能达到的极限速度向山脉驶去。雷鹰伴着最后一缕淡薄日光迅猛前行,不消

片刻就让那些同向进发的车辆消失在视野中。

"我们距离战帅的位置还有多远?"他问道。

"以目前速度,大约十分钟。"驾驶员回答。

洛肯尽力收拢思绪,但这一切疯狂局势早已令他心乱如麻。自从撤离英特雷斯之后,他的脑海就状如旋涡,将纷杂莫名的奇思异想尽数吞没,随即吐出尖锐荆棘般的怀疑和忧虑。他是否依旧没有从朱巴的遭遇中走出来?耳语山脉之下的那股脱缰邪力是否污染了他,让他变得杯弓蛇影、疑神疑鬼?

此前洛肯或许尚可接受这种解释,然而如今他已经发现了宿敌刃,并且确信首席牧师艾瑞巴斯在前来戴文的旅程中向自己撒了谎。

卡尔卡斯曾说过,艾瑞巴斯想让荷鲁斯造访戴文的卫星,那个怀言者又毫无疑问地牵涉了宿敌刃被窃之事,这只能推导出唯一的结论——那就是艾瑞巴斯希望荷鲁斯在这里受伤身亡。

但这同样没有道理。为何要采取如此令人费解的复杂手段来刺杀战帅呢,想必其中另有隐情……

事实证据逐渐累积,但相互之间毫无关联,洛肯仍旧不明白这一切为何发生,他仅仅知道这是某些人的刻意筹划。无论其背后动机是什么,他都要揭露这项恶毒阴谋,让涉事之人以命抵罪。

"我们接近战帅的风暴鸟了。"驾驶员喊道。

洛肯摇摇头打破了这充满恨意的沉思。他方才没有察觉到时间的流逝,此时立刻将注意力放在驾驶舱强化玻璃之外的场景上。

高耸的群山将他们包围起来,一座座陡峭的红石峰峦中掺杂着黄金和石英的闪亮脉络。他们跟随一条古老大道沿着峡谷前行,岁月的侵蚀已经让铺路石砖纷纷破损开裂。远古先王的雕像矗立于宽阔道路两侧,倒塌石柱则恍若匍匐在地的卫士一般四处散落。峡谷深处灌注了漆黑阴影,前方开阔位置的某种光辉映射在黄铜色的天空上。

驾驶员放慢速度,操纵炮艇穿过谷口,飞入了深埋于山脉之间的巨坑里。这是一片底部平坦的辽阔盆地,巨坑的陡峭边缘陡然上升,其直径足有数千米之宽。

一座宏伟的石制建筑矗立在中央,显然是用山体石料堆砌而成,它沐浴在上千支熊熊火把的耀眼光辉里。雷鹰绕着建筑盘旋,洛肯注意到其整体结构是八边形的，每一角都像是要塞的防御堡垒。八座高塔环绕着中间的宽阔拱顶，塔尖烈焰飞扬。

洛肯发现战帅的风暴鸟就在下方，周围聚集着成百上千个手持火把的身影。一条空旷的走廊将人群分开，由风暴鸟一路引向那对通往建筑内部的宏伟拱门，洛肯看到了战帅那绝难错认的身躯，荷鲁斯之子战士们将指挥官抬在肩头缓步前行。

"送我们下去。快！"洛肯喊道。他站起身来，匆匆走回乘客座舱，从武器架上一把抓起自己的爆矢枪。

"怎么了？"维帕斯问，"有麻烦？"

"或许吧，"洛肯说着，面向炮艇里的所有战士开口，"等到我们降落之后，听我指挥行事。"

他的部下已经高效地完成了登陆作战的准备工作，洛肯察觉到雷鹰逐渐改变飞行方式，开始减速下降。内部照明由红转绿，战机狠狠砸落在地。突击舱门随即掀开，洛肯一马当先，充满自信地向那座石制建筑迈进。

夜幕已经彻底降临，但空气依旧燥热不堪，略带酸味和苦味的浓郁花香令人迷醉。他带领战士们快步前行。很多手持火把的人疑惑地转过头来凝视他们，洛肯此刻才注意到这些都是戴文的原住民。

戴文人大多较为瘦削，身材高大，毛发浓重，四肢纤细，头顶的精细发辫与阿巴顿颇为相似。他们的鳞甲披风覆有闪烁图案，身上的涂漆盔甲由同种材料所制，交叉皮带中佩带着若干柄匕首以及原始粗陋的黑火药手枪。他们纷纷为阿斯塔特让出一条路来，低垂头颅以示尊崇，洛肯则愕然地发现，这些不同于寻常人类的原住民已经近乎异种。

他第一次登陆这颗星球的时候并没有对戴文人多加留意。昔日作为一名小队指挥官，他更在乎服从命令并完成分配给自己的任务，而非仔细观察当地居民。即便是这一次，他的心思也被其他事务所占据，依旧忽略了戴文人那堪称粗野兽性的容貌。

在数百名星球原住民的包围之下，洛肯分外清晰地辨别出他们与人类基因的相异之处，他暗自猜想这些人在六十年前是如何逃过彻底灭绝的，毕竟与戴文人展开先期接触的是怀言者——那支军团向来不以兼收并蓄而著称。

洛肯回想起了阿巴顿与战帅针对英特雷斯问题展开的暴烈争论，由于该文明对异形种族的包容态度，第一连长当时无比坚决地要求开战。如此说来，戴文的情况更是一份教科书式的开战理由，但出于某种原因，战争并未爆发。

　　戴文人显然有着人类基因，但这支旁系血脉已经几乎成了独立的种族。他们五官间距较大，漆黑眼眸里没有瞳孔，面孔和手臂上覆盖着如猿猴般密集浓厚的毛发，这让洛肯联想到一些帝国军队兵团所采用的稳定种系变种人。那些粗蛮生物拥有基础水平的智能，懂得如何挥动剑刃或使用步枪，但也仅此而已。

　　相比之下，戴文居民显然具备着更高层次的智力，但这些人的外表还是让他对于当前事态感到惴惴不安。

　　洛肯走到一列由山石开凿而成的庞大阶梯面前，旁边是盘卷毒蛇的雕像与烈焰熊熊的火盆，他立刻将戴文人抛诸脑后。位于两侧和中央的三条狭窄沟渠将阶梯分割开来，其中奔涌着水流。

　　战帅及其随行人员已经走到了上层，消失在视野中。洛肯匆忙率领战士们大步登上宽阔台阶，而就在此刻，一阵巨石碾磨的隆隆巨响从前方传来。那对宏伟大门的形象顿时跃入洛肯脑海，他说道："我们动作要快。"

　　洛肯迅速逼近阶梯顶端，煤炭火盆里的不断跳动的火焰投射出一股红光，映射在那些石像的细密鳞片和石英眼珠上。盘卷在立柱周围的蛇形雕塑沐浴在几束夕阳余晖中，仿佛获得了生命，正缓缓游下石阶。那光影效果令人备感不安，洛肯再次启动盔甲内置频道，"阿巴顿？阿西曼德？你们能听到我吗？请回话。"

　　他的耳麦里杂音嘶鸣，没有任何应答。洛肯又加快了脚步。

　　他终于迈上石阶顶端，面前是一片月光照耀的空旷地带，两排覆有蛇形雕像的高大立柱之间是一条狭窄小径，末端坐落着那对深陷在宏伟峭壁里的巨型拱门。两扇沐浴月光的青铜门扉表面有着繁复雕饰与螺旋图案，它们伴随隆隆低吼轰然关闭。那可怖门洞让洛肯不禁一阵冷战，其中的深邃黑暗仿佛充斥着亘古而原初的力量。

　　他看见若干阿斯塔特站在远处，围观那对巨兽般的拱门缓缓闭合。洛肯找不到战帅的踪影。

　　"加快速度，作战行进。"他命令道。随即迈开大步奔向前方，这是阿斯塔特在缺乏载具支援时所采用的行军方式。他们可以保持这种速度展开长途奔袭，并且在行进结束后尚有余力作战。洛肯在心底盼望接下来不要面对战斗。

随着洛肯越来越接近大门,他注意到上面铭刻的螺旋图案绝非毫无意义,而是描绘着各种各样的造型与场景。众多毒蛇形象或是在两扇门扉之间盘卷延伸,或是绕成圆环吞噬自己的尾巴,另外还有很多相互纠缠不清,仿佛是在交配。

等到大门在一声雷霆轰鸣中彻底关闭之后,他才看清了整体图案。洛肯不像指挥官那样具有艺术眼光,但无论如何,紧锁拱门表面那幅极具冲击力的铭刻图案依旧让他倍受震慑。位处中央的是一株巨树,繁茂枝条上挂着数不胜数的各种果实。三支根脉从门扉底部延伸下行,遁入一个宽阔池塘,从中流淌出来的三条溪流跨过这片空地,沿着宏伟阶梯中的沟渠奔涌而下。

两条巨蛇缠绕在树干上,将头颅埋进枝条间,洛肯发现这与军团药剂师肩甲上的徽记颇为相似。

七名战士矗立在池塘边缘,面对那扇巨门。他们披着荷鲁斯之子的绿色盔甲,都是洛肯熟识的同僚:阿巴顿、阿西曼德、塔苟斯特、赛迪瑞、埃卡顿、齐伯尔,还有马罗格斯特。

他们全都未着头盔,一同转过身来,洛肯在那些面孔上看到了如出一辙的无助和绝望。他常常与这些战士并肩出生入死,此刻兄弟们流露出的悲凉神色让他怒气顿消,只剩下无所适从和心痛欲碎。

他放慢脚步,站在阿西曼德面前。

"你们做了什么?"洛肯问道,"我的兄弟啊,你们做了什么?"

"我们做了必要的事情。"阿巴顿替阿西曼德回答。

洛肯并未理会第一连长,"小荷鲁斯?告诉我,你们做了什么?"

"就像艾泽凯尔说的,我们做了必要的事情,"阿西曼德说,"战帅生命垂危,瓦顿束手无策,所以我们把他送到了戴尔弗斯。"

"戴尔弗斯?"洛肯问。

"那就是这个地方的名字,"阿西曼德回答,"盘蛇结社的圣殿。"

"圣殿?"托迦顿问道,"你们把战帅送进了一个宗教场所?你们疯了吗?指挥官绝不会同意的。"

"或许不会,"瑟加·塔苟斯特说着,迈步走到阿巴顿身旁,"但他最后已经说不出话了。他和那个该死的记述者女人一刻不停地谈了几个小时,接着就失去意识。我们被迫把他置入静滞力场,才能将他活着送到这里。"

"塔瑞克说得没错吗?"洛肯问,"这是个宗教场所吗?"

"宗教场所、圣殿、戴尔弗斯、医疗厅堂，随你怎么称呼，"塔苟斯特耸耸肩，"在战帅命悬一线的时候，无论是认同宗教还是否定宗教，似乎都无关紧要了。这是我们仅存的希望，又有什么坏处呢？如果我们袖手旁观，战帅就会死。至少现在他还有一线生机。"

"我们要用什么样的代价换回他一条命？"洛肯质问道，"要把他送进一个伪神的殿堂吗？帝皇教导过我们，只有当最后一座神殿倾覆在最后一个祭司头顶的时候，文明才能至臻完美，而你们却把战帅送到了这种地方。这与我们两个世纪以来为之奋斗的核心理念彻底相悖。你们不明白吗？"

"如果帝皇在此，他也会这样做的。"塔苟斯特说。他此等狂傲自负让洛肯怒火满腔。

他充满威胁意味地逼近塔苟斯特，"你自以为了解帝皇的意志吗，瑟加？担任一个秘密组织的结社领袖就能让你通晓万物吗？"

"当然不能，"塔苟斯特讥笑道，"但我知道他想让自己的儿子活下去。"

"即便要把战帅的性命交给这些……野蛮人？"

"我们的隐秘组织正是源自这些野蛮人。"塔苟斯特指出。

"这就更让我对此缺乏信任，"洛肯对结社领袖厉声说道，随后转身面对维帕斯和托迦顿，"走，我们要把战帅接出来！"

"你们不能。"马罗格斯特跛着脚站在阿巴顿一侧，洛肯渐渐意识到诸位兄弟组成了一道屏障，挡在他和大门之间。

"你这是什么意思？"

"据说戴尔弗斯大门一旦关闭，就只能从内部开启。急需救助的人会被送入圣殿，任由故去者的永恒精魄加以评判处置。如果他命不该绝，那么就能亲手打开大门，否则九天之后大门会自动开启，他的遗体将在火化后撒入池塘。"

"所以你们就把战帅扔在里面了？你们倒不如把他留在复仇之魂号上，反正也没有区别；至于故去者的永恒精魄——这又是什么鬼东西？简直疯了。你们难道不明白吗？"

"眼睁睁地看他丧命却坐视不管，那才是疯了，"马罗格斯特说，"你正在对于我们出自敬爱的行为大加指责，你难道不明白吗？"

"不，老马，我不明白，"洛肯哀伤地回答，"你们究竟怎么想到要把他送过来的？这又是你们那个该死的结社才掌握的隐秘知识吗？"

兄弟们都缄默不语，洛肯在一张张面孔上搜寻答案，骤然看清了那可怕的实情。

"是艾瑞巴斯告诉你们的，对不对？"

"是的，"塔苟斯特承认道，"他对这些结社早有所知，并目睹过医疗厅堂的功效。如果战帅能够生还，你也会感激他开口提议的。"

"他在哪儿？"洛肯质问，"他要给我解释清楚。"

"他不在这里，加维尔，"阿西曼德说，"这是荷鲁斯之子的事务。"

"那么他现在何处，还在复仇之魂号上吗？"

阿西曼德耸耸肩，"我猜是吧。这重要吗？"

"我相信大家都被欺骗了，兄弟们。"洛肯说道，"如今唯独帝皇有能力治愈战帅。其余都是虚伪谎言，是不洁巫师的可疑手段。"

"帝皇不在这里，"塔苟斯特直白地说，"我们愿意接受任何帮助。"

"你呢，塔瑞克？"阿巴顿开口道，"你要像加维尔一样背弃四王议会兄弟吗？来站在我们一边。"

"加维尔或许是个榆木脑袋，艾泽凯尔，但他是对的，在这件事上我不能和你们站在一边。我很抱歉。"托迦顿说着，与洛肯一同转身远离大门。

"你们忘却了四王议会的誓言！"阿巴顿朝两人的背影喊道，"你们立誓在有生之年忠于四王议会。你们是背信弃义之人！"

第一连长的话语带着爆矢弹般的凶狠力量击中洛肯，让他顿时停下脚步。背信弃义之人……这个称呼令人憎恶。

阿西曼德快步赶上，抓着洛肯的臂膀示意他看那片池塘。乌黑池水微微波动，洛肯注意到戴文卫星的黄色月牙倒映在水面上。

"你看！"阿西曼德说，"月光照耀水面，洛肯。新月的弧形图案……在我们立下四王议会誓言的时候，你的头盔上就烙印了这个徽记。这是好兆头，兄弟。"

"好兆头？"洛肯甩开对方的手厉声说道，"我们什么时候开始笃信预兆了，小荷鲁斯？四王议会的誓言只是效仿惯例，但今天这是祭典仪式。这是污秽邪术！我当时告诉过你们，我不会在任何神殿中屈膝，不会承认任何幽魂。我心中只有切实明晰的帝国真理，此话绝非儿戏。"

"拜托，加维尔，"阿西曼德恳求道，"我们这样做是正确的。"

洛肯摇摇头，"你们把战帅送到这里，会让所有人都后悔的。"

第三部

伪神殿堂

第十三章

你是何人？
仪式
老友

荷鲁斯睁开双眼，头顶的碧蓝苍穹让他面露微笑。染着淡粉和橙红的云朵在视野里缓缓飘过，倍显平和舒缓。他凝望了彩云一阵，随后坐起身来，双手按在地面上，感觉到一片湿润的草坪。他发现自己赤身裸体。他放眼展望周围环境，同时抬起手掌举到面前，呼吸着绿草的甘美清香以及透彻的新鲜空气。

一片毫无阻隔的美妙景色铺展在他面前，高耸入云的覆雪山脉上铺盖着一袭披肩般的松树和冷杉，绿如翡翠的壮丽森林无边无际，其中穿插着一条泡沫飞溅的冷冽大河。数百头皮毛蓬松的食草动物在平原上漫步，翼展宽阔的巨鸟聒噪地盘旋于头顶。荷鲁斯正坐在山脚旁的低矮丘陵上，温暖阳光沐浴着他的面孔，身下的柔软草地让他感觉分外舒适。

"如此说来，"他冷静地自言自语，"我已经死了？"

没有人答复他，但他也不指望得到任何回应。这就是人死后的经历吗？他模糊地回想起，某人曾为自己讲述过"天堂"和"地狱"等古老的迷信概念，这些毫无意义的词语向人们作出承诺，顺从必获奖赏，作恶必受惩罚。

他深吸一口气，品味着肥沃大地的浓郁味道：一个无拘无束的世界，众多自由生存的活物。这极为纯净的空气让他倍感惊喜。注入肺里的那份冷冽与清爽如同甜美佳酿一般，然而他究竟如何来到了这里，这里又是何处？

他曾经在哪里来着？他记不得了。他知道自己名叫荷鲁斯，但除此之外，他只能抓住一些零乱细节和朦胧回忆，而且他越发努力回想，这些内容就变得越发暗淡虚幻。

他决心进一步探查周围环境，于是站起身来，肩膀处的僵硬痛楚顿时让他皱起眉头，注意到一块血迹浸透了自己身上的白色毛线长袍。他刚刚不是赤裸的吗？

荷鲁斯不以为意地笑道："或许并不存在地狱，但这里感觉像是天堂。"

他喉咙很干，于是向河流迈进，刚刚穿上凉鞋的双脚感受着草坪的柔软。目标比他想象中更远，这段旅程花费了许久，但他并不介意。四方山河的壮丽绝美值得仔细品味，他忽略了脑海深处那种挥之不去的紧迫感，稳步前行。

群山仿佛直刺星辰，一座座高绝峰峦消失在云雾之间，他昂首凝望，看到一团团剧毒浓烟喷入天空。荷鲁斯眨眨眼，众多由钢铁和水泥堆砌而成的黑暗山脉烟尘缭绕，这幅残象烙印在他的视网膜上，仿佛是骤然切入取景窗的一帧刺眼干扰。他将这归咎为新奇环境所引发的幻觉，于是继续穿过这片随风摇曳的草原，感受着那积累了无数个世纪的工业残骸与废料在脚下断折粉碎。

荷鲁斯的喉咙里似乎钻进了灰尘，他感到口渴，某种刺鼻的化学味道也越发浓重。他辨别出了苯、氯气、盐酸和巨量一氧化氮——显然他免疫种种致命毒素的影响——并短暂地思索自己为何知道这些事物。河流近在咫尺，他迈步踩入临岸浅滩，一边享受那冷冽触感，一边弯腰捧起冰凉河水。

荷鲁斯的皮肤上传来一阵刺痛，腐蚀性的炽热熔渣在他指间滴淌如丝，他把水洒回河里，用手掌抹了抹脏污破损的长袍。他抬起头，发现那些晶莹闪亮的山脉已经变成了宏伟的黄铜与钢铁高塔，众多血盆巨口般的传送门割裂了天空，足以吞吐整支军队。剧毒污秽从高塔顶端奔涌而下注入河流，在转瞬之间便让沿岸大地枯萎凋亡。

倍感困惑的荷鲁斯迈着趔趄的步伐远离河水，努力把握住自己刚刚置身的这片繁茂荒野，抗拒那幅充满灰黑废墟和绝望气氛的凄凉幻景。他将视线从幽暗山脉上移开：深红如墨的峭壁上遍布焦黑钢铁，顶峰径直遁入乌云，山脚则环绕着巨石与颅骨。

他屈膝跪倒，期望感受青草的柔软，却重重摔在一片覆满灰烬和铁屑的龟裂硬地上，周围呼啸而起的飞旋尘埃汇聚成一团团可怕风暴。

"这是怎么回事？"荷鲁斯喊道。他仰面翻滚在地，向那穿插着棕黄和深紫的污浊天空发出尖厉呼吼。他随即站起身来拔腿狂奔——仿佛是在逃命一般。他周围的景象在令人心痛的绝美景色与令人憎恶的梦魇之间闪烁切换，他的感官无休止地欺骗着自己。

荷鲁斯埋头扎进森林。乌黑树干在他的横冲直撞之下纷纷断折，无数种景象在他眼前穿插舞动：摇曳抽打的枝条、钢铁与玻璃搭建的高塔、宏伟教堂的惊人废墟、在岁月重压之下渐渐腐朽崩塌的荒废宫殿……

野兽呼号在山河之间回荡，荷鲁斯顿时停下了癫狂的脚步，这声音径直穿透他心头的迷雾，他脑海深处某种挥之不去的感觉认定这意义非凡。

哀叫回响不止，众多声音一齐向他传来呼唤，荷鲁斯终于辨认出那是狼嚎。他微笑起来，随即抓着肩头跪倒下去，一股灼热痛楚骤然沿着他的臂膀钻入胸膛。清晰思维伴着剧烈痛苦一同闪现，他将其紧握不放，凭借意志力逼迫记忆浮现固化。

狼嚎声再次传来，他昂首呼喊。

"我这是怎么了？"

他身边的树木突然纷乱摇摆，足有上百头巨狼所组成的狼群从林地深处扑来，带着森森利齿和圆瞪眼眸将他彻底包围。每一头龇牙咧嘴的巨狼皮毛上都有怪异的烙印，皆为黑色双头鹰的样式。荷鲁斯抓着肩膀，手臂麻木僵死，仿佛已经不再属于自己了。

"你是何人？"最近处的巨狼问道。荷鲁斯急速眨动眼睛，发现它的轮廓像紊乱信号般模糊闪烁，似乎隐藏着盔甲的弧线以及一枚凝视独眼。

"我是荷鲁斯。"他说。

"你是何人？"那狼重复问道。

"我是荷鲁斯！"他大喊，"你还要知道什么？"

"我的时间不多了，兄弟，"那狼说道，狼群则开始绕着荷鲁斯踱步，"你必须在他到来之前回想清楚，你是何人？"

"我是荷鲁斯，如果我已经死了，就别再来烦我！"他尖吼着一跃而起，继续冲向丛林深处。

狼群紧随而至，伴着他在昏暗暮光里不问前路地埋头狂奔。那些狼一遍遍重复着同样的问题，直到荷鲁斯已经失去了任何时间与方向的概念。

荷鲁斯盲目前行，最终冲出林地，来到一个宽阔陡峭的巨坑旁边，那里面充满了幽暗静水。

头顶天空漆黑无星，唯有一枚洁白纯净的月亮像钻石般高悬于穹隆之上。他眨眨眼，抬起手遮挡住那灼灼光明，举目瞭望深幽水面，他确信湖中必然潜藏着某些难以言喻的可怕事物。

荷鲁斯向身后扫了一眼,发现狼群跟随自己走出了森林,于是他继续奔跑。狼嚎声将他一路追到峭壁边缘。远在下方的乌黑水面平滑如镜,明月倒影充满了他的视野。

狼群再度嚎叫。荷鲁斯感觉到那幽暗湖水在呼唤自己,似乎具有一种难以抗拒的强大引力。他仰望月亮,聆听狼群最后一次齐声重复那个问题,随即跳入深渊。

他飞落半空,视野翻滚旋转,记忆杂乱无序。

月亮,狼群,狼神。

影月,苍狼。

一切骤然变得清晰明了,他高声喊道:"我是影月苍狼的荷鲁斯,帝国战帅,帝皇摄政,我还活着!"

荷鲁斯遁入池水,湖面像漆黑玻璃般爆裂飞溅。

闪烁烛火用一股冷寂光芒将洞穴照亮,遍布裂纹的石壁上爬满了蛛网般的冰霜,教徒们的喘息化作一团团白色雾气。阿克舒布用生石灰在地面上涂抹了一个圆环,周围有八个尖角。一具呈大字形的残破尸体躺在中央,那是戴文女祭司麾下的一名侍僧。

艾瑞巴斯仔细监督女祭司的结社奴仆在圆环周围分散就位,确保仪式的每个步骤都完成得一丝不苟。为了让战帅走到今天这一步,他已经投入了巨大的努力,若是此刻功败垂成,必将招致灾难性的后果,但艾瑞巴斯明白,战帅的陨落是上百万个事件的协同成果,在数千年前便已展开运作,而自己在其中所扮演的角色实在微不足道。

无数看似相互独立的事件在承上启下的关键时刻一齐揭示了因果关系,一同引向这个无人知晓的偏僻星球。

艾瑞巴斯知道,一切都将彻底改变。戴文会成为传奇所在。

深藏于戴尔弗斯心腹位置的秘密房间不会受到外界耳目的窥探,这一方面要归功于强大魔法,另一方面则是尖端科技的功效,若干心怀不满的机械神教技师欣然出手相助,以此换取怀言者能够提供的知识——被帝皇严令禁绝的知识。

阿克舒布俯身跪倒，切下了死去侍僧的心脏，这个结社女祭司以娴熟手法将那依旧温热的器官从前任拥有者的胸膛里取出来。她咬了一口，随后递给自己幸存的侍僧泽法。

他们将心脏依次传递下去，每个教徒都张口啃噬那块深红血肉。艾瑞巴斯最后接过了血腥恐怖的残余心脏，狼吞虎咽地将其全部吃掉，鲜血沿着嘴角流淌到下巴，他能品尝到侍僧的临终记忆，体会到那柄夺走侍僧性命的奸诈刀刃。这份背叛是献给命运造主的祭品，血腥飨宴用来取悦血神，呼唤着黑暗王子与腐败之主的力量。

尸体下面的一摊血沿着地板上刻出的凹槽涓涓流入圆环中央的洞里。艾瑞巴斯明白，鲜血是不可或缺的，它充满了生命的活力，蕴藏着诸神的威能。还有什么会比这备受赐福的浓厚心血更容易触及神力？

"完成了吗？"艾瑞巴斯问道。

阿克舒布点点头，拎起那柄挖出心脏的匕首，"是的。盘踞界外者的力量与我们同在，但我们必须要快。"

"何必匆忙，阿克舒布？"他将手按在剑柄上问道，"你我性命攸关，此刻绝不可疏忽犯错。"

"我明白，"女祭司说，"但附近另有一人存在，那个独眼幽魂穿行于位面之间，妄想让迷途子嗣回到父亲身边。"

"马格努斯，你这老狐狸，"艾瑞巴斯轻笑一声，仰望房间屋顶，"你休想阻止我们。你远在天边，而荷鲁斯已经不可回头。我早有准备。"

"你在和谁说话？"阿克舒布问。

"那个独眼幽魂。你说另外一人就在附近。"

"的确在附近，"阿克舒布说道，"但并不在这里。"

女祭司的闪烁言辞让他颇为厌倦，艾瑞巴斯厉声说："那么他究竟在哪里？"

阿克舒布抬起手，用刀背敲了敲自己的脑袋，"他在与子嗣交谈，但他尚且无法真正触及对方。我能感觉到那个幽魂在圣殿周围徘徊，试图打破魔法屏障，让自己的全部力量得以施展。"

"什么？"艾瑞巴斯高喊。

"他不会成功的，"阿克舒布说着，高举匕首向他走来，"我们数千年前便已经开始神游界外之域了，他的卑微学识只能望洋兴叹。"

"为了你自己好,希望如此,阿克舒布。"

她微笑着探出匕首,"你的威胁在这里毫无意义,战士!我可以在一念之间让你鲜血沸腾,身躯爆裂。你需要我把你的灵魂送往界外之域,但我若死了,你又要如何归还呢?你的灵魂会永远漂泊于虚空之中,你的怒火还不至于让你坦然接受这份命运。"

艾瑞巴斯并不喜欢对方嗓音里突然出现的权威力量,但他明白女祭司所说属实,于是暗自决定等到她完成工作之后再动手杀掉她。他咽下恼怒说:"那么我们开始吧。"

"很好。"女祭司点点头,泽法迈上前来,用锑晶体涂抹艾瑞巴斯的面孔。

"这是为了制作假面吗?"

"是的,"阿克舒布说,"这会蒙蔽他的感官,令他难以明辨你的模样。他只能看到一张熟悉而亲切的面孔。"

这美妙的讽刺意味让艾瑞巴斯微笑起来,他紧闭双眼,让泽法在自己的眼睑和脸颊上涂抹那引发刺痛的银白色粉末。

"容许你步入虚空的咒语还需要最后一项成分。"阿克舒布说。

"什么最后一项成分?"艾瑞巴斯顿时狐疑地问道。

"你的死。"阿克舒布说着,挥动匕首割开了怀言者的喉咙。

荷鲁斯睁开双眼,头顶的碧蓝苍穹让他面露微笑。染着淡粉和橙红的云朵在视野里缓缓飘过,倍显平和舒缓。他凝望了彩云一阵,随后坐起身来,双手按在地面上,感觉到一片湿润的草坪。他发现自己赤身裸体。他放眼展望周围环境,同时抬起手掌举到面前,呼吸着带着绿草的甘美清香的新鲜空气。

一片毫无阻隔的美妙景色铺展在他面前,高耸入云的覆雪山脉上铺盖着一袭披肩般的松树和冷杉,绿如翡翠的壮丽森林无边无际,其中穿插着一条泡沫飞溅的冷冽大河。数百头皮毛蓬松的食草动物在平原上漫步,翼展宽阔的巨鸟聒噪地盘旋于头顶。荷鲁斯正坐在山脚旁的低矮丘陵上,温暖阳光沐浴着他的面孔,身下的柔软草地令他感觉分外舒适。

"见鬼去吧,"他说着站起身来,"我知道我还没死,这到底怎么回事?"

还是没有人答复他,然而他这一次确实指望得到些回应。周围的世界依旧甘美清香,但他如今想起了自己的身份,随之而来的便是对于这天堂景象的虚妄本质的记忆。这一切都远非真实，无论繁茂森林还是壮丽山河皆为假象，不过其中确有某种怪异的熟悉感。

他回想起那幅潜藏在幻象之下的黑钢背景，并发现只要自己刻意为之，就能看透面前的绝美风景，依稀辨别出那可怕梦魇的蛛丝马迹。

荷鲁斯还记得自己曾作猜想，或许此处便是夹在天堂和地狱之间的某种虚无界域——那仿佛是上辈子的思绪了——如今这念头让他付诸一笑。他早已接受了理性的思想原则，认定整个宇宙都仅仅由物质组成，若脱离物质便毫无意义。宇宙包含一切，所以在此之外就不存在任何事物。

荷鲁斯心智敏锐，能够理解为何一些古代神学家声称亚空间实际上就是地狱。他明白其中逻辑，但他也知道虚空绝非某种超自然位面；它只不过是实体宇宙的倒影与回响，里面充斥着混乱无序的能量旋涡，种种奇诡而恶毒的异形生物盘踞其中。

这是个令人满意的公理论断，然而它无法解释荷鲁斯究竟身在何处。

他是怎么来到这里的？他最后的记忆便是在医疗室与佩卓尼拉·维瓦交谈，向她讲述自己的一生经历，种种希望与失望，还有为整个银河的担忧——同时他很清楚这些劲爆内容便是自己的遗言。

那已经无法改变了，但他一定要彻底搞清楚自己当下的处境。这是他的伤势所引发的狂热幻梦吗？坦巴的武器是否有毒？荷鲁斯随即抛开了这个想法，没有任何毒素能将他击倒。

荷鲁斯扫视周围环境，那追逐他穿越幽暗森林的狼群不见踪影。他突然回想起狼群领袖身上曾经浮现出的一张熟悉面孔。当时在转瞬之间，他仿佛看到了马格努斯，但对方想必还踯躅于普罗斯佩罗，默默舔舐尼凯亚议会留下的伤口吧？

荷鲁斯在戴文的卫星上遭遇了某些事情，但他对此毫无概念。他的肩膀从盔甲下面传来阵阵痛楚，他活动了一下试图放松肌肉，却让痛苦越发剧烈。荷鲁斯再次向河流迈进，对于这片虚幻大地的透彻理解并不能缓解他的口渴。

他翻越丘陵，沿着缓坡朝岸边走去，面前那令人震惊的场景骤然让荷鲁斯停住脚步：一个身披盔甲的阿斯塔特战士面孔向下漂在水里。那具躯体在河岸搁浅，伴着水波起起伏伏。荷鲁斯匆忙冲了过去。

他迈步踩入临岸浅滩，抓住那人的肩甲边缘，伴着泼溅水声将其翻转过来。

荷鲁斯低声惊呼，他发现对方一息尚存，而且再熟悉不过了。

按照洛肯的说法，这是一位俊美之人，一位广受全员爱戴的俊美之人。伟大远征最为高贵的英雄也是他的众多称号之一。

哈斯特尔·塞扬努斯。

洛肯大步远离圣殿，诸位兄弟的所作所为让他愤怒不已，自己的过失也令他十分恼火：他早该知道，艾瑞巴斯除了单纯谋杀战帅之外一定另有企图。

他额头上青筋暴起，渴望用武力解决问题，然而艾瑞巴斯并不在这里，也没有人能够告诉他此人目前的行踪。托迦顿与维帕斯走在两旁，纵然怒意充斥洛肯心头，他依旧能够察觉到，两位朋友对于戴尔弗斯大门脚下所发生的事情深感惊愕。

"王座在上，这是怎么回事？"当他们走下那高大阶梯时，维帕斯问道，"加维尔，怎么回事？现在第一连长和小荷鲁斯都变成我们的敌人了吗？"

洛肯摇摇头，"不，耐罗，他们是我们的兄弟，他们只是被人利用。我相信大家都是如此。"

"是艾瑞巴斯的手笔？"托迦顿问。

"艾瑞巴斯？"维帕斯追问，"这和他有什么关系？"

"加维尔相信战帅的遭遇都是艾瑞巴斯暗中推动的。"托迦顿说。

洛肯恼怒地瞪了同僚一眼。

"你开玩笑的吧？"

"这次不是，耐罗。"托迦顿回答。

"塔瑞克，"洛肯厉声说，"别那么大嗓门，否则所有人都会听见的。"

"听见又如何，加维尔？"托迦顿嘶声道，"如果艾瑞巴斯是幕后黑手，那么所有人就理应知道。我们该揭露他。"

"我们会的。"洛肯作出承诺。他看着星星点点的车辆灯光在谷口浮现，他们不久之前刚刚飞过那里。

"我们怎么办？"维帕斯问。

这就是关键问题，洛肯意识到。他们在展开任何行动之前需要更多信息，亟须更多信息。他努力维持情绪冷静和思维清晰。

洛肯想要寻找答案，但他首先要知道该提出什么问题。有一个人向来能够为他快刀斩乱麻，引导他走上正途。

洛肯迈下石阶，朝雷鹰走去。托迦顿、维帕斯以及巫师小队战士们紧随其后。他来到台阶底端转身说："我需要你们两个留在这里。监视圣殿的情况，确保不要有坏事发生。"

"定义一下'坏事'。"维帕斯说道。

"我也不确定，"洛肯说，"就是……坏事，你懂吧？再者，只要看见艾瑞巴斯一根毫毛，就立刻联络我。"

"你要去哪里？"托迦顿问。

"我要返回复仇之魂号。"

"回去干什么？"

"寻找一些答案。"洛肯说。

"哈斯特尔！"荷鲁斯喊道，伸手将委顿的老友从水中捞起。塞扬努斯瘫在他怀里，但荷鲁斯通过对方颈部的脉搏和脸上的血色判断他还活着。荷鲁斯将塞扬努斯拖出河水，心中猜想这是否同样属于怪异世界的虚无幻象，早已故去的朋友会不会对自己产生威胁。

塞扬努斯的胸膛起伏抽搐，喷出一大口水。荷鲁斯让对方侧身躺倒，他知道阿斯塔特战士的强化体质几乎不可能允许其溺毙。

"哈斯特尔，真的是你吗？"荷鲁斯问道。纵然他明白在这个地方提出此等疑问恐怕毫无意义，但再次见到挚爱的塞扬努斯还是让战帅满心欢喜难以自持。昔日这位荣宠加身的爱子葬身于63-19伪帝宫殿的黑玛瑙地板上，荷鲁斯还记得自己获知消息后的深切悲痛，以及那科索尼亚式的求战之心与复仇渴望。

塞扬努斯呕出最后一口水，双肘撑地挺起上身，贪婪地吞入一口口纯净空气。他抬起手抓挠喉咙，仿佛在搜索什么，而寻觅无果之后却面露宽慰。

"吾儿，"荷鲁斯说道。塞扬努斯应声转过身来。他的形象与荷鲁斯记忆中别无二致，不差分毫：庄重的面孔、较宽的瞳距、挺直的鼻梁，俨然是战帅本人的镜像。

看到对方那神采奕奕的银色双眸之后，战帅对于塞扬努斯或许会造成威胁的顾虑便一扫而空,这真真切切就是哈斯特尔·塞扬努斯。荷鲁斯完全不明白这怎么可能发生,却也不愿对面前的奇迹提出质疑,他担心一切都会转瞬即逝,化为乌有。

"指挥官。"塞扬努斯起身拥抱荷鲁斯。

"小子,见到你真好,"荷鲁斯说,"失去你的时候我的心都要死了。"

"我明白,长官,"塞扬努斯答道,紧紧相拥的两人终于松开对方,"我能感觉到你的悲伤。"

"你真是让我高兴,"荷鲁斯退后一步,欣赏自己麾下最完美的战士,"我简直是心花怒放,但这怎么可能?我亲眼看到你死了。"

"是的,"塞扬努斯承认,"你的确看到了,但我的死其实是件好事。"

"好事?怎么会?"

"那让我睁开双眼看清了宇宙的真理,让我挣脱了生者学识的枷锁。死亡已经不再是一个未知领域了,大人,我正是从中归来的。"

"这种事怎么可能?"

"它们把我送了回来,"塞扬努斯说,"我的魂魄曾失落在虚空之中,孤独凋零,但如今我回来帮助你了。"

塞扬努斯的存在让荷鲁斯心中五味杂陈。听到对方谈及魂魄与虚空给战帅敲响了一记警钟,然而再次看到爱子活生生地站在面前让他觉得值得珍惜,即便一切皆为幻景。

"你说你是来帮助我的?那就帮我了解这个地方吧。我们究竟在哪里?"

"我们时间不多了,"塞扬努斯说着爬上了俯瞰平原与森林的丘陵,举目遥望四下,"他很快就会来的。"

"我最近已经不是第一次听到这种话了。"荷鲁斯说。

"你还从谁口中听过?"塞扬努斯转回身来,带着凝重神色质问道。对方话语中的怨毒恨意让荷鲁斯倍感惊诧。

"是一头狼对我说的,"荷鲁斯说,"我知道,我知道,这听起来很荒谬,但我发誓它确实开口对我讲话了。"

"我相信你,长官,"塞扬努斯说,"正因为如此,我们需要立刻动身。"

荷鲁斯察觉到对方的搪塞回避,这是他此前在塞扬努斯身上从未见过的,于是说道:"你没有回答我的问题,哈斯特尔,快说清楚我们在哪里。"

"我们没有时间了,大人。"塞扬努斯再次催促。

"塞扬努斯,"荷鲁斯带着战帅的威严开口,"给我把话讲清楚。"

"好吧,"塞扬努斯说,"但要快,你的身躯正躺在戴文星球的戴尔弗斯里,濒临死亡。"

"戴尔弗斯?我从来没听说过这个名字,而且这里看起来也不像是戴文。"

"戴尔弗斯是盘蛇结社的神圣场所,"塞扬努斯说,"是一座医疗厅堂。在地球的古老语言里,这个名字的含义是'世界的子宫',它可以助人痊愈伤病,重获新生。你的身体还躺在天柱地轴大厅里,但你的魂魄已经脱离了躯壳。"

"所以我们并非身处此地?"荷鲁斯问,"这个世界不是真实的?"

"不是。"

"那么这里就是亚空间。"荷鲁斯终于认定了悬在心头的疑虑。

"是的。这一切皆为虚幻,"塞扬努斯挥手指向大地,"仅仅是亚空间的无形能量,被你自身意志与回忆的零乱碎片塑造而成的。"

荷鲁斯突然意识到,自己在哪里见过这片壮丽山河。他回想起近十年前在一个死寂世界脚下十公里的深邃洞穴里,曾找到一幅美妙惊人的巨型地图,其中描绘着泰拉的物理全貌。那并非当代泰拉的模样,而是一个属于亘古岁月,尚有葱郁原野、洁净海洋和清新空气的泰拉。

他仰望天空,几乎预期能看到一张张写满好奇的面孔凝视自己,就像观察蚁巢的学生那般,然而苍穹之上空寂无物,只是以一种远非自然的速度越来越昏暗。他眼看着周围的世界经历剧变,从地球的无瑕山河转化成泰拉的凄凉废土。

塞扬努斯跟随他一同遥望,"已经开始了。"

"什么开始了?"荷鲁斯问。

"你的心灵与身体都在凋亡,这个世界也开始崩塌,堕入混沌。这就是它们送我回来的原因,我将要引导你找到真相,回归本体。"

在塞扬努斯话音未落之时,天空便已陷入动荡,战帅依稀看到了虚空的沸腾海洋在云层背后隐隐翻滚。

"你总提到'它们',"荷鲁斯说,"'它们'是谁,为何对我感兴趣?"

"亚空间里存在着伟大的智能,"塞扬努斯解释道,他向那逐渐解离的天空投去不安的目光,"它们的交流手段与我们不同,这是唯一能够与你沟通的方式。"

"这听起来不大对劲,哈斯特尔。"荷鲁斯发出警告。

"没错。这里并无恶意。这里蕴含着力量和潜能,但并无恶意,只有维持生存的渴望。发生在我们银河中的事件正在摧毁这片国度,于是那些智能存在便选取了你作为使节,代替它们与现实世界进行互动。"

"如果我不愿担任它们的使节,又当如何?"

"那么你就会死,"塞扬努斯回答,"如今唯独它们有能力拯救你的生命了。"

"它们既然如此强大,为何还需要我?"

"它们纵然强大,但无法存在于实体宇宙,必须借助使节行事,"塞扬努斯解释道,"你是一个力量强大且志向高远的个体,它们很清楚,银河之中再无旁人具备此等权威与品质,足以完成那必为之事。"

此等评价让荷鲁斯十分满意,但他依旧对于这一切感到不安。他并未在塞扬努斯的话语中捕捉到任何欺骗或隐瞒,然而脑海深处的一个声音发出了警告,提醒他面前这位银色双眸的战士不可能是真正的塞扬努斯。

"它们对实体宇宙毫无兴趣,那与它们水火不容,它们仅仅盼望能够保护自己的领域不被毁灭,"塞扬努斯继续说道。那潜伏在幻象背后的污浊世界裹着化学物质的刺鼻味道再度浮现,一股恶臭轻风逐渐扬起,"作为你出手相助的回报,它们愿意将自身的一部分力量赠予你,帮助你实现一切野心。"

荷鲁斯注意到,那个由黄铜与钢铁组成的隐匿世界变得越发真切,而现实的经纬则在他脚下扭曲崩溃。闪烁暗光的裂纹横贯大地,荷鲁斯听到群狼呼号的声音渐渐逼近。

"我们必须动身了!"塞扬努斯喊道。那狼群从一片逐渐解离的低矮树林之中突然现身。在荷鲁斯耳中,它们的厉声嚎叫仿佛是在绝望地呼喊自己的名字。

塞扬努斯跑回河边,一片椭圆形的闪亮光芒从沸腾河水里浮现。荷鲁斯能听到彼端传来的絮絮低语和诡异嘀咕,他的视线在这片奇特光芒与那迫近的狼群之间转换,心中顿时充满了不祥的预兆。

"我不确定。"荷鲁斯说道。天空开始洒落滂沱酸雨。

"来吧,这道门是你我唯一的脱身手段!"塞扬努斯大喊着走向那片光芒,"一个伟人曾经说过,'超凡脱俗的天才往往鄙夷平坦大道;他主动寻求那些尚未探索的领域'。"

"你对我引用我自己的话？"荷鲁斯说道。那刺鼻轻风已经变成了呼啸狂风。

"为何不能呢？你的言论会被引用千百年的。"

自身话语令世人铭记这一美好念头让荷鲁斯微笑起来，他举步跟上塞扬努斯。

"这道门通往何处？"荷鲁斯高声盖过狂风和狼群的呼号问道。

"通往真相。"塞扬努斯回答。

伴着没入地平线的夕阳，深坑逐渐变得熙熙攘攘，各种样式的数百辆车辆终于完成了朝圣旅途，从帝国部署区抵达此处。戴文人饱含惊讶与困惑地看着大批车辆隆隆开来，随即狐疑不安地发现所有乘客都弃车步行赶往戴尔弗斯。

在一个小时之内，已有数千人聚集于此，而且这个数字还在不断增加。大多数新来者只能无所适从地挤作一团，最终戴文人分头穿行其间，帮助他们寻找位置来存放物品并安排容身之所，此时一阵大雨已经开始泼洒。

车辆灯光沿着那条被遗忘的路径穿越山谷，一直延伸到了下方的平原里。随着黑暗降临戴文，赞颂战帅的歌声逐渐充满夜空，数千支蜡烛的闪烁光芒与那些火把一同照亮了金碧辉煌的戴尔弗斯。

第十四章

被遗弃者
现世神话
创生

跨过那道光之门就如同穿越两个房间。方才那濒临消解的世界踪影全无，荷鲁斯突然置身于摩肩接踵的茫茫人海之中，站在一片巨大的圆形广场上，周围是直刺云霄的高塔与华美壮丽的大理石建筑。成千上万人挤在广场上，荷鲁斯鹤立鸡群，他远远望见通往此处的九条大道中还站着很多焦急等待的人。

奇怪的是，似乎谁也没有注意到两位凭空出现的高大战士。广场中央矗立着一组雕像，安装在建筑表面的锈蚀喇叭里传出低沉的吟诵，周围这拥挤不堪的人群麻木无脑地缓缓前行。每座建筑顶端都传来铿锵震耳的隆隆钟鸣。

"我们在哪里？"荷鲁斯问道。他抬头望着那些正面覆有鹰徽的高大建筑，凝视众多金碧辉煌的尖塔和壮观艳丽的彩绘玻璃花窗。所有楼宇都试图用自己的雄伟高度与奢侈装潢压过邻居一头，荷鲁斯对于建筑的恰当比例和优雅风格颇具眼光，在他看来，这些都是对热忱忠诚的庸俗体现。

"我不知道这个地方的名字，"塞扬努斯说，"只知道我在这里目睹了什么，但我相信它是某种神龛世界。"

"神龛世界？什么的神龛？"

"不是什么的，"塞扬努斯指着广场中央的雕像说，"而是谁的。"

荷鲁斯仔细检视那些被拥挤人群层层包围的雕像。外围人像由白色大理石所制，每个熠熠闪亮的战士都披挂着全副阿斯塔特铠甲。簇拥其间的中央人像身覆一套超凡脱俗、珠光宝气的黄金战甲。此人高举一柄熊熊火炬，那夺目光芒普照万物。其中含义显而易见——身居中央的这个人物为他的子民带来光明，麾下战士则负责守卫主人。

那位金色战士显然是某个君王或英雄，他器宇轩昂、英武非凡，然而雕塑家已经将五官面容夸张到了荒谬的程度。环绕在周围的那些雕像同样比例失调，怪异不堪。

"那尊金色雕像刻画的是谁？"荷鲁斯问。

"你不认得他吗？"塞扬努斯反问。

"不，我应该认得吗？"

"我们再走近看看。"

荷鲁斯跟随塞扬努斯步入人海，向广场中央穿行，他们面前的人群毫无异议地分立两旁，让开一条道路。

"这些人看不到我们吗？"他问道。

"看不到，"塞扬努斯说，"如果他们能看到，也会立刻忘却的。我们就像人群里的两个幽魂，谁也不会记住我们的存在。"

荷鲁斯在一个男子面前停下脚步。此人衣衫褴褛，蹒跚前行，双脚已经血迹斑斑。他剃光了头发，手中捧着几根用麻绳捆束起来的雕文骨骼。一块染血绷带遮住了眼睛，钉在无袖外套上的长长纸条垂挂到地面。

那人几乎毫无停顿地从他身边绕过，但荷鲁斯伸出手臂拦住了对方。那人再次试图躲开荷鲁斯，然而未能如愿。

"拜托了，先生，"他低垂头颅说道，"我必须过去。"

"为什么？"荷鲁斯问，"你在做什么？"

那人显得颇为困惑，仿佛难以回想起荷鲁斯所问何事。

"我必须过去。"他重复道。

这毫无意义的回答让荷鲁斯顿时泄了气，他迈步移开为那人放行。对方俯首说："帝皇庇护你，先生。"

这几个字让一股黏腻汗意沿着荷鲁斯的脊梁匍匐而上。他轻而易举地穿过人群走向广场中央，一份可怕的犹疑在心底渐渐浮现。他在群像脚下的阶梯底座处追上了塞扬努斯，两只振翅而起的青铜巨鹰为一座高大讲坛组成了背景。

一个肥硕无朋的官员包裹在金色罩袍和丝绸冠冕里，正在高声朗读一本厚重的皮面书籍，众多状如有翼婴孩的生物悬浮在上方，手持银色喇叭将他的话语广播出去。

荷鲁斯走近之后发现，那名官员只有腰部以上还是人类血肉，一系列结构繁复的嘶鸣活塞与黄铜支杆组成了他的下半截身躯，将他与那讲坛融为一体，共同坐落在带有轮子的平台上。

荷鲁斯不再理会此人，抬头凝望群像，终于看清了诸位人物的身份。

纵然身为骨肉兄弟的荷鲁斯已经难以辨别这一张张面孔，但他们的身份依旧明确无疑。

最近处是圣吉列斯，他傲然张扬的双翼恰似那些装点着广场周围每一座建筑的雄伟鹰徽。天使之主一边是罗格·多恩，他的展翼头环不可能被认错；另一边的人物则非黎曼·鲁斯莫属，他的头发被塑造成一袭狂野鬃毛，那宽厚双肩上则披着狼皮斗篷。

荷鲁斯继续绕行，在群像中看到了其他熟悉的身姿：基里曼、科拉克斯、莱恩、费鲁斯·曼努斯、沃坎，还有察合台可汗。

如今，身居中央者的身份便毫无疑问了。荷鲁斯抬头仰望帝皇的石雕面孔。这个世界的居民想必认为那容貌伟岸超凡，但荷鲁斯明白这简直糟糕透顶，根本没有帝皇的卓绝英气与人格力量。

荷鲁斯站在地势较高的石像底座上，举目展望那缓缓绕行的涌动人群，心中猜测他们究竟为何来此。

朝圣者，荷鲁斯想到，这个词不由自主地跃入脑海。

考虑到他在周围建筑上发现的虚浮卖弄和庸俗装饰，荷鲁斯明白这绝不仅仅是一个表达忠诚的场所，远非如此。

"这是一个崇拜场所。"荷鲁斯说道。此时塞扬努斯与他一同站在了科拉克斯的雕像脚下，那凉爽的大理石完美地体现了这位沉默兄弟的苍白脸色。

塞扬努斯点点头说："这整个世界都是用来赞颂帝皇的。"

"但为什么呢？帝皇不是神。他花费了数个世纪才让人类最终摆脱宗教的枷锁。这毫无道理。"

"从你的时间点来看，的确没有道理，但如果放任事态按照目前轨道继续发展的话，这便是帝国未来的模样，"塞扬努斯说，"帝皇具有预见天赋，他对于这样的未来早有所知。"

"这又是为了什么？"

"为了摧毁各种古老信仰，确保他自己的教会有朝一日能够轻易取而代之。"

"不,"荷鲁斯说,"我决不相信。我的父亲向来否认一切强加给他的神性。他曾经说过,古老地球的教师如同火把,而牧师便如同灭火器。他永远不会纵容此等行为。"

"这一整个世界都是他的神殿,"塞扬努斯说,"况且远非仅此一处。"

"还有更多这样的世界?"

"数百个,"塞扬努斯点点头,"或许甚至有数千个。"

"但是帝皇曾经针对这样的行为斥责过洛加,"荷鲁斯抗辩道,"怀言者军团为帝皇竖立了雄伟的纪念碑,惩戒了众多缺乏信仰的文明,然而帝皇坚决反对此类行径,并且宣称洛加的公然崇拜令他感到耻辱。"

"他当时尚未准备好接受崇拜——他还没有彻底掌控银河。所以他还需要你。"

荷鲁斯从塞扬努斯面前转过身去,抬头凝视父亲的金色面孔,绝望地试图驳斥自己刚刚听到的话语。若非今日,他早已将出言不逊的塞扬努斯打倒在地,但此时此刻,确凿证据就摆在眼前。

他再次面对塞扬努斯,"这些是我的几位兄弟,但其他人在哪里?我在哪里?"

"我不知道,"塞扬努斯回答,"我曾在这里游历多次,却从未见过你的形象。"

"我是他的钦选摄政!"荷鲁斯高喊,"我为他浴血奋战了上千次。我麾下的战士为他而死,他却将我彻底忽视,仿佛我根本不存在?"

"帝皇遗弃了你,战帅,"塞扬努斯继续说道,"很快他就要彻底背弃自己的臣民,在诸神之间赢取一席之地。他仅仅关心自己,关心自己的力量和荣耀。我们都被欺骗了。他的伟大图谋里并没有你我的位置,在时机来临之后,他就会将我们轻易摒弃,孤身成神。在我们以帝皇之名奋勇拼搏的时候,他却在亚空间里秘密地积聚力量。"

那个官员——荷鲁斯意识到,应该说是牧师——的冗长诵读不绝于耳,众多朝圣者继续在他们的神祇雕像周围缓步绕行,塞扬努斯的话语像一记记重锤般敲打着战帅的头颅。

"这不是真的。"荷鲁斯低声说。

"对于帝皇这般超凡入圣的存在而言,一旦征服银河之后,又该做些什么？除了登神之外，还有何事值得他投入心力？那些被他抛在身后的人又有何用？"

"不！"荷鲁斯高呼，他从雕像底座上一跃而起，将那个絮絮吟诵的牧师挥拳击落。经过改造后与机械融合的传教者从讲坛上撕裂摔落，躺在一摊鲜血与油污之中尖厉惨叫。那些悬浮在半空的婴孩用喇叭将牧师的呼声传递到了广场的各个角落，然而似乎并无一人打算出手相救。

荷鲁斯在盲目怒火的驱动下冲入那拥挤广场，将塞扬努斯抛在雕像底座处。人群再次为埋头狂奔的他分散让路，对于战帅的匆匆来去都漠然不应。片刻之后，他便已来到广场边际，沿着最近的一条主干道继续前行。大街之上人头攒动，但他们依旧彻底忽视了横冲直撞的荷鲁斯，每一张面孔都带着狂喜凝视帝皇的形象。

身边没有了塞扬努斯之后，荷鲁斯意识到自己彻底是孤身一人了。他听到遥远朦胧的狼嚎，那声音仿佛在呼唤自己的名字。他在一条拥挤不堪的街道中央停下脚步，再次侧耳聆听狼嚎，然而它已经戛然而止，彻底消逝。

在他止步聆听之时，人群在他身旁涌动如常，荷鲁斯发现依然没有任何人对他有所留意。自从荷鲁斯与父亲和诸位兄弟作别之后，他还从未感觉到如此的孤独。他意识到自己是多么渴求旁人的崇敬与爱戴，顿时倍感痛心地明白他是何等的虚荣自负。

在每一张面孔上，他都看到了与雕像周围那些人如出一辙的盲目崇拜，而他们所尊崇敬爱之人正是荷鲁斯的父亲。这些人难道不明白，为他们赢取自由的那一场场胜利皆是荷鲁斯挥洒血汗的成果吗？

在诸位兄弟簇拥之中的那尊雕像理应刻画荷鲁斯，而非帝皇！

荷鲁斯紧紧抓住近旁一名信徒的肩膀，狠狠摇动着喊道："他不是神！他不是神！"

那朝圣者的脖颈伴着一声清晰脆响顿时折断，荷鲁斯感觉到对方肩膀的骨骼在自己的铁腕之下碎裂变形。他惊恐不已地将那死者抛在地上，埋头遁入迷宫般的神龛世界深处，胡乱转弯，试图在人潮汹涌的街巷里隐没行踪。

每次癫狂焦躁都将他引入另一条繁忙大道，其中挤满了摩肩接踵的朝圣者，遍布赞颂帝皇荣耀的种种奇观：宽阔街区的每一块石板都铭刻着虔诚祷言，高达千米的藏骨堂里盛放着覆有金板的遗骸，密集林立的大理石纪念碑上描写着不计其数的圣人事迹。

各色蛊惑人心者站在路旁,其中一人挥动祷言皮鞭,狂热地抽打摧残自己的皮肉,另一人则捏住边角高举两块橙色布料,厉声宣告自己绝不将其披覆在身。荷鲁斯完全无法理解这一切。

一艘艘庞大的祷告船在这座神龛城市上空飘动,那些如怪物般肿胀的飞艇装配有迅猛挥扫的黄铜风帆与规模可观的燃油引擎。它们肥硕的银色船身上垂着修长的祷言旗帜,一枚枚状如乌黑颅骨的悬挂式扩音器里传来刺耳的赞美诗。

荷鲁斯经过一座宏伟陵墓,一群群生有乳白皮肤和黄铜羽翼的天使从幽暗拱廊里飞出,骤然扑向了建筑面前聚集的大批平民。这些庄严肃穆的天使在厉声哀号的众人头顶掠过,偶尔集合一处,将某个欣喜若狂的朝圣者抓上半空,此人随即伴着所有旁观者的崇敬呼喊和热切赞美消失在那阴森恐怖的陵墓大门。

荷鲁斯在每一片窗户的彩绘玻璃上和每一扇大门的华丽雕饰中都看到了对于死亡的崇敬,那些咯咯轻笑的有翼婴孩像猛禽般盘旋不止,它们手中的喇叭里回荡着致以死亡的葬礼挽歌。拍打翻动的骨骼旗帜咔咔作响,众多颅骨借助青铜立柱固定在神殿壁龛里,挤过空洞眼窝的微风发出尖锐呼啸。对于死亡的病态迷恋像一块裹尸布般悬在整个世界头顶,荷鲁斯难以理解,这个黑暗、严酷而肃穆的崭新宗教如何能够鸠占鹊巢,取代了以澎湃活力推动伟大远征步入星海的真理、理性与自信。

一座座高大圣殿和冷酷神庙在他身边化为模糊残影:每个街角都有众多修道士和传教者伴着宣扬末日的隆隆钟鸣向朝圣人群发出声嘶力竭的呼喊。无论荷鲁斯放眼何处,他总会看到一幅幅壁画、肖像和浮雕体现着众多熟悉的面孔——他的兄弟以及帝皇本人。

为什么荷鲁斯没有得到一丝一毫的体现?

就好像他从未存在过。他屈膝跪倒,向天空高举双拳。

"父亲,你为何要遗弃我?"

复仇之魂号在洛肯眼中倍显孤寂,他明白这不仅仅归咎于人烟稀少。战帅的存在是一股宽慰人心的坚实力量,长久以来人们已经熟视无睹,只有他的缺席才引发了这令人心痛的失落。战舰的众多厅堂比以往更加空旷，更加空虚，仿佛是一把除去弹药的枪械——昔日的强悍装备如今化作了冰冷无用的金属。

一部分舱室里仍旧人满为患，大家三五成群地聚拢起来，围着一簇簇烛光交握双手，然而战舰整体的寂寥意味还是掏空了洛肯的心胸。

他沿途遇到的所有人都一拥而上将洛肯包围起来，绝望地询问战帅的命运，将平日里对于阿斯塔特战士的敬畏抛诸脑后。他死了吗？他还活着吗？远在泰拉的帝皇是否施以援手来拯救他的挚爱子嗣了？

洛肯恼怒地将他们逐退，一言不发地挤开人群继续走向三号档案库。他知道辛德曼一定在那里——近来老人鲜有涉足别处——如同走火入魔一般埋头研读书籍。洛肯需要一些关于盘蛇结社的答案，现在就需要。

时间紧迫，但他依旧绕道造访医疗甲板，将宿敌刃交给了药剂师瓦顿。

"格外小心，药剂师，"洛肯警告道，他谨慎地将那木盒摆放在两人之间的钢铁操作台上，"这是一柄坎布拉克武器，名为宿敌刃。它是采用某种具有感知的异型金属铸就，极端致命。我认为这就是战帅所受灾厄的源头。你要采取一切手段探明情况，但动作要快。"

瓦顿惊呆了，他点了点头。他难以相信洛肯居然真的有所寻获。药剂师捏着覆有金色铆钉的剑柄，将宿敌刃放置在光谱分析室里。

"我不能保证什么，洛肯连长，"瓦顿说，"但我必定尽己所能，给你一个交代。"

"我也别无所求，但越快越好，而且不要告诉任何人你持有这把武器。"

瓦顿点点头，继续工作，洛肯则动身前往这艘强大战舰的档案库，寻找凯瑞尔·辛德曼。如今他拥有了一个明确目标，那种先前将他心灵紧紧攫住的茫然无措顿时消散。他在积极努力拯救战帅，这给予了洛肯一份鲜活的希望，或许尚有办法令荷鲁斯安然归来，身心俱健。

档案库一如既往地幽静，但今日显得格外凄凉荒废。洛肯侧耳聆听，试图捕捉任何响动，终于察觉到了书架深处笔尖飞舞的沙沙轻吟。他快步朝声音源头走去，在目睹之前便已经确认，那肯定是自己的老迈导师。只有凯瑞尔·辛德曼会用如此力透纸背的笔触进行书写。

的确，辛德曼就坐在那张惯用的书桌前。洛肯在看到对方的那一刻便明确无疑地意识到，自从双方上一次交谈之后，老人就未曾离开过此处。桌边地面散落着水瓶和食物包装袋，形容枯槁的辛德曼下巴和脸颊上覆盖了一层细密的白须。

"加维尔，"辛德曼头也不抬地说，"你回来了，战帅死了吗？"

"不，"洛肯回答，"至少我认为没有。目前还没有。"

"你认为还没有？"

"我最后一次见到他，还是在药剂室的手术台上。"洛肯坦白道。

"那么你为何来此？想必不是要学习人类文明的准则与伦理吧？发生什么事了？"

"我不知道，"洛肯承认，"我相信不是好事。我需要你的学识，这关乎一些……奥秘事物，凯瑞尔。"

"奥秘事物？"辛德曼放下笔重复道，"我现在很好奇。"

"军团内部的隐秘组织将战帅送往了戴文的盘蛇结社圣殿。他们将他放在一个被称为戴尔弗斯的地方，并声称所谓'故去者的永恒精魄'会治愈他。"

"你是说盘蛇结社？"辛德曼问道，他随手从桌子上的书堆里抽出了一本，"盘蛇……这就有意思了。"

"什么有意思？"

"蛇，"辛德曼重复道，"有史以来，在任何一块大陆上，只要存在着崇拜神明的人类社会，蛇就作为神祇形象得到广泛的认可与接受。从非洲岛屿的茂密雨林，到苏格兰的冰封废土，蛇都受到了人们的崇拜、恐惧和敬爱。我相信，关于蛇的传说大概是全人类范围中最为普遍的。"

"那么这如何传到了戴文？"洛肯问。

"这不难理解，"辛德曼解释道，"你要明白，神话传说最初的表现方式并非口述或文字，因为彼时的语言尚不足以传达故事所蕴含的真理。神话的载体不是文字，加维尔，而是讲述故事的人。只要有人类聚居的地方，无论多么原始粗蛮，无论多么远离种族家园，你总能找到讲述故事的人。大多数此类神话估计都是借助表演、吟诵、舞蹈或歌唱加以表述的，而且往往是在某种催眠或致幻的状态下。那想必是一番奇特景象，但无论如何，据说这种复述手段能够引导那些蕴藏在自然世界背后或深处的创生能量与鲜活纽带，容许它们进入到你我能够感知的领域里。古人相信，神话能够在抽象世界和具象世界之间搭建一座桥梁。"

辛德曼快速翻动一本用红色皮革包裹的崭新书籍，随后翻转过来给洛肯检视。

"看，这里就很清楚了。"

洛肯看着书中图片，众多部族成员赤身裸体，高举着顶覆盘蛇的长棍一同舞蹈，原始陶器上涂画了种种盘蛇与螺旋图案。其他图片则展示着各色花瓶，表面描绘的巨蛇将日月星辰尽数环绕起来。还有一些图片中的蛇盘踞在茂盛植物脚下或是怀孕女性的腹部。

"这都是什么？"他问道。

"这些是我们在伟大远征沿途的十余个星球上发现的不同文物，"辛德曼指着图片说，"你不明白吗？神话伴随我们一路同行，加维尔，我们并没有重新加以创造。"

辛德曼翻动书页，展示出更多关于蛇的图片，"在这里，蛇的形象代表着能量，具有创造力的自发能量……它也代表着不朽。"

"不朽？"

"是的，古人相信，蛇能够蜕去旧皮返老还童，因此深谙死亡与重生的秘密。他们看到月亮的盈亏循环，便将其视为一个同样具备这种重生能力的天体。当然了，一直以来，月相周期就和创造生命的女性节律有着紧密关联。月亮因而担任了诞生与死亡这两份难解奥秘的主宰，蛇则扮演着其凡间代表。"

"月亮……"洛肯说。

"没错，"辛德曼继续讲解，他此刻已经彻底进入了状态，"在早期的某些入会仪式里，新人往往被视为死而重生，月亮是圣母，蛇则是圣父。不难看出，蛇与医疗之间的关联成了蛇神崇拜的一个永久成分。"

"就是这么回事吗？"洛肯喘息道，"那是个入会仪式？"

辛德曼耸耸肩说道："我说不好，加维尔。我需要多了解一下。"

"告诉我，"洛肯咆哮道，"把你知道的都告诉我。"

洛肯的蛮横催促让辛德曼吓了一跳，他急忙抓起几本书籍匆匆浏览，第十连连长则居高临下地俯视着他。

"是的，是的……"他一边嘀咕一边来回翻动那饱经磨损的书页，"是的，就是这里。啊……对，在古老地球的某种失落语言里，对应蛇的词语是'nahash'，其含义看来是'猜测'。显然这个词也可以被翻译成多种不同意义，这就取决于你认同哪个词源了。"

"翻译成什么？"洛肯问道。

"第一种释义是'敌人'或者'对手'，但更为常见的直译方法则是'撒旦'。"

"撒旦？"洛肯说，"我之前听过这个名号。"

"我们……嗯，在耳语山脉提到过，"辛德曼低声回答。他四下张望，像是防备有人窥伺窃听，"据说它是一个梦魇般的邪魔，在泰拉被某位金色英雄击败推翻。我们现在已经知道，那个自称萨姆斯的魂灵对于63-19当地居民而言大概有着类似的意义。"

"你相信这种说法吗？"洛肯问道，"你相信萨姆斯是个魂灵？"

"是的，算是某一种吧，"辛德曼诚实作答，"无论战帅怎么说，我还是认为，你我在山脉脚下目睹的事物绝非异形野兽那么简单。"

"至于蛇和撒旦的关系呢？"

辛德曼很高兴找到了一个自己有能力明确阐述的话题，他摇摇头说："不。如果你再仔细看看，就会发现'蛇'这个词取自古希腊源头语言中的'龙'，那是一条寰宇巨蛇，被视为混沌的代表。"

"混沌？"洛肯惊呼，"不！"

"的确是的，"辛德曼继续说道，他迟疑地指着另一本书中的某个段落，"若要在实际意义上建立秩序并维持生命，那么就必须克服这个'混沌'，或者说这条'蛇'。蛇形巨龙是一个具有深厚力量的生物，它在相当于龙的年份里充满了勃勃野心，十分危险。据说在龙年发生的事件往往有着三倍于常日的强度。"

面对辛德曼的话语，洛肯尽力掩藏自己的惊惧，盘蛇的仪式性含义以及它在神话传说中的地位进一步巩固了他先前的观点，让他笃信戴文所发生的事情是一场可怕的错误。他俯视一本书问道："这是什么？"

"是亚图姆之书的一个段落，"辛德曼仿佛不敢向他明言，"是我最近才找到的，我发誓。我之前对此不以为然，说实话现在也是一样……毕竟，这只是胡说八道，对不对？"

洛肯强迫自己检视那本古籍，他在泛黄书页上读到的每一个字都让心情越发沉重。

吾名唤荷鲁斯，以上古诸神熔铸而成，

吾即是铺平道路以迎接混沌者，
吾即是震古烁今之毁天灭地者。
吾所为之事皆自觉良善可贵，
然万千末日竟扎根意志殿堂。
吾之命运恰恰归咎于踏上了
那盘蛇路径。

"我不是诗歌爱好者，"洛肯厉声说，"这是什么意思？"

"这是一份预言，"辛德曼犹豫不决地说，"它所讲述的是整个世界重归原初混沌，诸位至高神祇的隐藏面目化作那条崭新的寰宇巨蛇。"

"我没时间听你打比喻，凯瑞尔。"洛肯警告道。

"在最根本的层面上，"辛德曼说，"它所讲述的就是宇宙的灭亡。"

塞扬努斯在一座拱顶大教堂脚下的石阶上找到了战帅，众多身披丧葬袍服的高大骷髅矗立在教堂的宽阔门廊两侧，将青烟缭绕的香炉平举身前。纵然夜幕已经降临，这座城市的街道依旧挤满了朝圣者，每个人都用手中的蜡烛或提灯照亮前路。

荷鲁斯抬起头来看到塞扬努斯走近，心中想着若非今日，在城市街道里秉烛游行的人群本应是一幅美妙景象。他们将一台台坐轿和祭坛举在头顶缓缓行进，如果面前的这份铺张奢华与故弄玄虚都是为荷鲁斯准备的，那么他必将大为恼火，然而此刻他却对此倍感渴求。

"你看够了吗？"塞扬努斯坐在他身边问道。

"是的，"荷鲁斯回答，"我想要离开这里。"

"我们随时都可以离开，你只需开口便是，"塞扬努斯说，"况且你还要目睹更多事物，我们的时间并非无穷无尽。你的身躯正在凋亡，你必须尽早作出选择，如果拖延太久的话，即便是栖身于亚空间的那些强大存在恐怕也无力回天。"

"这个选择，"荷鲁斯问道，"它所牵涉的事情，是否与我想象的一样？"

"这一点只有你能决定。"塞扬努斯说，两人身后教堂的大门应声开启。

荷鲁斯转头望去，在本该是幽暗前厅的位置，他看到了一块熟悉的椭圆光芒。

"好吧，"他说着站起身来，转向那道光之门，"我们现在去哪里？"

"去追本溯源。"塞扬努斯回答。

荷鲁斯迈入光芒，发现自己立于一个规模惊人的实验室中，周围的高大墙壁由白钢与银板组成。空气洁净无菌，荷鲁斯注意到这里的气温接近冰点。实验室里散布着数百个身影，他们都穿着白色的全封闭式外套，反光护目镜则是金色的。这些人埋头于一排排修长的钢铁工作台前，面对低声嗡鸣的金色机械忙碌操劳。

每个工作人员头顶都飘散着一团团淡薄雾气，盘卷在实验服手臂和双腿位置的软管最终与造型笨重的背包相连。这些人精诚合作，正在默默实现某种宏伟蓝图。荷鲁斯在实验室各处漫步，这里的情形与那个神龛世界一样，没有任何人对他加以理会。他本能地意识到，无论这是哪个世界，自己与塞扬努斯都站在地下深处。

"我们如今身在何处？"他问道，"这是哪里？"

"泰拉，"塞扬努斯说，"这是一个新纪元的黎明时刻。"

"这是什么意思？"

作为回应，塞扬努斯指了指实验室远端的墙壁。那里的一扇银色巨门被微光力场严加保护，门扉上铭刻着鹰徽标志，以及众多怪异难辨的奥秘符文。在整座专门用于科学探索的实验室里，这显得格格不入，仅是凝神遥望便足以让荷鲁斯感到不安，仿佛大门彼端的事物竟代表着重大威胁。

"大门里面是什么？"荷鲁斯一边提问，一边缓步退却。

"是你不愿目睹的真相，"塞扬努斯回答，"还有你不想听闻的答案。"

一种前所未有的异样感受开始搅动荷鲁斯的肚腹，被他奋力压制下去，然而他同时意识到，注入自己创生过程的种种超凡才智与绝妙手段都未能彻底奏效，这种感受恰恰是恐惧。大门彼端绝无善类。隐藏其中的秘密应当永遭遗忘，累积其中的知识也该尘封不出。

"我不愿知晓，"荷鲁斯转过身去，"我已经无法接受。"

"你害怕寻求答案？"塞扬努斯愤怒地质问，"这可不是我随之征战两个世纪的荷鲁斯。我所认识的那个荷鲁斯绝不会在丑陋真相面前胆怯退缩。"

"或许吧，但我还是不想目睹。"荷鲁斯说。

"恐怕你别无选择，我的朋友。"塞扬努斯说道。荷鲁斯抬起头，发现自己就站在门前，大门正缓缓开启，能量力场随之解除，一缕缕冰冷空气从底部逃逸出来。黄色灯光在两侧闪烁不已，大门终于没入墙内，但实验室中的所有人都对此视而不见。

禁忌的知识近在咫尺，荷鲁斯对此确信无疑，正如他明白自己绝对难以抵抗诱惑，必将前去揭示此处的诸般秘密。他必须知道这里究竟隐藏了什么。塞扬努斯说得对，无论遭遇何等艰难险阻，他的步伐都是只进不退，天性如此。他已经面对过这个银河能够炮制的一切恐怖秽恶之物，并且从未退却。今日也将一如既往。

"好吧，"他说道，"让我看看。"

塞扬努斯微笑着拍了拍荷鲁斯的肩甲，"我就知道我们能仰仗你，我的朋友。前方之事绝非轻松写意，但要记住，我们为你展示这些，仅仅是必要之举。"

"需要做什么就做什么吧，"荷鲁斯甩开了对方的手掌。眨眼之间，塞扬努斯在那锃亮门扉上的倒影如同一块闪烁面具般朦胧不清，荷鲁斯仿佛捕捉到了挚友脸上的一道冷酷狞笑，"我们把正事办完。"

他们并肩走入冷冽雾气，穿过一条宽阔的钢铁长廊，前方那扇造型相同的大门随即隐入天花板里。

内部房间的面积大致是那座实验室的一半。周围墙壁崭新光亮，洁净无瑕，而且这里并没有任何技师或科学家的身影。混凝土地板平滑齐整，环境温度也从寒冷变为凉爽。

一条高出地面的中央走道纵贯大厅，左右两旁分别平躺着十枚纺锤形储物罐，约有战用鱼雷大小，罐子侧面各自印着一长串序列号。每个储物罐顶部都不时喷出白雾，仿佛是均匀地呼吸。序列号下方铭刻的奥秘符文与荷鲁斯在大门上所见的一模一样。

诸多储物罐与一系列怪异机械相连，其工作原理彻底超出了荷鲁斯的知识范畴。面前的技术手段是他有生以来前所未见的，即便是战帅的超凡心智也根本无法解读它们的构造。

荷鲁斯沿着钢铁台阶踏上走道，依稀听见了类似于拳头敲击金属的奇特声响。他站在走道顶端，发现每个储物罐末端都安装了一扇宽阔舷窗，中央是一个转轮手柄，上方则是厚重的强化玻璃。

夺目光芒在每块玻璃背后闪烁不已，空气中充斥着强大深厚的灵能。在荷鲁斯眼里，这一切都浸透了令人不安的熟悉感，他难以自持地想要知道，储物罐里究竟盛放了什么，同时又害怕自己究竟会目睹什么。

"这些都是什么？"他听见塞扬努斯随后登上走道，于是开口询问。

"你对此没有印象，这也是情理之中。毕竟过去两百多年了。"

荷鲁斯俯身凑近第一个储物罐的舷窗，用手甲抹过水雾弥漫的玻璃。他眯起双眼抵挡光芒，努力加以辨别。在灼目亮度的衬托下，似乎有个模糊轮廓像风中的一缕黑烟般扭动起来。

某种事物看到了他。某种事物在逐渐接近。

"你这是什么意思？"荷鲁斯问道。明亮储物罐中那个向自己游来的怪异形体令他分外着迷。对方靠近玻璃之后便放慢了动作，成为一个黝黑剪影，其整体形态越来越坚实明晰。

储物罐隆隆沉吟，仿佛置身其中的生物散发着巨大能量，几乎难以被金属罐身所承载束缚。

"这是帝皇最为机要的基因密室，深藏于喜马拉雅脚下，"塞扬努斯说，"这就是你们的创生之所。"

荷鲁斯对此充耳不闻。他正透过玻璃舷窗，倍感惊愕地凝视着一双与自己恍若镜像的明亮眼眸。

第十五章

启示

心怀异议

天各一方

在战帅缺席的两天里，复仇之魂号已经化作一艘鬼船，这强悍战舰腹中的登陆船、运输船、空降艇以及其他所有类似载具尽数流失，追随荷鲁斯的座驾一股脑儿地冲向戴文地表。

这正合伊格内斯·卡尔卡斯的胃口，他带着崭新的使命感与纯熟的散漫态度在战舰甲板中穿行，一个帆布书包挎在肩头。每当路过某个公共区域时，他都首先确保自己未受监视，随后大大咧咧地将一摞纸张抛在桌面与沙发上。

卡尔卡斯将书包里那些"我们唯有真相"的复印件沿途散发，肩头的酸痛渐渐淡去，每一张纸都包含了他至今以来最富感染力的三份作品。其中漠不关心的神明是他的最爱，将阿斯塔特战士们贬作古老传说中的泰坦——他知道这极具力量的诗篇值得让更多人品味欣赏。他也知道自己应当为此类作品多加小心，然而他胸中那明亮燃烧的炽热激情难以抑制。

他暗中接洽废品站拾荒者，与第一个人仅仅耗费了片刻时光，就轻而易举地弄到一台低端批量打印机。这并非什么品质优秀的仪器，若是在泰拉恐怕都难入他的眼，然而即便如此，诗人还是献出了牌局所得的绝大多数赌资。这玩意颇为粗劣，但足以完成使命，只不过让他的舱室里充斥着油墨味道。

卡尔卡斯轻声哼着歌，继续在这些划归平民的甲板间穿行，最终来到了避难所，由此开始他就要保持谨慎了，因为他在这里广为人知，而且周围难免会有目击者。

他的担忧完全是多余的，避难所空空如也，看起来格外沉闷凄凉。谁也不该目睹一家酒吧灯火通明的模样，他心想，这只能显得更加悲哀。他走进避难所，在每张桌子上留下几页纸。

瓶口与酒杯相碰的声音骤然令卡尔卡斯全身僵直，他的手臂正在探向下一张桌子。

"你在干什么？"一个听起来颇具教养但显然酒醉的女性嗓音问道。

卡尔卡斯转过头去，看到一位颓废的女子蜷缩在避难所最远端角落的包厢里，这就解释了他之前为何没能察觉。对方被阴影所笼罩，但卡尔卡斯还是立刻辨认出了战帅的纪实作者佩卓尼拉·维瓦，不过对方今日的模样十分狼狈，与诗人上一次在戴文目睹的光辉形象恐怕有着云泥之别。

不，这不对，卡尔卡斯随即回想起来。他上一次看到此人是在登机甲板上，与阿斯塔特一同护送战帅归来。

显然，那可怕经历也在她身上留下了烙印。

"那些纸，"维瓦说道，"是什么？"

卡尔卡斯充满负罪感地把手中纸张抛在桌上，并将书包从肩头调整到背后。

"没什么，"他沿着一排包厢朝那位女士走去，"只是一些诗歌，我想让大家读读。"

"诗歌？写得好吗？我需要点振奋心情的东西。"

卡尔卡斯明知自己可以任由对方借酒浇愁，黯然神伤，但心中的那股自负傲气却逼迫他开口回应，"是的，我认为这是我最棒的作品之一。"

"能给我读一读吗？"

"现在还是算了，亲爱的，"诗人说，"毕竟你是想放松一下。这些文字恐怕有点黑暗。"

"有点黑暗，"她笑道，那声音粗硬刺耳，"你可不明白什么叫黑暗。"

"你叫维瓦，对吧？"卡尔卡斯走到她的包厢门口，"这是你的名字吧？"

她抬起头来，善于判断酒醉程度的卡尔卡斯立刻发现，对方已经喝到神志麻木了。三个空瓶立在桌上，第四个则粉身碎骨地铺在地面。

"是的，是我，佩卓尼拉·维瓦，"那位女士回答，"卡皮努斯家族高级宫廷代表，作家与骗子……我猜还是个醉鬼。"

"这我看得出来，但你为什么说自己是骗子？"

"骗子，"维瓦又端起一杯，口齿含混地说，"我来到这里是为了讲述荷鲁斯的光辉荣耀与基因原体的亲密情谊，你知道吗？我遇到荷鲁斯的时候就对他说过，如果不把这项工作交给我，那么他就见鬼去吧。当时我以为自己白白浪费了大好机会，结果他居然笑了！"

"他笑了？"

维瓦点点头，"是的，笑了，而且他还是决定把工作交给我。我猜，他或许觉得把我留在身边挺好玩的吧。我自以为做好了一切准备。"

"事实情况有没有符合你的期望，亲爱的佩卓尼拉？"

"不，说实话并没有。喝一杯吗？我可以给你讲讲。"

卡尔卡斯点点头，从吧台拿了个酒杯，坐在她对面。维瓦给他斟了杯酒，结果洒在桌面上的还要更多一些。

"谢谢，"诗人说道，"究竟为什么没有符合你的预期呢？很多记述者做梦都想得到你的职位。为了这份工作，梅萨蒂·欧丽顿恐怕是愿意大开杀戒的。"

"谁？"

"我的一个朋友，"卡尔卡斯解释道，"她也是纪实作者。"

"她可不想干这活的，相信我，"维瓦说。卡尔卡斯注意到，对方的肿胀眼泡是泪水与酒精的共同成果，"有些幻象还是不要打破为好。我原本知晓的一切全都上下颠倒，就这么简单！相信我，她可不想干这活的。"

"喔，我觉得她还是愿意的。"卡尔卡斯喝了口酒说。

维瓦摇摇头，仔细审视诗人，仿佛刚刚看到他。

"你是谁？"那位女士突然问道，"我不认得你。"

"我的名字是伊格内斯·卡尔卡斯，"他挺起胸膛回答，"埃塞俄比亚奖章获得者——"

"卡尔卡斯？我听过这个名字……"维瓦说着，用掌心揉了揉额头努力回想，"等等，你是个诗人对吧？"

"没错，"卡尔卡斯说，"你读过我的作品吗？"

她点点头，"你写诗。好像是挺蹩脚的诗，我记不得了。"

对方如此轻描淡写地贬斥自己的作品，卡尔卡斯顿时发了脾气，"那你又写了什么精美绝伦的东西？我可不记得读过你的任何作品。"

"哈！你到时候一定会记住我的作品，这我可以保证！"

"真的吗？"卡尔卡斯指着桌上的空瓶讥笑道，"会是什么作品呀？烂醉交际花的回忆录，还是复仇之魂号的复仇烈酒？"

"你自以为聪明透顶，是不是？"

"我确实有些值得骄傲的时刻。"卡尔卡斯说。他明白在言语交锋里胜过一位酩酊大醉的女士算不上什么可喜成就，但还是对此颇为享受。无论如何，他总愿意让这个娇生惯养的富家女子吃些苦头——即便她正在抱怨自己生命中遭受的最大坎坷。

"你什么都不知道。"维瓦厉声说。

"是吗？"诗人问道，"那你不如启示我一下？"

"行吧！好啊。"

她随后为伊格内斯·卡尔卡斯讲述了一个无与伦比的故事。

"你为何带我来此？"荷鲁斯问道。他从那银色储物罐面前快步退开。他们在这趟怪异旅行中遭遇的所有人都对他们熟视无睹，但玻璃彼端的眼睛却投来了充满好奇的目光，显然能够感知到荷鲁斯的存在。战帅确凿无疑地知道那双眼眸属于何人，但他还是无法接受自己的荣耀一生就起始于这个深埋地下的无菌密室里。

他在笼罩着冶炼厂乌黑烟霾的科索尼亚长大成人——那是他的家园，是他对于种种模糊图像与困惑感受的最初记忆。他完全无法回想起这个地方，也无法回想起在储物罐里面逐渐形成的意识……

"你已经目睹了帝皇的终极目标，我的朋友，"塞扬努斯说，"现在是时候让你目睹他如何启动那项成神计划了。"

"利用基因原体？"荷鲁斯问，"这说不通。"

"这完全说得通。你们会担任他的将领。你们会像战神一样驰骋星海，为他收复银河。你们是一柄武器，荷鲁斯，一柄在磨损用钝之后便可随手抛弃的武器。"

荷鲁斯从塞扬努斯面前转过身去，沿着走道前行，不时驻足检视储物罐的玻璃舷窗。他在其中看到了各不相同的事物，有形体难辨的光芒与轮廓，有状如刚硬建筑的生命体，有飞旋成火环的眼眸和轮盘。前所未见的诸般伟力在此运作，他能够品味到储物罐表面所包裹的强悍威能，那防护力场在他的皮肤上脉动扩散，仿佛是空气中的一道道波纹。

他在标有 XI 的储物罐前停下脚步，将手掌按在平滑的钢铁外壳上潜心感受，孕育其中的个体本该踏上一段充满了未知荣耀的光辉旅程，然而荷鲁斯知道那份未来永远不会成真。他俯身窥探内部。

"你知道这里会发生什么，荷鲁斯。"塞扬努斯说，"你们不会在此久留了。"

"是的，"荷鲁斯说道，"发生了一场意外。我们尽数失散，天各一方，直到帝皇将我们逐个寻回。"

"不，"塞扬努斯说，"并无意外。"

凝视舷窗的荷鲁斯困惑地转过头来，"你在说什么呢？当然有一场意外了。我们像风中落叶一样从泰拉失散。我前往了科索尼亚，鲁斯落在芬里斯，圣吉列斯抵达巴尔，我们在不同的世界各自成长。"

"不，你误解了。我是说那并非意外事件，"塞扬努斯说，"放眼看看吧。你很清楚我们在多么深的地下，你也知道通往这里的大门刻着多少防护符文。究竟是什么样的意外能够突破这间密室，将你们抛撒到银河各处？而又是什么样的巧合让你们无一例外地栖身于历史悠久的人类家园？"

塞扬努斯步步靠近，荷鲁斯则无言以对，只能扶着走道的栏杆重重喘息，"你在暗示什么？"

"我没有做任何暗示。我只是在告诉你究竟发生了什么。"

"你什么都没有告诉我！"荷鲁斯咆哮道，"你在我的脑海里填满了猜疑和推测，但你没有一句切实的内容。或许是我太愚钝，这我说不好，所以请你用直白的话语给我解释清楚。"

"好吧，"塞扬努斯点点头，"我来讲讲你们的创生。"

戴尔弗斯尖顶之上雷霆滚滚，悠弗拉迪·奇勒迅速抓拍了几张照片，记录下那座宏伟建筑在灼目紫电中的高大剪影。她知道这些影像并无特别之处，其构图乏味而业余，但她还是拍了下来，因为她明白，在这个极具历史意义的时刻，每一分一秒都值得为后人加以记录。

"你拍完了吗？"站在她身后的泰塔斯·卡萨问道，"祈祷会马上就开始了，咱们可别迟到。"

"我知道，泰塔斯，别啰唆了。"

摄影师在抵达戴尔弗斯所处山谷的第二天遇到了泰塔斯·卡萨，她跟随圣言录信徒专用的暗号符记来到了这座壮丽建筑脚下的阴影里，参加一场由对方组织的秘密祈祷活动。她惊讶地发现，有将近六十人出席，大家都低垂头颅向人类神皇诵读祷言。

卡萨对她致以热情欢迎，而众人的注意力很快就转移了，被奇勒的日常祷告与布道吸引过去。卡萨纵然虔诚热忱，却非演说之才，他的生硬语句颇为欠缺。他是一位忠诚信徒，但他显然不是个宣讲者。奇勒曾担心自己反客为主会招来他的厌憎，然而对方坦然接受现实，深知自己并不适合担任领袖。

事实上，奇勒也不是个领袖人物。与卡萨一样，她怀有信仰，然而站在人群面前令她颇为不安。茫茫信众似乎对此并无察觉，他们满怀狂喜与崇敬地凝视着奇勒传达帝皇的言语。

"我没有啰唆，悠弗拉迪。"

"你有。"

"好吧，或许有，但我必须及时返回审判日，以免有人察觉。图奈特机长如果查到我的行踪，肯定要剥了我的皮。"

死亡军团麾下那些强悍的战争机械矗立于山谷入口处担任警戒，再者它们的庞大体形也难以步入谷地。如今这座深坑看起来更像是部队集结场所，而非朝圣者和祈求者的营地：无数坦克、卡车、平顶运输车以及移动指挥车在过去的七天里将数万人运载至此。

远征队大批人员与那些容貌怪异的当地居民共同挤满了深坑，一顶顶临时帐篷将戴尔弗斯包围起来。油然而生的深厚情感以一种奇妙力量让人们自发地聚集到了战帅所在之处，其惊人规模至今还令悠弗拉迪敬畏屏息。圣殿阶梯上铺满了献给战帅的祭品，她知道有很多人散尽了全部家当，以求通过某种方式加快指挥官的痊愈。

奇勒的生命中有了一个新的目标，但她说到底依旧是个摄影师，她在这里拍摄的若干照片堪称上乘作品。

"是的，你说得对，我们该走了。"奇勒收起相机挂在脖子上。她用双手梳过自己尚感陌生的短发，却很喜欢这种感觉。

"你考虑过今天晚上要讲什么了吗？"两人穿过这片拥挤区域走向祈祷集会，卡萨开口问道。

"不，说实话并没有，"摄影师回答，"我从来不做那么长远的计划。我只是任由帝皇的光辉填满自己，然后把心里话说出来。"

卡萨点点头，奇勒的每一个字都让对方着迷。她微笑起来。

"你知道吗，在六个月以前，如果有人说出这种话，肯定会被我嘲笑的。"

"什么话？"卡萨问。

"关于帝皇的话，"奇勒隔着记述者长袍把玩那枚挂在链子末端的银色鹰徽，"不过我想，在六个月里，一个人身上足以发生很多事情了。"

"我想是的，"卡萨表示认同，他们为一群帝国军队士兵让开道路，"帝皇之光是一股非常强大的力量，悠弗拉迪。"

当奇勒与卡萨和那些士兵错身的时候，一个虎背熊腰的秃头壮汉用肩膀狠狠撞上卡萨，他摔倒在地。

"嘿，看着点儿路。"那士兵居高临下地对卡萨吼道。

奇勒站在倒地的卡萨旁边大喊："滚开，你这白痴，是你撞上他的！"

那士兵转过身来，反手一拳打中悠弗拉迪的下巴，摄影师当即躺倒。她满口鲜血，挣扎起身，然而两双铁手抓住了她的肩膀，将她紧紧按在地上动弹不得。其余士兵开始踢打匍匐在地的卡萨。

"放开我！"奇勒喊道。

"闭嘴，贱人！"第一个士兵说，"你以为我们不知道你们的勾当？向帝皇祈祷之类的鬼把戏？荷鲁斯才是你们应该感激的人。"

卡萨翻身跪起，尽力抵挡拳脚，然而他难以抵挡三名职业军人的攻击。他猛力捶打一人裆部，侧身躲开一只踢向自己脑门的沉重军靴，终于挺直了身躯，但随即被一记沉重手刀击中脖颈侧面。

奇勒奋力挣扎，但那两个士兵太强壮了。其中一人伸手抢夺她脖子上的相机，她则张口狠狠咬住对方的手腕。士兵惊呼一声扯断了相机背带，另一人则扯住她的发根将她的脑袋拽开。

"你敢！"奇勒厉声尖叫，更加凶狠地挣扎起来，但那士兵攥住背带把相机摔成了碎片。此刻卡萨已经单膝跪倒，脸上满是血迹和怒意。他刚刚从枪套里抽出手枪，就被人用膝盖猛撞面孔，顿时昏了过去，手枪也滑落在地。

"泰塔斯！"奇勒喊道。她像一只野猫般癫狂反抗，终于挣脱了一条臂膀。她伸手探向背后那个压制住自己的士兵，用指甲挠过对方的面孔。士兵尖嚎一声松开了她，奇勒手脚并地爬向那把枪。

"抓住她！"有人高喊，"崇拜帝皇的贱人！"

她够到了手枪，同时听见沉重的击打声，立刻翻身躺倒。她把枪举在身前，随时准备打死前来追击的混蛋。

她发现并不需要打死任何人了。

三名士兵瘫软在地，第四个正横穿营地狂奔逃命，最后一人被握在某位阿斯塔特战士的铁拳里。那士兵狂乱踢打的双脚远离地面足有一米，阿斯塔特用单手攥着他的脖子。

"五打一可不太公平吧？"那位战士问道。奇勒发现他是四王议会的托迦顿连长。摄影师还记得在复仇之魂号上给托迦顿抓拍过几张优秀照片，她认为对方是荷鲁斯之子全军上下最为英俊的。

托迦顿从那个徒劳挣扎的士兵制服上撕掉了名牌与部队徽记，随后将他抛开，"你等着训导主任传话吧。趁我没弄死你，赶紧滚蛋。"

奇勒扔下手枪，跪在相机旁，顿时咒骂一句，里面的照片恐怕都已经毁了。她在纷乱残骸中动手翻捡，把记忆螺旋抽了出来。如果能尽快把这个放进她舱室的编辑仪器里，或许还可挽救几张照片。

卡萨痛苦地呻吟一声，奇勒顿时为自己优先关注残破相机而带有一阵罪恶感，但那也转瞬即逝。

"你是奇勒吗？"托迦顿问道。摄影师将记忆螺旋揣进长袍口袋里。

对方竟然知道她的名字，悠弗拉迪惊讶地抬起头说："是的。"

"很好。"阿斯塔特伸手搀扶她起身。

"想给我讲讲这是怎么回事吗？"连长问道。

奇勒犹豫了一下，她不愿将士兵们发动袭击的真实缘由告诉一位阿斯塔特战士。"我觉得他们不太喜欢我拍摄的一些照片。"她回答。

"大家的口味都很刁嘛，是不是？"托迦顿轻笑一声，但奇勒看得出来，对方并未相信自己的解释。

"是的，不过我需要返回战舰去恢复照片。"

"这可真是巧了。"托迦顿说。

"什么意思？"

"有人请我带你返回复仇之魂号。"

"是吗？为什么？"

"这重要吗？"托迦顿问道，"你反正要跟我走。"

"你至少可以告诉我，是谁想让我回去吧？"

"不行，这是最高机密。"

"真的吗？"

"不，假的，是凯瑞尔·辛德曼。"

辛德曼居然能差遣一名阿斯塔特为自己跑腿办事，这在奇勒看来简直荒谬。那位德高望重的宣讲者想要找她谈话只能出于一个原因，伊格内斯或者梅萨蒂肯定向他告发了奇勒的信仰。那两人始终不愿接受新的真理，这顽固思想令奇勒倍感恼怒。

"如此说来，阿斯塔特现在已经变成宣讲者的马前卒了？"她厉声问道。

"没那回事儿，"托迦顿说，"我只是帮朋友一个忙，而且我认为，现在回去对你也有好处。"

"为什么？"

"你很爱提问题，奇勒小姐，"托迦顿说，"这份特质或许可以帮助你成为一名优秀的记述者，但这次你最好安安静静地听别人讲话。"

"我惹上麻烦了吗？"

托迦顿用靴子踢了踢被砸成碎片的相机残骸，"这么说吧，有人想指点一下你的拍照手法。"

"帝皇很清楚，他需要一批无与伦比的战士来统领大军，"塞扬努斯开口道，"必须是犹如神明的指挥官才能让强悍的阿斯塔特甘愿效忠。这些指挥官应当坚不可摧，天下无敌，能够在眨眼之间令众多超人战士俯首遵命。他们被精心打造为领袖之才与天生将帅，其超凡脱俗的战斗技艺仅次于帝皇本人，并且各自拥有种种独特能力。"

"基因原体。"

"没错。唯有如此睥睨众生的强大个体才有资格谈及征服银河。你能想象吗，单单是为这项空前绝后的宏伟事业谋划蓝图，便需要怎样强大的自信与意志力？什么样的人才能够怀有如此巨大的野心？若非基因原体，还有谁可以承担这份惊天动地的责任？没有人能够独力完成这项超越凡尘的征伐大业，即便是帝皇也不行。所以他创造了你们。"

"为人类征服银河。"荷鲁斯说。

"不，不是为人类，是为帝皇。"塞扬努斯说，"你在心底早已知道，在伟大远征结束之后，你会面对什么样的命运。你将成为负责维护帝皇疆域的看守，而他则抛下众生独自成神。对于一个将银河纳入囊中的人而言，这算是什么奖赏？"

"这根本算不上任何奖赏。"荷鲁斯咆哮着重击面前的银色储物罐。金属外壳顿时凹陷，他的铁拳在玻璃上留下了一道细如发丝的裂痕。他能听到阵阵绝望的敲打声从中传来，覆满冰霜的储物罐侧面泄漏出嘶鸣气体。

"看看周围吧，荷鲁斯，"塞扬努斯说道，"你以为某人仅凭一己之力就能创造出基因原体吗？如果那样的奥妙科技确实存在，那么何不创造一百个、一千个荷鲁斯？不，将你们铸造成型的是一笔交易。这我很清楚，因为亚空间的主宰们与帝皇一样，也是你的父亲。"

"不！"荷鲁斯高喊，"我不相信你。基因原体都是我的手足，是帝皇的骨肉，是他的一部分。"

"的确是他的一部分，但这种力量从何而来？他与亚空间的诸神进行交易，换取了它们的些许力量。这才是注入你们体内的威能，绝非他自身那微不足道的凡人之力。"

"亚空间诸神？你在说什么，塞扬努斯？"

"我们究竟采用哪个词汇来称呼它们又有什么关系，正是它们的领域逐渐遭到帝皇摧毁，"塞扬努斯说，"智能存在？异形生物？诸神？它们拥有超乎想象的力量，对你而言无异于神祇。它们手握生命与死亡的奥秘，万物皆在它们掌控之中。感受、变化、战争与腐朽，这一切都隶属于世间存在的无尽循环，也都受到亚空间诸神的统御管辖。正是它们的力量在你全身的血脉中奔涌，赋予你种种无与伦比的绝妙能力。帝皇对它们早有所知，于是在千百年前便谦恭晋见，向它们效忠。"

"他绝不会做那样的事！"荷鲁斯驳斥道。

"你低估了他对于力量的渴望，我的朋友，"塞扬努斯说，两人一同沿着台阶回到实验室地面，"亚空间诸神无比强大，然而它们难以理解这个实体宇宙，因此帝皇成功背叛了它们，并盗走它们的力量，留作己用。在创造你们的过程中，他便注入了那份力量的微不足道的一部分。"

荷鲁斯感觉到自己的喘息变得短促而痛苦。他想要否认塞扬努斯的话语，但他在心底明白，这不是谎言。与任何人一样，他的未来并非注定不变，但他的过去已无法改变。他亲手铸就了自己毕生的荣耀，然而此时此刻，帝皇的叛逆妄为让那一切都烟消云散。

"如此说来，我们被玷污了，"荷鲁斯低声说，"我们全都是。"

"并非玷污，"塞扬努斯摇摇头说，"亚空间的力量单纯存在。若是由能力出众的人加以明智运用，它就是一柄无可匹敌的武器。它可以被驯服掌控，成为具备坚定意志的使用者的强大工具。"

"那么帝皇为何没有善加运用？"

"因为他太软弱，"塞扬努斯凑近荷鲁斯说道，"与你不同，帝皇缺乏那种彻底掌控它的坚定意志，而亚空间诸神对于背叛者绝不心慈手软。帝皇窃取了它们的一部分力量，而它们则发动反击。"

"如何反击？"

"你看着吧。帝皇凭借偷来的那份力量已经变得过于强大，令诸神难以正面直击，然而诸神预见到了帝皇的一部分计划，于是便针对实现计划所需的关键因素发动攻势。"

"基因原体？"

"基因原体。"塞扬努斯表示同意，他沿着走道继续前行。荷鲁斯听见了遥远的警报尖鸣声，整个房间中的气氛顿时变得焦躁不安，仿佛有一股冰冷电流在分子之间跃动奔涌。

"怎么回事？"他伴着越来越刺耳的警报声问道。

"正义降临了。"塞扬努斯说。

明亮灼目的蓝色火花在储物罐上闪动，点亮了那平滑如镜的金属表面，荷鲁斯抬起头，看到一团秽恶光芒紧贴着天花板凭空出现，不住翻卷涌动。它像一片微缩星海般悬浮于银色孵化器上方，在分秒之间急速膨胀。狂风呼啸而来，荷鲁斯被迫紧握住走道栏杆，那迅猛扩张的旋涡里传出阵阵凄厉嚎叫。

"那是什么？"他借助栏杆移向阶梯。

"你知道那是什么，荷鲁斯。"塞扬努斯说。

"我们必须离开这里。"

"想走已经太晚了。"塞扬努斯紧紧握住他的臂膀。

"把手放开，塞扬努斯，"荷鲁斯警告道，"无论你究竟叫什么名字，我知道你不是塞扬努斯，所以不必再假冒身份了。"

话音未落，他便看到一组披挂铠甲的战士穿过房间大门猛冲进来。对方共有六人，身材高大的与阿斯塔特相仿，但并未穿戴同样的作战盔甲，因此也就显得没有那么壮硕。他们身上那雍容华贵的黄金胸甲装饰着帝国鹰徽与雷霆闪电标志，青铜色的尖顶头盔覆有一束赤红马尾，席卷房间的飓风让他们的猩红斗篷在背后猎猎飘扬。六柄闪烁电光的战戟直指荷鲁斯，那些噼啪作响的修长锋刃下方各自悬挂着一把爆矢枪。他瞬间就认出了这些人——禁军战士，帝皇的直属近卫。

"邪魔止步，受汝裁决！"领头的战士怒吼一声，将守护者长戟刺向荷鲁斯的心脏。纵然禁军戴着密闭头盔，荷鲁斯依旧能够轻易辨别出对方的眼眸与嗓音。

"瓦尔多！"荷鲁斯喊道，"康斯坦丁·瓦尔多。是我，荷鲁斯。"

"住口！"瓦尔多高呼，"立刻停止这秽恶咒法！"

荷鲁斯仰望头顶，翻滚无定的旋涡中蕴藏着某种奇特力量，他能感受到那阵阵传来的强烈吸引，如同一位久别故友的问候。他将这迷惑人心的呼唤抛之脑后，站在房间地板上，迈步前行。

禁军长戟喷吐出凶猛噬人的炽热火光，那枪弹洪流的强悍冲击迫使荷鲁斯跪倒在地。尖啸狂风吞没了枪口的轰鸣与荷鲁斯的呼吼，然而令他开口喊叫的并非痛楚伤势，而是帝国战友向自己开火的可怕事实。

子弹继续向他倾泻而来，撕咬敲打他的盔甲，但始终未能突破这坚实防护。禁军列作严整阵型，步步逼近，用沉重火力将荷鲁斯压制在地。塞扬努斯一头扎进阶梯背后，击穿金属台阶的质爆弹让他身边火星四溅，残骸横飞。

荷鲁斯在暴怒中高声咆哮，傲然起身，那团把他彻底包裹起来的癫狂风暴震耳欲聋，让他将一切克制忍让都抛诸脑后。一枚爆矢弹轰在颈甲上，几乎要扭转他的整个身躯，但这远不足以放慢战帅的脚步。他从最近处的禁军手中夺过长戟，一拳将对方的头颅打得粉碎。

他反转手中兵器，将另一名禁军从头到脚劈作两半，那残破尸首顿时被狂风卷起，消失在噼啪作响的翻滚旋涡深处。一个敌人的胸膛被荷鲁斯洞穿，长戟直没入柄。

锐利锋刃向战帅的头颅袭来，但他挥动铁拳将其击碎，又轻而易举地从对方手中抢走了武器。另一名禁军随后殒命，荷鲁斯凭借赤手空拳让他身首异处，将那生生扯掉的脑袋抛落在地，泉涌般的鲜血从断颈中喷射而出。

如今只剩下瓦尔多一人幸存，荷鲁斯高声咆哮着逼近禁军领袖。瓦尔多的守护者长戟枪口喷吐出猛烈火光。荷鲁斯低哼一声忍受痛楚，抬起重拳准备将对方一击毙命。就在此刻，他突然听到不堪重负的金属材料扭曲撕裂的刺耳尖鸣，上方那个狂暴旋涡所引发的漩涡达成了目标。

荷鲁斯暂缓攻势，为那些储物罐的命运倍感惊恐。他转身看到一个金属罐喷吐着嘶鸣气流脱离地面，其他储物罐的固定装置也纷纷断裂破碎，任由它们被卷入半空。

时间骤然停滞，一团灼目光辉充满了整个房间。

荷鲁斯感觉到温润如蜜的柔和暖意涌入全身，他转过去面对光芒源头：一个熠熠闪烁的金色巨人，散发着超乎想象的英武气势和卓绝美感。

这景象让荷鲁斯在狂喜中屈膝跪地。谁不愿尽己所能来崇拜这位至臻完美的存在？他全身上下投射出深厚力量与坚定信心，在指掌翻覆之间便有万物创生的奥妙。他知晓这茫茫世间一切问题的答案，也具备着恰当运用那些答案的无尽智慧。

他的绝美盔甲金光灿烂，他的神秘容貌凡人难辨，他的荣光与力量无可比拟。

这位金色战士的沉稳举止仿佛是慢动作一般，他抬起手掌，轻描淡写地遏制了那道旋涡的癫狂肆虐。一切顿时沉寂下来，翻滚不已的孵化罐悬停在半空。

那金色身影将困惑不解的目光投向荷鲁斯。

"我认得你？"他开口道。这无比悦耳的完美和声让荷鲁斯喜极而泣。

"是的。"荷鲁斯的回答细若蚊鸣，他难以抬高嗓音。

那个巨人歪过头说："你意图摧毁我的伟大成果，但你不会得偿所愿。我请求你，放弃这条道路，否则一切都将就此失去。"

荷鲁斯向金色战士伸出手去，对方则哀伤地凝视那些静止悬浮于头顶的孵化罐，在须臾之间对未来事态作出权衡。

荷鲁斯能够在那双光耀超凡的眼眸中看到其最终决断，不禁喊道："不！"

对方转身离去，时间随即恢复如常，继续奔涌流逝。

亚空间催生的凶猛旋涡带着震耳的呼号卷土重来，在孵化罐的金属碰撞声中，荷鲁斯能够捕捉到诸位兄弟的尖叫。

"父亲，不！"他高喊，"你不能容许这些！"

那个金色巨人已经抽身而去，在背后留下一片狼藉。他对于自己亲手塑造的生命漠不关心，荷鲁斯感觉到炽热而浓烈的恨意涌上心头。

狂风的力量将他狠狠攫住，荷鲁斯放任自己被卷入空中，张开双臂与诸位兄弟重逢。

那亚空间旋涡的幽暗深渊盘踞在他头顶，如同一枚充满恐怖和疯狂的巨眼。

他放弃了抵抗，容许那股力量将自己彻底吞没。

第十六章

我们唯有真相
大先知
家园

唯独这一次，洛肯不得不认同亚克顿·克鲁兹的说法，"和当年不一样了，小伙子。和当年不一样了。"

他们并肩矗立于战略甲板，遥望着悬浮在太空之中的戴文，它仿佛是一枚散发幽光的珠宝，"我还记得我们第一次造访这里的情景，就好像是昨天的事。"

"更像是上辈子的事。"洛肯说。

"乱讲，年轻人，"克鲁兹说，"如果你像我一样见多识广就会明白。我们走着瞧，等你活到我这把年纪之后会如何看待时间的跨度。"

洛肯叹了口气，他此刻没有心情忍受克鲁兹的啰唆，不愿听对方略显屈尊俯就地讲述那些"过去的美好日子"。

"是的，亚克顿，我们走着瞧。"

"不要对我置之不理，小伙子，"克鲁兹说，"我或许老了，但我不傻。"

"我从来没有这样讲过。"洛肯回应道。

"那就认真听听我的话，加维尔，"克鲁兹俯身凑近说，"你们以为我不知道，但我清楚得很。"

"不知道什么？"

"那个'耳旁风'的事，"克鲁兹嘶声道，他压低了嗓音，确保附近甲板上的船员不会听见，"我很清楚你们为何这样叫我，那不是因为我话语轻柔，而是因为我的言论丝毫没有人在乎。"

洛肯看着克鲁兹黝黑的长脸，对方的老迈皮肤沟壑纵横。那双在平日里半睁半闭的蒙眬的眼睛此刻突然投射出直刺人心的凌厉目光。

"亚克顿——"洛肯开口道。但克鲁兹当即打断了他。

"不要道歉,这不适合你。"

"我不知道该说什么。"洛肯回应道。

"咳……什么都别说了。反正我也确实讲不出来一句值得旁人聆听的话,对吧?"克鲁兹叹了口气,"我知道自己是什么货色,小伙子,我扮演了我们挚爱军团久远过往的一件古董遗物。你要知道,我还记得还没有战帅时的征战情景,你能想象吗?"

"我们或许很快就不必想象那种情景了,亚克顿。戴尔弗斯大门开启的时间即将到来,依旧没有任何消息。即便拿到了那把宿敌刃,药剂师瓦顿还是对于战帅的苦难毫无头绪。"

"那把什么?"

"让战帅负伤的那把武器。"洛肯顿时后悔在克鲁兹面前提起那把坎布拉克武器的事情。

"喔,想必是非常强大的武器了。"克鲁兹大度地说。

"我想和托迦顿一起回到戴文去,"洛肯转换了话题,"但我又担心,再次遇到小荷鲁斯或者艾泽凯尔之后我会做些什么。"

"他们是你的兄弟,小伙子,"克鲁兹说,"无论发生什么,永远不要忘记这一点。打破兄弟情谊会将我们推入凶险境地。如果我们背弃了一位兄弟,那就背弃了所有兄弟。"

"即便是在他们犯下深重错误的时候?"

"即便如此,"克鲁兹肯定道,"我们都会犯错误,小伙子。而我们需要加以正视——它们是吃些苦头才能学到的教训。当然了,致命的错误除外,不过至少其他人能够从中学到教训。"

"我不知道该怎么办,"洛肯说着靠在战略室护栏上,"我不知道战帅的境况,我也束手无策。"

"唉,这事的确难办,小伙子,"克鲁兹表示同意,"无论如何,按照我们当年的说法,'要是什么都做不了,就什么都别担心'。"

"当年的生活一定更单纯,亚克顿。"洛肯说。

"是啊,小伙子,这话没错,"克鲁兹回应道,他完全没有捕捉到洛肯的讽刺,"我们可没有这些隐秘组织的荒谬事情,再者放在当年,你觉得我们会容许那个暴发户瓦尔瓦鲁斯任意叫嚣?或者我们会放任记述者在该死的战舰上四处乱窜,写些叛逆诗文诋毁我们,还声称那是未经修饰的真相?我问问你,阿斯塔特曾经受到的尊重都跑到哪里去了?日子变了,年轻人,日子变了!"

克鲁兹的话语让洛肯眯起眼睛,"你说什么?"

"我说日子变了,自从——"

"不,"洛肯说,"关于瓦尔瓦鲁斯和记述者的事情。"

"你没听说吗?我猜是没有了,"克鲁兹回答,"总而言之,你和四王议会同僚护送战帅返回复仇之魂号的过程显然让瓦尔瓦鲁斯不大开心。那个蠢货觉得,理应有人为你们所造成的伤亡付出代价。他每天都在通信频道里督促马罗格斯特,要求我们公开向舰队澄清事态,为死者家庭提供抚恤,并且惩治你们几个。"

"惩治我们?"

"他就是这样说的,"克鲁兹点点头,"他声称已经请英梅星向泰拉议会递交了信息,汇报你们引发的麻烦。要我说,他真是个该死的烦人鬼。在我们刚刚出征的时候,可不必忍受这种荒谬事情,大家艰苦拼搏,浴血奋斗,如果有人遭到误伤,那只能是他们运气不好。"

克鲁兹的话语让洛肯倍感惊愕,自己在登机甲板上的鲁莽行为再次令他满怀羞愧。那些无辜死伤必将萦绕心头,伴随他最终步入坟墓,然而事已至此,洛肯绝不会把时间浪费在追悔莫及上。无论昔日多么不幸,区区凡人胆敢要求阿斯塔特伏法依旧超乎想象。

瓦尔瓦鲁斯确实颇为棘手,但那是马罗格斯特需要解决的问题,而克鲁兹方才的话语还触动了他另一条心弦。

"你提到了记述者?"

"是的,就好像我们的麻烦还不够多一样。"

"亚克顿,别拖拖拉拉的,告诉我怎么回事!"

"好吧,但我就不明白你急什么,"克鲁兹回答,"似乎有某个匿名记述者在战舰上散发一些反对阿斯塔特的宣传材料,大概是诗歌之类的胡言乱语。到处都是传单。那人取了个相当自以为是的题目,好像叫'我们唯有真相'还是什么的。"

"'我们唯有真相'。"洛肯重复道。

"对,我记得是这个。"

洛肯一言不发地转身离去，匆匆走出战略室。

"想当年，可不是这样。"克鲁兹朝洛肯的背影叹息道。

时间早已入夜，伊格内斯·卡尔卡斯疲惫不堪，然而近来一周的成果让他十分满意。他每次在战舰中秘密穿行并散播自己的激进诗篇之后，隔几个小时都会返回查看，从来没有找到过剩余的复印本。其中一些无疑被战舰工作人员没收了，但他知道肯定还有不少流入了那些需要读一读诗句内容的人手里。

通道寂静无声，近来一向如此。为殒落战帅哀叹祈祷的人们大多已经前往戴文，或者聚集在战舰的宽敞区域里。复仇之魂号被一股荒废气氛所笼罩，就连那些负责清扫维护的机仆仿佛都暂停了手中的活计，静观下方星球的重大局势作何进展。

在返回舱室的路上，卡尔卡斯时不时注意到墙壁和走廊表面刻着圣言录的符号，他毫不怀疑如果自己跟随这些符号一路前行的话，就能找到一群集结祝祷的信徒。

信徒——在这个广受启迪的年代里，此等称谓总是显得颇为怪异。他还记得自己曾经站在63-19的神殿中苦苦思索，推想这种对于神圣存在的笃信是否属于人类种族品性里一项根深蒂固的缺陷。人究竟是否需要有所信仰，从而填补心中那份深重可怕的空虚？

古老地球的一位智者曾提出，科学必将毁灭人类，其手段并非大规模杀伤性武器，而是对于神祇无法存在的最终证实。他认为这样的定论足以严重损毁人类的心灵，让普罗大众意识到自己在这冷漠无情的广袤宇宙里是彻底孤独的，进而胡言乱语并陷入疯狂。

卡尔卡斯微笑起来，他暗自猜想那位老者如果活到今日，目睹了帝国真理的光辉普照银河之后，又有何话可说。但另一方面，或许这个圣言录异教恰恰对诗人的看法作出了辩驳：它证明人类无法面对自己内心的空虚，因此主动树立新的神祇来替代那些遭到遗忘的消逝的偶像。

卡尔卡斯并没有听说帝皇已经化身为神，然而根据那些与自己新作诗篇同样无处不在的异教传单所说，人类之主早就超凡脱俗，不受尘世束缚了。

他摇摇头甩掉这故弄玄虚的愚蠢看法，在脑海中开始筹划如何将其纳入自己的下一篇作品。他的舱室就在前方，然而当卡尔卡斯伸手准备开门的时候，立刻意识到情况不对劲。

房门微微打开，纵然走廊中飘散着刺鼻臊味，卡尔卡斯依旧捕捉到了一种挥之不去的熟悉气息，那只能意味着一件事。他顿时回想起自己为悠弗拉迪·奇勒所作的那首以阿斯塔特身上汗味为题的粗鲁打油诗，此刻他不必推开房门就知道谁在里面。

他短暂考虑了一下是否转身离去，但他明白那毫无意义。

诗人深吸一口气，推开了房门。

卡尔卡斯的舱室一片狼藉，不过这要完全归功于他自己，而非擅自闯入者的手笔。一个背对着他的高大身影仿佛占据了全部空间，不出所料，正是洛肯连长。

"你好啊，伊格内斯。"洛肯说着放下了手中的邦兹曼7号本子。卡尔卡斯已经用潦草随笔和杂乱思绪填满了两个记事本，他很清楚洛肯恐怕不会喜欢其中的内容。即便是缺乏文学造诣之人也完全可以理解那些尖酸刻薄的言论。

"洛肯连长，"卡尔卡斯答道，"我本该询问您为什么光临寒舍，但我们都明白你的来意，对吧？"

洛肯点点头，卡尔卡斯感觉到自己的心脏在胸中怦怦狂跳，因为他看得出来，那位阿斯塔特呼之欲出的怒火只是勉强被压制住。这并非阿巴顿的狂暴莽行，而是一股钢铁刀锋般的冰冷怒意，不需片刻迟疑或悔恨便可将他就此抹消。卡尔卡斯骤然意识到，近来重现的灵感是多么危险，自己隐瞒身份的妄想又是多么愚蠢。奇怪的是，纵然东窗事发，他却感觉到一股抗争与挑衅之情浇灭了恐惧的火苗，并且认定自己所作所为无愧于心。

"为什么？"洛肯嘶声道，"我替你担保，记述者。我为你搭上了自身名誉，而你就这样回报我？"

"是的，连长，"卡尔卡斯说，"你确实替我担保了。你让我发誓讲述真相，这正是我一直在做的。"

"真相？"洛肯咆哮道，对方的暴怒令卡尔卡斯胆怯退缩，他还记得这位连长的铁拳是如何轻易地夺走了挡路凡人的性命，"这不是真相，这是妄加诽谤的胡言乱语！你的谎言已经散播到了舰队的其他单位。我真该杀了你，伊格内斯。"

"杀了我？就像你们在登机甲板上杀了那些无辜的人一样？"卡尔卡斯喊道，"这就是如今阿斯塔特眼中的正义吗？只要有人胆敢挡路，只要有人意见相左，你们就痛下杀手？如果我们这个光辉灿烂的帝国已经落入此等境地，那么我宁愿一死了之。"

他看到洛肯身上的怒气在转瞬间流逝殆尽，不由得为对方略有同情，然而昔日那些伤重濒死者的血迹和惨叫随即浮现，顿时让诗人硬起了心肠。他拿起一摞诗篇递给洛肯，"无论如何，这就是你想要的。"

"你以为我想要这些？"洛肯说着，将那些纸狠狠抛向舱室对面，居高临下地站在卡尔卡斯前方，"你疯了吗？"

"并没有，亲爱的连长，"卡尔卡斯营造出一份自己并不具备的冷静，"我还要为此感谢你呢。"

"感谢我？你在说什么？"洛肯倍显困惑地问道。卡尔卡斯能够在洛肯的凶恶气焰中捕捉到一丝疑虑。他将酒瓶递给洛肯，但那位高大战士摇了摇头。

"你告诉我要继续讲述真相，无论真相多么丑陋可憎，"卡尔卡斯说着，把酒倒进一个脏污开裂的马口铁杯子里，"我们唯有真相而已，记得吗？"

"我记得。"洛肯叹息一声，坐在卡尔卡斯身边，那张床铺顿时吱嘎呻吟起来。

卡尔卡斯长出一口气，他意识到近在眼前的危难已经过去，于是举杯一饮而尽。这瓶劣酒已经开启多日，但毕竟能够帮助他安抚自己的紧绷神经。诗人从写字台旁拉过一张高背椅，坐在洛肯面前，对方则伸出手示意将酒瓶给他。

"你说得对，伊格内斯，的确是我要求你这样做的，但我从来没有想象过，竟会走到这步田地。"洛肯对着瓶子灌了一口。

"我也没想到，但事实如此，"卡尔卡斯回答，"如今的问题在于，你要作何应对？"

"说实话我不知道，伊格内斯，"洛肯承认，"我认为你对四王议会的指责有失公允，我们当时面临的情况非同一般。我们只是——"

"不，"卡尔卡斯打断了对方，"我并无不公。你们阿斯塔特在一切方面都远超凡人，你们要求我们示以尊敬，但你们必须自己赢得这份尊敬。你们的道德水准应当无可指摘。你们不仅要明辨是非，更要坚决远离那些夹在善恶之间的灰色地带。"

洛肯苦笑一声："我还以为负责讲解道德伦理的是辛德曼呢。"

"的确，但我们亲爱的凯瑞尔目前不大露面啊，是不是？"卡尔卡斯说，"我得承认，我近几日才加入了正义之士的行列，但我知道自己的所作所为是正确的。不仅如此，我还知道这是必要的。"

"你如此坚信吗？"

"是的，连长。我这辈子从来没有如此坚信过其他任何事情。"

"你也会继续散发这个？"洛肯拿起一摞潦草笔记问道。

"这个问题有正确答案吗，连长？"卡尔卡斯反问。

"有，所以你要诚实作答。"

"如果可能的话，"卡尔卡斯说，"我就要继续散发。"

"你会害我们两个都惹上麻烦的，伊格内斯·卡尔卡斯，"洛肯说道，"但我们如果失去了真相就一无所有，而我如果制止你公布真相就与暴君无异。"

"所以你不会阻止我写诗，也不会把我遣送回泰拉？"

"我应该这样做，但我不会。你要明白，你的诗篇已经为自己树立了众多强敌，伊格内斯，那些敌人必将要求遣返你，甚至更糟。不过此时此刻，你依旧受到我的保护。"洛肯说。

"你认为我需要保护吗？"卡尔卡斯问道。

"毫无疑问。"洛肯回答。

"听说你想见我，"悠弗拉迪·奇勒说，"想告诉我为什么吗？"

"啊，亲爱的，悠弗拉迪，"凯瑞尔·辛德曼从食物面前抬起头来，"请进。"

奇勒在覆满尘灰的三号档案库往复搜寻了一个多小时，最终才在下层甲板餐厅里找到辛德曼。据留守战舰的其余宣讲者说，那位老人几乎永远泡在档案库里，错过了所有授课日程——当然，目前也没有什么学生来听课——并且毫不理会同僚们的饮宴邀请。

托迦顿扔下摄影师自行寻找辛德曼，那位连长的职责仅仅是将奇勒带回复仇之魂号。他随后便动身与洛肯连长会合，计划一同返回戴文。奇勒确信，对方一定会将所见所闻告知洛肯，但她已经不在乎究竟有谁知悉自己的信仰了。

辛德曼形容枯槁，双眼憔悴灰暗，脸颊蜡黄瘦削。

"你的状态不大好啊,辛德曼。"她说道。

"我也想这么说你呢,悠弗拉迪,"辛德曼作出回应,"你瘦了。这不适合你。"

"其实大多数女人都乐于减肥,但你差遣一个阿斯塔特把我抓回来,恐怕不是为了点评我的饮食习惯吧?"

辛德曼笑着将方才研读的书籍推向一旁,"不,你说得对,的确不是。"

"那究竟是为什么?"奇勒坐在宣讲者对面质问,"如果这是因为伊格内斯的小报告,那你就不必浪费口舌了。"

"伊格内斯?不,我已经很久没和他聊过了,"辛德曼回答,"是梅萨蒂·欧丽顿来见过我。她告诉我说,你近来开始大肆宣扬这个圣言录异教。"

"这不是异教。"

"不是吗?那么你要如何称呼它?"

奇勒略加思索之后答道:"一个崭新的信仰。"

"真是个精明的回答,"辛德曼说,"如果你不介意的话,请为我详细讲解一下。"

"你有兴趣?我还以为你把我叫回来,是为了指出我的谬误行为,用你的宣讲者手段来说服我放弃信仰呢。"

"完全不是那样,亲爱的,"辛德曼说,"你们或许以为自己的信仰深藏心底,密不外露,但最终还是瞒不住的。在崇拜神明这件事上,我们是一个非常奇特的物种。那些彻底占据我们想象力的事物足以左右你我的生活与品性。我们在致以崇拜的时候应当多加小心,因为我们无论崇拜什么,都会逐渐转变成什么。"

"你认为我们崇拜的又是什么呢?"

辛德曼谨小慎微地扫视四周,随后拿出一张纸来,奇勒顿时辨认出那是圣言录的传单。"这正是我需要你提供帮助的地方。这份材料我已经读过好几遍了,我必须承认,其中很多言之凿凿的内容让我非常感兴趣。你要知道,自从……耳语山脉下面的事件之后,我就……我就始终难以入眠,只好把自己埋在书本里。我觉得如果能够将当时的遭遇调查清楚,或许就可以作出合理的解读。"

"你做到了吗?"

老人微笑起来,奇勒能捕捉到那笑容背后的疲惫与沮丧。"说实话?不,并没有，我读得越多，就越注意到人类种族自从摆脱专制教会的威吓欺凌之后，已经取得了很多长足的进步。与此同时，我读得越多，也就越察觉到某种规律在逐渐显现。"

"规律？什么规律？"

"你看，"辛德曼绕过餐桌坐在她身旁，将传单铺在两人面前，"你们的圣言录提出，帝皇已经在人类的行列中存在了成千上万年，对吗？"

"是的。"

"而在古老典籍里——那大多纯属胡说八道，都是鸡毛蒜皮的陈旧历史和血腥暴虐的荒谬故事——我找到了一些重复出现的类似题材。不同的书本都体现了某个金光灿烂的身影，我很不愿意承认，但种种描述方式确实与这张传单的内容十分相似。我不知道朝这个方向展开调查究竟能带来什么真相，但我愿意继续深入，悠弗拉迪。"

她不知如何作答。

"你瞧，"辛德曼把书转过来给她看，"这本书是用一种古老人类语言的变体所写，我从来都没有见过。我大概可以对特定段落作出解读，但这种语言的结构十分繁复，在缺乏关键词根的情况下，我不可能构建正确的语法关系，所以一直很难进行翻译。"

"这是什么书？"

"我相信这正是洛加之书，不过我至今未能与首席牧师艾瑞巴斯作出确认。如果我的推测无误，那么这或许就是洛加本人赠予战帅的抄本。"

"这又有什么重要的呢？"

"你没听说过关于洛加的那些传言吗？"辛德曼急切地问道，"不是说他也将帝皇视作神祇加以崇拜吗？据说他的军团摧残了众多不敬帝皇的世界，之后又竖立大批纪念碑以示效忠。"

"我记得那些故事，没错，不过它们都只是故事，对不对？"

"或许吧，但如果不是呢？"辛德曼两眼放光地说道，发掘出此等重大奥秘的可能性令他亢奋不已，"作为基因原体，作为帝皇本人的子嗣，他会不会知晓某些我们区区凡人还难以接受的实情？如果我至今为止的研究成果正确无误的话，那么这本书所探讨的内容就是如何将神祇的本质召唤出来。我必须搞清楚这是什么意思！"

这意义重大的信息让悠弗拉迪的心跳骤然加速。如果一份关于帝皇神性的无可辩驳的证据能够由凯瑞尔·辛德曼本人提出，那么圣言录必将一举摆脱目前的卑微地位，荣登大雅之堂，进而蓬勃发展，贯穿银河。

辛德曼看到了她脸上的顿悟，于是说道："奇勒小姐，我穷尽毕生精力宣扬帝国真理，对于至今成就颇为自豪，然而我们所推广的理念会不会是谬误信息？如果你们的观点属实，帝皇确为神祇，那么你我在63-19那座山脉脚下所目睹的事物就代表着某种极其可怕的重大威胁，远远超出我们的想象。若那果真是一个邪恶魂灵，我们就前所未有地需要一位帝皇这样的神圣存在。我明白仅凭言论是无法移山填海的，但言论足以鼓动人心——这一点已经被我们多次证实了。与其他任何事物相比，人们更愿意为了只言片语而奋战不懈，至死方休。言论能够塑造思想，触动情感，驱使行为。言论能够左右生死，弘扬正气或毒害人心。作为宣讲者，我所学到的最重要的一课就是，那些操弄言论之人——祭司、先知与智者——在人类历史中扮演了极其关键的角色，远非军事统领或政坛精英所能比拟。如果我们可以证明神祇的存在，那么我向你保证，宣讲者们一定会站在俯瞰大地的塔楼顶端，高声传播这份真相。"

悠弗拉迪瞠目结舌，凯瑞尔·辛德曼刚刚颠覆了她的整个世界观：这位世俗真理的首席代表竟然在谈论神祇与信仰？她凝视对方的双眼，顿时明白自从两人上一次相见至今，辛德曼经受了何等摧肝裂胆的自我怀疑与认知危机，在这短暂时日里失去了多少，又获得了多少。

"让我看看。"她说道。辛德曼把书推到奇勒眼前。

某种棱角分明的楔形文字在页面上纵向排列，她一见之下立刻明白，自己无望协助翻译，不过字里行间的某种元素显得有些熟悉。

"我看不懂，"奇勒说，"这写的是什么？"

"好吧，这就是问题所在，我也说不清楚，"辛德曼回答，"我能看懂零星的几个词，但是缺乏关键的语法结构，所以很难有进展。"

"我之前见过这个。"摄影师突然回想起来，这些字迹为何显得熟悉。

"我看不然，悠弗拉迪，"辛德曼说道，"这本书已经在档案库里存放了好几十年。我不认为有任何人读过它。"

"你少教训我，辛德曼，我之前肯定见过这个。"她坚称。

"在哪里？"

奇勒把手探进口袋，紧紧握住损毁了的相机的记忆螺旋。她从座位上站起身说，"拿上你的笔记，三十分钟后，我们在档案库里见。"

"你要去干什么？"辛德曼抓起书本问道。

"去找一些你肯定想看看的东西。"

荷鲁斯睁开双眼，看到了一片饱受污染、黑云密布的天空，他周围的环境死气沉沉，充斥着化学物质的味道。

这闻起来颇为熟悉。这闻起来有种家的味道。

他躺在一片铺满黑色尘灰的崎岖高原上，前方的那座矿井早已枯竭，他终于发现这正是科索尼亚，一股空荡荡的思乡之痛立刻涌上心头。

远方精炼厂的遮天烟霾与地下矿坑的无尽敲打导致空气中飘满了大量颗粒物质，他回想起在这里度过的单纯岁月，不禁尝到了些许令人心悸的孤独感。

荷鲁斯四下寻觅塞扬努斯，但泰拉深处的那个狂暴旋涡显然没有将他的同伴一并卷来。

他在这个怪异的未知国度里已经穿行多次，然而抵达此处的旅程远非一如既往的寂静而迅捷。栖息在亚空间深处的力量向他短暂地展示了未来，那确实是一幅凄凉景象。肮脏的异形占据着银河的大片疆域，人类子嗣则被一团绝望愁云所笼罩。

人类的强悍大军早已失却荣光，分崩离析，众多军团也零落四散，难比昔日：官僚书吏与庞杂部门组成了一个地狱般的政权体系，亿万民众皆庸庸碌碌地了却余生，毫无自身价值或远大野心可言。

在这个黑暗的未来，人类已经无力挑战其专权霸主，也难以抗击帝皇所放任的种种灾厄。他的父亲变成了一个腐尸神明，对于子民的苦难毫无体会，对于人类的命运漠不关心。

事实上，荷鲁斯此刻孤身来到科索尼亚是件好事。他的思绪一团乱麻，愤怒与厌憎在脑海里狂乱飞旋。帝皇对于那些自己远远无法掌握的力量妄加染指——而且此前已经引发过一次局面失控。他以众多子嗣为筹码换取了力量，如今又返回泰拉故技重施。

"我绝不会放任此事。"荷鲁斯轻声说道。

话音未落，他听到一阵哀怨狼嚎，立刻翻身站起。科索尼亚上并没有近似于狼的生物，荷鲁斯已经厌倦了对方贯穿亚空间对自己穷追不舍。

"现身吧！"他挥动拳头，发出一声四下回荡的战吼。

作为回应，那嚎叫再次出现，越发逼近，荷鲁斯感觉到热切的战意涌上心头。对于禁军的屠戮已经让他尝到了血腥味，如今他不介意继续大开杀戒。

阴影在他周围盘旋，他高声喊道："狼神！狼神！"

若干形体从阴影里浮现，一群皮毛赤红的巨狼从黑暗中纷纷现身。它们聚拢过来，荷鲁斯辨认出了狼群领袖，当他在亚空间中首次苏醒时，正是这头野兽曾与自己交谈。

"你是什么？"荷鲁斯问道，"不要说谎。"

"我是一个朋友。"那头狼说道。它的轮廓越发模糊，一道道金色光芒在表面奔涌动荡。那头狼用两条后腿站起身来，整个躯干伸展膨胀，肢体比例迅速转变，最终化为人形，与荷鲁斯同样高大。

紫铜色的肌肤取代了皮毛，它的两只眼睛液化流动，融合成一枚金眸。对方头颅上勃勃生出浓密红发，青铜盔甲则凭空闪现，覆盖住他的胸膛和臂膀。此人身披一袭随风飘扬的羽毛斗篷，对荷鲁斯而言简直再熟悉不过了。

"马格努斯，"荷鲁斯说道，"真的是你吗？"

"是的，兄弟，是我。"马格努斯回答。两位战士伴着盔甲碰撞声紧紧相拥。

"怎么会？"荷鲁斯问，"难道你也要死了？"

"不，"马格努斯说，"我没有死。你必须仔细听我说，兄弟。我花费了太久才找到你，我能够在此停留的时间已经不多了。布置在你身边的咒语和屏障十分强大，为了穿透它们，我的仆从时时刻刻都在献出生命。"

"不要听信他，战帅，"另一个声音开口了，荷鲁斯转身看到哈斯特尔·塞扬努斯从幽暗矿井中走来，"这就是我们一直在躲避的敌人。它是个源自亚空间的变形怪物，专门以人类灵魂为食。它图谋将你吞噬，阻止你返回自身躯体。荷鲁斯的一切本质都将不复存在。"

"他说谎，"马格努斯厉声说，"你认得我，荷鲁斯。我是你的兄弟，而他又是谁？是哈斯特尔吗？哈斯特尔已经死了。"

"我知道，但是在这个地方，死亡并非终点。"

"此话不错，"马格努斯表示认同，"但你宁愿相信亡者也不相信自己的兄弟吗？我们都怀念哈斯特尔，但他已经走了。而这个冒牌顶替者根本不以真实面目示人！"

马格努斯猛然探出手掌凭空握拳，仿佛要抓住某种隐形事物。他随后用力收回臂膀。哈斯特尔尖叫一声，双眼喷涌出汹涌银光，仿佛是照明弹的辉耀。

荷鲁斯眯起眼睛抵挡那灼目强光，他依旧能看到一位阿斯塔特战士，然而对方如今披覆着怀言者的盔甲涂装。

"艾瑞巴斯？"荷鲁斯问道。

"是的，战帅，"首席牧师艾瑞巴斯承认，他喉咙上那道修长的红色伤疤已经渐渐愈合，"我假扮塞扬努斯前来见你，是为了帮助你理解必为之事，但在我们穿行这片国度的时候，我所说的都是真相，并没有半句虚言。"

"不要听他的话，荷鲁斯，"马格努斯作出警告，"银河的未来就掌握在你的手中。"

"的确如此，"艾瑞巴斯说道，"因为帝皇打算抛弃银河，自求登神。荷鲁斯必须拯救帝国，因为帝皇显然全无此意。"

第十七章

恐怖怪物
天使与恶魔
血契

悠弗拉迪将那台简易编辑仪器夹在胳膊下面，带着充满心胸的无限可能，快步穿过三号档案库走向辛德曼的书桌。白发苍苍的宣讲者佝偻着身躯，伏案研读那本方才展示给奇勒看过的书籍，他的喘息在这冷冽环境中化作一团团白气。摄影师坐到对方身旁，将编辑仪器摆在桌面上，把一枚记忆螺旋按进了图像插槽里。

"这里够冷的，辛德曼，"奇勒说道，"你居然没有感冒发烧。"

老人点点头，"是的，确实很冷。已经有好些天都是这样了，事实上，自从战帅被送往戴文之后就一直如此。"

编辑仪器的屏幕闪烁点亮，用一道白光将两人笼罩起来，奇勒开始翻阅照片。这些大多拍摄于戴文地表，其中也包括她在耳语山脉行动开展之前捕捉到的洛肯连长以及四王议会的照片。

"你究竟在找什么？"辛德曼问。

"找这个。"她得意地说，随后偏转屏幕，方便辛德曼检视。

这份文件包含了八张照片，都是在戴文战争议会中拍摄的，当时尤甘·坦巴的叛逆暴行刚刚被揭露。首席牧师艾瑞巴斯出现在每一幅图像里，奇勒操纵编辑仪器的跟踪球，聚焦在那位怀言者覆满刺青的头颅上，将画面放大。辛德曼轻呼一声，立刻辨认出了艾瑞巴斯脑袋上的符号。它们与那本书中的文字完全相同。

"如此说来就毫无疑问了，"辛德曼喘息道，"那一定是《洛加之书》。你能不能继续放大，再把艾瑞巴斯头上各个位置的符号都显示出来？这做得到吗？"

"拜托，你不看看我是谁。"她开口回答，一双巧手在编辑仪器的键盘上舞动。

悠弗拉迪利用从不同角度拍摄的一张张图像，将那位怀言者头颅表面的刺青符号全部采集起来，最后整合投射到一个平面上。辛德曼带着赞赏之情静静旁观。奇勒仅仅花费了不到十分钟时间便构建出一份高清图像，展现着艾瑞巴斯头颅上的全部符号。

她心满意足地低哼一声，按动键盘，将屏幕上的那幅图像打印出来，编辑仪器顿时轻吟着吐出一张光泽闪亮的副本。奇勒拎起页角甩了甩，让墨迹彻底干燥，之后递给辛德曼。

"给，"她说道，"这能不能帮助你翻译那本书的内容？"

辛德曼把图片摆在书旁，晃着脑袋往复检视页面内容和他的笔记，手指则追踪着一行行楔形文字。

"对，对……"他兴奋地说，"这里，你看，这个词含有大量的元音音节，而这个显然是某种私人暗语，只不过在音节构造方面要繁复得多。"

没过多久，奇勒就完全跟不上辛德曼的话头了，对方所用的大量专业词汇让她毫无头绪。卡尔卡斯和欧丽顿或许能够理解这位宣讲者的意思，但奇勒所擅长之处在于图片，而非文字。

"你要花多久才能搞明白？"她问道。

"什么？喔，想必不需要太久，"老人回答，"只要掌握了一种语言的语法逻辑，再去解读其余含义就相对简单了。"

"那么到底要多久？"

"给我一个小时，咱们就一起来读读这本书，好吗？"

奇勒点点头推开椅子说："行，我打算在周围转转。"

"没问题，你要是对哪本书有兴趣就随便拿来看，亲爱的。不过周围的藏书恐怕更适合我这样的老学究。"

摄影师微笑着站起身来，"我虽然不是个文字工作者，但还是懂得怎么看书的，凯瑞尔。"

"当然了，我没有那个意思——"

"太容易上钩了。"她说着便漫步走入书架之间随处浏览，辛德曼则埋头研读。

奇勒虽然对辛德曼的话反唇相讥，但很快便意识到对方说得没错。在随后的一个小时里，奇勒漫无目的地走过无数个书架，其中塞满了卷轴、典籍和散乱手稿。大部分书本的标题都晦涩难懂，例如解读星象和星语征兆、邪能封印以及相关的诸般恐怖事物，还有亚图姆之书等等。

当她路过最后那本书的时候，奇勒突然感觉到一股寒意贯穿全身，她伸手将那古籍从书架中取了下来。饱经风霜的皮革封面散发着浓重气味，她并非真的想要阅读其中内容，却又难以抵抗这本书所蕴含的怪异魅力。

古籍封皮在她手中吱嘎作响，漫长岁月的尘埃从书页间飘散开来。她咳嗽了几声，同时听到辛德曼一边翻译《洛加之书》一边高声朗读。

令人惊讶的是，奇勒面前这本典籍是用一种她能够读懂的语言所书写的。她的双眼迅速浏览页面上的内容。辛德曼的嗓音再次传来，悠弗拉迪过了一阵才意识到，她耳中听闻的话语和她在书上读到的字句完全相同。她眼睁睁地看着那一个个字母模糊变幻，自行重组。古旧暗淡的满篇字迹仿佛散发着内在的光辉，在她浏览完毕之后，那本典籍顿时迸发出火焰。她惊叫一声将书本扔在地上。

奇勒拔腿跑向辛德曼所在的位置，她转过一个拐角，看到对方正满脸惊惧地高声诵读那本书上的文字。辛德曼紧紧攥住书页边角，仿佛是无法松开手指，字字句句从他口中奔涌而出。

一股暴烈电流般的感觉让悠弗拉迪牙齿打战，她看到一团翻卷脉动的幽蓝光辉悬浮在书桌上方，不由得惊恐尖叫起来。那怪异现象在半空中扭曲痉挛，像是与周遭的世界略有脱节。

"凯瑞尔！怎么回事？"她高声问道。耳语山脉脚下的恐怖经历顿时卷土重来，那麻痹心神的凶猛力量迫使她跪倒在地。辛德曼并未作答，继续不由自主地吐出一串串词语，他饱含惊惧的双眼始终凝望着头顶那幅超自然的景象。奇勒明白，自己此刻体会到的恐慌同样在对方的血脉里涌动沸腾。

那光芒开始膨胀延展，仿佛遭到了彼端某种事物的猛力推挤，一条闪烁着邪光的肢体随即浮现，开始四下打探。在昔日遭遇过后的数月之中，一股浓烈的愤恨曾吞没了奇勒的身心，此刻她骤然感觉到那团怒火涌入胸膛，刺穿了蒙蔽神智的恐惧，推动她站起身来。

奇勒冲到辛德曼身边，攥住对方瘦骨嶙峋的手腕。与此同时，一个具有闪耀皮肉的脉动身躯开始撕开光团，奋力闯入此处。

辛德曼的双手紧锁在书页上，口中继续朗读那些可怕文字，奇勒根本无法掰开对方的泛白指节。

"凯瑞尔！放开那该死的书！"她厉声喊道。一阵恶心的撕扯声响从上方传来。奇勒冒险抬头观望，看到一条条触须状的肢体逐渐涌现，那仿佛是对生产场景的猥亵模仿。

"对不住了，凯瑞尔！"奇勒高呼一声，挥拳击中宣讲者的下巴。老人翻身摔倒在地，双手被迫松脱了书页，始终滔滔不绝的吟诵也就此告终。摄影师快步绕过书桌将辛德曼搀扶起来。就在此时，一阵秽恶恐怖的吸吮声在背后响起，某个庞大湿滑的物体随即重重地砸落在桌面上。

悠弗拉迪没有浪费时间回头探查，而是搀着步履蹒跚的辛德曼，拼尽全力冲进书架之间。两人匆忙远离书桌，源自后方的一道闪烁光辉突然将他们的阴影投在面前，刺耳狂笑般的尖锐嘶嚎席卷而来。

奇勒听到一阵气流呼啸，某种明亮炽热的事物应声从她身旁掠过，像烟花一样伴着滚滚热浪与震耳轰鸣在书架上炸开。惨遭轰击的木料嘶嘶作响，剥落碎裂，奇勒回望身后，看到一个闪耀扭曲的恐怖怪物挥舞着数不胜数的肢体向他们猛扑而来。它像潮水般波动前行，组成那诡异身躯的液态物质变幻无端，众多疯癫面孔、躁动眼眸和狂笑口舌时刻在其中凝聚或消融。一束束碧蓝与赤红的光芒从它躯体内部迸发出来，将档案库照得令人眼花缭乱。

又一团闪耀着荧光的灼目火球向他们袭来，奇勒将辛德曼和自己一同扑倒在地，两人身旁的书架被炸成碎片，熊熊燃烧的书籍与分崩离析的木块顿时飞溅四方。那个恐怖怪物迈开极具弹性的修长腿足，在书架之间疾行奔窜，展现出令人目瞪口呆的速度和敏捷，奇勒意识到它意图迂回到两人后方。

她听着怪物的癫狂尖笑，伸手把辛德曼拽起来。吃了摄影师一拳的宣讲者似乎已经恢复了神志，他们继续在蜿蜒狭窄的通道中拔腿逃命，向档案库大门冲去。背后传来了烈焰呼啸，那个恐怖怪物奋力将身躯挤进书架之间的走道，让两侧堆放的典籍纷纷喷射出粉色火柱。

通道尽头就在前方，火警警报的尖厉嘶鸣让奇勒几乎笑出声来。如今总该有人来救他们了吧？

他们埋头冲出走道，然而辛德曼突然步伐错乱，害得两人再次扑倒。他们在地板上摔成一团，绝望地匍匐前行，尽可能远离那个秽恶可憎的怪物。

奇勒翻身躺倒，看着那具脉动不已的庞大身躯从书架之间挤了出来，怪物体内的翻滚搅动让那闪耀的皮肉表面泛起一道道波纹。怪物的幻变躯体上骤然爆发出众多充满恶意的眼眸与獠牙遍布的巨口，随即喷吐出一股炽热蓝焰，向惊声尖叫的摄影师迎面袭来。

虽然奇勒明白此刻一切都于事无补，但她还是紧闭双眼，举起臂膀，试图抵挡那焚身烈火，可是预料之中的灼烧剧痛并未降临，却有一团无比突兀的寂静将她包裹起来。

"快！"一个颤抖的声音说道，"我无法抵挡太久的。"

奇勒转头看到了复仇之魂号星语者领袖英梅星的身影，那位披覆白袍的女士平伸双臂，矗立在档案库门外。

"荷鲁斯，我的兄弟，"马格努斯说，"你绝不能听信他所说的任何一句话。那全都是谎言。是他用来遮掩恶毒阴谋的谎言。"

"在愚昧无知者眼中，任何一个足具胆量和品性去坦陈真相的人往往都是恶毒的，"艾瑞巴斯咆哮道，"你此刻身处亚空间之中，居然还敢控诉旁人的谎言？若非巫术行径，你又如何能够站在这里？帝皇本人早已明令禁止你行使任何巫术。"

"你休要妄自评判我，小畜生！"马格努斯高声怒吼，向首席牧师投去一团闪亮火球。荷鲁斯看着那汹涌烈焰将艾瑞巴斯包裹起来，却随即熄灭，而艾瑞巴斯毫发无伤，盔甲和皮肤上没有一点焦痕。

艾瑞巴斯笑道："你太远了，马格努斯。你的力量鞭长莫及。"

马格努斯继续从指尖投射出奔腾不息的闪电。荷鲁斯目睹自己的兄弟施展此等威能，心中充斥着诧异和惊惧。虽然所有军团都曾经包含智库部门，专门训练特定战士汲取亚空间的力量，但帝皇在尼凯亚议会所下达的敕令已经将其全部撤销解散。

显然，马格努斯并未理会那道命令，如此惊人的高傲自负让荷鲁斯难以置信。

最终，那位独眼兄弟只能承认，自己的力量确实无法触及艾瑞巴斯，于是垂手立于原地。

"你看，"艾瑞巴斯面对荷鲁斯说，"他不值得信任。"

"你也一样，艾瑞巴斯，"荷鲁斯说道，"你假冒他人身份前来见我，你首先妄称我的兄弟马格努斯是图谋将我吞噬的亚空间怪物，之后却又与他正常对话。既然他是借助巫术来到这里的，你又是利用了什么手段呢？"

被揭穿谎言的艾瑞巴斯略加迟疑之后作答："你说得对，大人。是盘蛇结社的巫术驱使我向你施以援手，并为你送来一线生机。行使巫术的盘蛇祭司割开了我的喉咙，等到我返回实体世界之后，一定要把那个贱人干掉，但你必须明白，我为你展现的一切事物都毫无虚假。你亲眼所见，你知道那是真相。"

马格努斯居高临下地站在艾瑞巴斯身后。他的猩红长发在愤怒中颤抖，但荷鲁斯看得出来，对方将炽热怒火紧紧约束于心。

"未来并非注定难改，荷鲁斯。艾瑞巴斯或许向你展示了一个未来，但那仅仅是一个可能发生的未来。尚有回旋余地。你要对此保持信念。"

"呸！"艾瑞巴斯讥笑道，"信念只是一种回避真相的借口。"

"你以为我不明白吗，马格努斯？"荷鲁斯厉声说，"我了解亚空间，我知道它能操弄人心。我不是傻子。我很清楚面前的人绝非塞扬努斯，我也知道在这里目睹的一切事物如果独立看待就毫无意义。"

荷鲁斯看到了艾瑞巴斯脸上的失落神色，于是放声笑道："如果你以为这种卑劣低级的把戏能够蒙骗我与你同流合污的话，艾瑞巴斯，那么你一定是把我当作白痴了。"

"我的兄弟，"马格努斯露出微笑，"你真是让我感到惊喜。"

"安静，"荷鲁斯咆哮道，"你和艾瑞巴斯是一丘之貉。你们谁也休想把我玩弄于股掌之中，我是荷鲁斯，我是战帅！"

荷鲁斯欣然品味面前两人的困惑。

其中一位是他的手足兄弟，另一位则是他颇为倚重的良臣忠仆。荷鲁斯对他们有着严重的误判。

"你们两个谁都不值得我信任，"他说道，"我是荷鲁斯，我的命运由我自己塑造。"

艾瑞巴斯恳切地伸展双臂向他迈近，"我应当说明，我是奉吾主洛加之命前来见你的。他已经知晓帝皇的登神图谋，并宣誓效忠于亚空间的伟力了。当我们的热切信仰被帝皇无情斥责之后，洛加就找到了其他一些乐于接受崇拜的神祇。我的原体已经今非昔比，然而他所获得的馈赠与你能够掌握的力量相比仅仅是九牛一毛，你只需要立誓投靠诸神即可。"

"他说谎！"马格努斯大喊，"洛加是忠诚的。他绝不会背叛帝皇。"

荷鲁斯仔细聆听艾瑞巴斯的话语，他确信无疑地明白，对方所言属实。

他的挚爱兄弟洛加已经拥抱了亚空间的力量？这令荷鲁斯心中五味杂陈，失望与愤怒交缠不清，但若要说实话，洛加首先获选的事实也让他有一丝嫉妒。

如果睿智的洛加愿意投靠这些力量，那么其中是否有些道理？

"荷鲁斯，"马格努斯说，"我的时间已经不多了。你一定要保持坚定，我的兄弟。想一想这个低贱畜生所求何事。他要让你唾弃自己的忠诚誓言。他要逼迫你背叛帝皇，与阿斯塔特兄弟为敌！你必须相信帝皇的判断。"

"帝皇在肆意玩弄整个银河的命运，"艾瑞巴斯反驳道，"而且他的幕后手段完全不为人知。"

"荷鲁斯，求求你！"马格努斯高喊，他的嗓音越发空灵，形体也开始消散，"你绝不能这样做，否则我们为之奋斗的一切都会永远覆灭！你绝不能铸下此等大错！"

"这称得上大错吗？"艾瑞巴斯问道，"仅仅是一件小事罢了。只要将帝皇献给亚空间诸神，你就可以换取无穷无尽的力量。我之前已经告诉过你，它们对于人类的疆域毫无兴趣，这项承诺并未改变。你会作为新的人类之主统御银河。"

"够了！"荷鲁斯高声怒吼，整个世界顿时陷入静默，"我已有决断。"

奇勒将凯瑞尔·辛德曼搀扶起来，两人一同仓皇逃出档案库大门。英梅星依旧将两条微微颤抖的臂膀伸在前方，奋力压制住大厅里的那个怪物，奇勒能够感觉到一波波冻寒刺骨的灵能力量从对方身上辐射出来。

"关……上……门。"英梅星紧咬牙关挤出几个字来。她的脖颈和额头青筋暴起，白皙面孔上写满了痛苦。奇勒不需要对方再作敦促，赶忙让辛德曼坐在地上，转身扑向大门，英梅星则迈着蹒跚步伐缓缓退却。

"快！"星语者高喊一声垂下手臂。奇勒猛力扯动门扉，那邪异怪兽尖锐刺耳的笑声重新响起。火灾警报伴着它的癫狂嘶鸣扑面而来，大门随即轰然关闭。

一记沉重冲击立刻撼动了大门，奇勒可以感觉到怪物的灼人热能逐渐渗透金属。英梅星前来相助，但那位星语者体格羸弱，奇勒明白她们不可能守住这扇门。

"你们究竟做了什么？"英梅星质问道。

"我不知道，"奇勒气喘吁吁地回答，"宣讲者读了本书，结果那个……东西就凭空冒出来。帝皇在上，它是什么玩意？"

"一个来自天界之门彼端的怪兽，"英梅星说道，大门再次遭受了凶猛撞击，"我察觉到突然积聚的亚空间能量之后就尽快赶来了。"

"你要是再早点来就好了，是吧？"奇勒说，"你能把它赶走吗？"

英梅星摇摇头。就在此刻，一条闪耀着粉色光芒的狂乱伪足钻过了门缝，在盲目挥舞时轻轻扫过奇勒的臂膀。那炽热肢体轻易烧焦衣袍，灼伤了她的皮肤。奇勒尖叫一声向后退缩，在剧痛中紧紧攥着手臂。恐怖怪物又一次向大门发动冲击，将奇勒和星语者撞飞出去。

令人目眩的光芒充斥走廊，奇勒遮挡住眼睛，同时感觉到一双手抓住了自己的肩膀，她回头看到凯瑞尔·辛德曼已经重新挺直身躯。宣讲者将她搀扶起来说道："我或许把书中的一部分内容翻译错了……"

"你觉得呢？"奇勒厉声说，他们匆忙躲避那可憎怪兽。

"抑或你翻译得准确无误。"英梅星绝望地说，她手脚并用地远离档案库大门。散发邪光的怪物涌过门槛，一条条交缠不清的秽恶触手蜿蜒滑行，全都在盲目饥渴中狂舞不止。无以计数的眼眸像肿胀脓疮一样在那橡胶状的皮肤表面浮现爆裂，那邪魔再次猛扑而来。

"喔，帝皇保佑我们。"奇勒低声说着，准备转身逃命。

她的话语似乎让怪物颤抖了一阵，英梅星扯着奇勒的衣袖喊道："快走。我们打不过它。"

悠弗拉迪·奇勒骤然意识到并非如此，她甩开星语者的手，探入长袍领口，将挂在项链上的帝国鹰徽抽了出来。那枚银质饰品映射着怪物的闪烁光芒，自身散发出超乎常理的明亮辉耀，在她掌中显得格外温暖。奇勒脸上露出一道平和喜悦的圣洁微笑，她清晰透彻地意识到，自从耳语山脉至今的一切经历都是这个重大时刻的铺垫。

"悠弗拉迪！快走！"辛德曼惊恐地喊道。

疯狂抽打的肢体在恐怖怪物身上浮现，碧蓝烈焰向奇勒喷涌而来。但她傲然屹立，将代表内心信仰的那枚徽记举在面前。

"帝皇保佑！"她放声高呼，顿时沐浴在熊熊烈火之中。

暴雨如注，数万人聚集在戴尔弗斯周围，他们头顶盘踞着一团团黑暗雷云，洛肯能够体会到夜空中弥散着触手可及的焦躁电荷。闪电在上方奔窜蔓延，茫茫人海拭目以待的紧绷气氛简直难以忍受。

自从战帅被送入盘蛇结社的圣殿至今，已经过去了整整九日，当地天气变得越发糟糕。片刻不停的倾盆大雨几乎要将朝圣者们的临时营地冲刷殆尽，隆隆震耳的雷霆像重锤般敲击天空。

战帅曾经对洛肯说过，这个辽阔无垠又空旷荒寂的宇宙里容不下什么戏剧效果，然而戴文的动荡天空似乎打定主意要证明他是错误的。

托迦顿与维帕斯和洛肯一同站在石阶顶端，他们身后跟随着数百名荷鲁斯之子。无论连队指挥官、小队领袖、低阶军官还是普通士兵都来到了戴文，亲眼见证军团的救赎或是末日。他们列队穿过吟唱不止的人群，其中混杂着记述者的脏污白袍、帝国士兵的制服以及种种平民装束。

"看这架势，整个该死的远征队怕是都来了。"众人踏上阶梯时托迦顿评论道。他们沿途将众多献给战帅的饰物和祭品踩扁在脚下。

站在大道顶端的洛肯远远望见了自己在九天之前与之对峙的同一组人，其中唯有马罗格斯特已经在早些时候返回战舰。雨水沿着洛肯的面孔奔流而下，那道宏伟的青铜大门被凶暴闪电骤然点亮，恍若一堵光耀夺目的火墙。几位阿斯塔特战士冒雨矗立在大门前方：阿巴顿、阿西曼德、塔苟斯特、赛迪瑞、埃卡顿和齐伯尔。

他们谁也没有抛弃戴尔弗斯脚下的这个岗位，洛肯不禁猜想，自从当日相见至今，诸位兄弟是否一直水米未进，不眠不休。

"咱们现在怎么办，加维尔？"维帕斯问道。

"我们去和兄弟们一起等待。"

"等待什么？"

"我们到时候就知道了，"托迦顿说，"对不对，加维尔？"

"希望如此，塔瑞克，"洛肯回应道，"走吧。"

三人迈向大门，那座壮丽建筑身上回荡着滚滚雷声，众多石柱顶端的盘蛇雕像在闪烁电光中恍惚游动不止。

洛肯看到大门前方的几位兄弟在那片波纹动荡的池塘边缘站成一列，幽暗水面上映着一轮满月。荷鲁斯·阿西曼德曾说这是一个预兆。那么现在呢？洛肯不知道自己应该如何看待此情此景。

数百名荷鲁斯之子跟随两位连长踏过这条宽阔大道，洛肯努力约束自己的情绪，他明白如果今日局面恶化失控，那么流血冲突恐怕就难以避免。

这个念头让他倍感惊恐，洛肯全心全意地盼望此等悲剧不要发生，然而他也必须为最坏的情况做好准备……

"你们着手备战了吗？"洛肯在加密通信频道里向托迦顿和维帕斯发问。

"当然，"托迦顿点点头，"全都荷枪实弹。"

"是的，"维帕斯回答，"你真觉得……"

"不，"洛肯说，"但要时刻戒备。你们注意保持情绪平稳，就不会走到那一步。"

"你也是，加维尔。"托迦顿警告道。

由阿斯塔特战士组成的漫长队列终于来到了池水旁，战帅的几位护送者沉默不语地站在对面，脸上毫无愧意。

"洛肯，"瑟加·塔苟斯特说，"你是来向我们开战的吗？"

"不，"洛肯回答，他注意到面前几人同样全副武装，弹药上膛，"我们只是来看一看。已经九天了，瑟加。"

"的确如此。"塔苟斯特点点头。

"艾瑞巴斯呢？你们把战帅送进去之后，又见过那家伙吗？"

"没有，"阿巴顿低吼道，他的发辫已经散乱，眼中饱含敌意，"我们没见过他。这关他什么事？"

"冷静点，艾泽凯尔，"托迦顿说，"我们的来意是相同的。"

"洛肯，"阿西曼德说，"大家发生过一些不快，但要到此为止了。我们不能用内讧来缅怀战帅。"

"照你的说法，就好像他已经死了，荷鲁斯。"

"我们等着看吧，"阿西曼德说，"这本就是一份虚无缥缈的希望，但我们也别无选择。"

洛肯凝视荷鲁斯·阿西曼德那双暗淡无光的眼眸，看到一股萦绕不去的绝望与怀疑，这顿时冲淡了他对兄弟的愤怒之情。

如果洛肯当时参与了那场是否将战帅送入圣殿的讨论，他会作出与此不同的抉择吗？假设昔日情况反转过来的话，他能否扪心无愧地说，自己必将抗拒诸位朋友和同僚的决定？在这个月光闪耀的池塘两边，他与荷鲁斯·阿西曼德的立场或许大可相互对换。

"那么就让我们作为兄弟，怀着同样的希望一起等待吧。"洛肯说道。阿西曼德露出感激的笑容。

双方对峙的紧张气氛顿时缓解下来，洛肯、托迦顿与维帕斯绕过池水，和兄弟们一同站在大门前方。

四王议会成员并肩而立，此刻一道灼目闪电照亮了青铜大门，隆隆轰鸣随即劈开夜色，但那并非风暴雷霆的响动。

洛肯看到一条黑线将大门分作两半，雷声戛然而止，闪电也在转瞬间消失。整个天空变得难以置信的平和淡泊，它仿佛是刻意驱散了风暴，暂停多日来的嬉闹狂欢，静静观看下方星球这场逐渐拉开帷幕的戏剧。

大门缓缓开启。

悠弗拉迪·奇勒全身沐浴在烈焰中，然而那烈焰触感冰凉，令她感觉不到一点痛楚。像护身符般被握在奇勒掌心的银质鹰徽迸发出夺目光芒，一股美妙超凡的能量灌注到她体内，从双脚十趾间涌上金色发丝。

"服从帝皇神力，怪物！"她高喊道。这些话语听起来倍感陌生，却又极为恰当。

英梅星和凯瑞尔·辛德曼满怀惊喜与诧异地注视着她向那恐怖怪物踏出一步又一步。亚空间邪魔呆若木鸡；奇勒不知道这究竟要归功于自己的勇气还是信仰，但无论如何她都倍感庆幸。

怪物的庞杂肢体胡乱挥舞，仿佛正在遭受某种无形力量的击打，它的尖锐笑声也变成了孩童般的凄惨哭嚎。

"以帝皇之名，滚回亚空间去，畜生！"奇勒说道。她的信心越发强烈，那怪物的躯体则渐渐弱化，一片片闪耀皮肉脱落消融。奇勒手中的银质鹰徽更加灼热，她能感觉到掌心的皮肤开始灼伤起泡。

英梅星来到她身旁，用自己的力量协助奇勒一同对抗怪物。星语者周围的空气变得寒冷如冰，奇勒将手掌凑近那位灵能者，希望可以让炽热鹰徽稍稍冷却。

怪物的内在辉耀已经迅速暗淡下去，它的朦胧轮廓喷溅出点点光华，仿佛难以维系自身存在。奇勒手中的鹰徽要比那炼狱邪焰更加明亮十倍，整条走廊都被灿烂光辉照耀得全无阴影。

"无论你到底在做什么，都不要停下来！"英梅星高喊，"它快不行了。"

奇勒想要开口作答，却发不出任何声音。那股充斥她身心的美妙能量通过银质鹰徽奔涌而出，将她自身的体力一并带走。

她试图抛下鹰徽，然而那枚饰物已经无法脱手，烧红发热的金属烙在了她掌心的皮肤里。

奇勒听到背后传来了战舰武装卫兵的纷乱脚步声，面前这幅超凡景象让他们纷纷发出惊异呼喊。

悠弗拉迪·奇勒驱逐恶魔

"拜托……"她轻叹一声，双腿发软，瘫倒在甲板上。

那灼目光辉从她掌中消逝，奇勒在失去意识之前，依稀看到了恐怖怪物的庞大身躯解离消融，还有面露狂喜的辛德曼用赞叹目光俯视着自己。

除了大门隆隆开启的轰响之外，四下寂静无声。洛肯屏息凝神地观望门后的事物，此时此刻，他能够感知的全部世界就只有两扇门扉之间那逐渐扩展的黑暗缝隙。大门终于彻底打开，洛肯飞快地瞥了一眼身旁的荷鲁斯之子同僚，在每一张面孔上都能辨认出那种陷入绝境的渺茫的希望。

没有一丝声响打破夜空的沉静，阴郁悲凉涌上洛肯心头，他意识到圣殿大门想必只是自动打开的。

战帅已死。

令人眩晕的深重惧意将洛肯笼罩起来，他低垂下头颅。

随后他就听到了脚步声，洛肯抬起头来，看到白金两色的闪亮战甲从黑暗深处浮现。

荷鲁斯举步迈出戴尔弗斯圣殿，他肩头飘扬着一袭雍容华贵的紫色披风，手中高举那柄金色长剑。

他胸甲中央的眼眸徽记迸发着烈焰般的红光，那张佩戴桂冠的面孔显得英武超凡，俊美而又可怖。

战帅傲然不屈地矗立在他们面前，其生命活力更胜以往，这强健卓绝的身影令众人瞠目结舌。

荷鲁斯微笑着说："看到你们真好，吾儿。"

托迦顿狂喜地高举拳头喊道："狼神！"

他大笑着冲向战帅，顿时打破了落在其他人身上的魔咒。

四王议会成员快步前去与尊主重聚，战帅安然无恙的消息沿着队列迅速蔓延，眨眼间扩散到圣殿周围的人群之中，充满欢喜的"狼神"呼声从每个阿斯塔特喉咙里爆发出来。

将戴尔弗斯重重包围的朝圣者们也齐声响应，数万个嗓音一同高喊着战帅的名号。

"狼神！狼神！狼神！"

震耳的欢呼撼动着深坑岩壁，直至深夜。

第四部

远征终了

第十八章

同袍兄弟
刺杀
惹麻烦的诗人

熔化的金属在胸甲表面固结成了一道道银色痕迹,与远征舰队同行已久的梅萨蒂·欧丽顿明白,这样的损伤必须要军团护甲工匠的协助才能彻底修复。洛肯坐在她面前,另有几位荷鲁斯之子军官散落于训练大厅四处,各自埋头维护盔甲或清理爆矢枪和链锯剑。她很快就察觉到,洛肯情绪阴郁。

"战事不顺利吗?"她开口问道。洛肯动手卸下爆矢枪的枪膛,用布料仔细擦拭。连长抬起头来,最近这十个月在对方脸上烙下的岁月痕迹令梅萨蒂一惊,她暗自认为,有必要修改一下关于阿斯塔特不朽生命的章节了。

自从与奥瑞厄斯科治文明展开交火之后,阿斯塔特战士们便遭遇了伟大远征有史以来最为艰苦凶险的几场恶战,很多人都因此身心受创。繁忙的军务让洛肯鲜有机会与梅萨蒂交谈,直至今日她才真正目睹了对方所经受的剧变。

"不是的,"洛肯回答,"兄弟会已经基本覆灭,安格隆的战士很快就会围攻钢铁要塞。战事在一周之内必定告终。"

"那为什么还要拉着脸?"

洛肯扫视四周,看看训练大厅里还有谁,之后俯身凑近。

"因为这是一场我们本不该打的战争。"

随着荷鲁斯在戴文伤势痊愈,63号远征舰队便稍作停顿,将全部人员撤离星球地表,并从军队高层人员中推选了一位新的帝国执政官。与之前的拉克里斯一样,新任公选总督托马兹·维萨里亚斯苦苦哀求,不愿被大军抛在身后,然而再度归顺的戴文需要有人统御。

在戴文战事爆发之前,战帅的舰队正在奔赴萨迪斯与203号舰队会合。

按照原计划，他们将在凯亚德斯星团联手展开一场归顺战役，如今战帅并未继续赶往会合地点，而是向203号远征队传信致意，命令其舰队长改变路线，在一个名为天龙座311的双星星团与63号远征队合兵一处。

至于为何选取这个地点，战帅并未向任何人透露背后缘由，诸多星界制图师也没有找到与之相关的探索报告，无从说明此处价值何在。

长达十六周的亚空间航行让他们一头扎进了当地星系，这里充斥着电磁通信信号。第二个星系中的两颗行星及其共用卫星上居住着智慧生物，众多熠熠闪亮的人造通信卫星密布四周，大批星际飞行器在其间往复穿梭。

更加出乎意料的是，舰队与轨道监控站建立联络后发现，当地文明属于人类种族，是一支古老的旁系血脉——在千百年来孤立至今。不请自来的远征舰队自然引发了惊愕与震撼，但当地居民随后便欣喜不已，因为他们意识到自己的孤独存在即将告终。

在双方相遇的前三天，面对面的正式沟通始终没有建立，203号远征队则趁此时机完成了星系内跃迁，率领这支部队的是第七军团吞世者基因原体安格隆。

战火在六个小时之后迅速爆发。

战争的第九个月。

那座地堡的枪口喷吐出凶猛火舌，朝洛肯发来一串爆矢弹。他急忙躲在一根遍布弹坑的混凝土柱子背后，感受着接连而至的隆隆冲击，他明白这强悍火力不需多久就能将柱子彻底摧毁。

"加维尔！"托迦顿喊道，他从掩体里翻身站起，将爆矢枪抵在肩头，"左边，我掩护你！"

洛肯点点头，随即飞身扑出，托迦顿则举枪开火，阿斯塔特与生俱来的强健体质与爆矢枪的剧烈后坐力相抗衡，保持着枪口的稳定。子弹在地堡的射击孔附近炸起一团团灰色烟尘，洛肯顿时听到里面传出的尖叫声。巫师小队紧随而至，几名手持火焰喷射器的战士将呼啸奔涌的烈焰灌注到地堡内部。

更多尖叫声传来，化学火焰炙烤血肉的味道弥散四周。

"全体后撤！"洛肯高喊着站起身，他很清楚接下来要发生什么。

不出所料，地堡伴着沉重轰鸣化作一团冲天而起的蘑菇云，它的内部传感器检测到人员全部阵亡之后就立刻引爆了剩余弹药。

密集火力扫过他们的阵地。这是一座位于中央城区边缘的坍塌楼宇，它像当地星球的其他高大建筑一样，由钢铁与玻璃组成。整座城市的典雅气质曾令洛肯颇为欣赏，皮特·伊刚·莫马斯在检视了空中扫描图像后，也当即表示它至臻完美。但城市现在的模样已经远非原貌了。

闪耀火光与飞扬烟尘撕开了阿斯塔特的阵地，洛肯匍匐卧倒，一位手持火焰喷射器的战士则消失在炽热火柱里。他的盔甲仅仅坚持了几秒，随后就化作一尊熊熊燃烧的塑像，护甲关节彻底熔融损毁。洛肯扭过身来，眼看着两架战机从头顶急速掠过，在空中翻滚转向，准备再次发动袭击。

"干掉他们的空军！"洛肯喊道。那些比雷鹰更为纤细优雅的战机将炮口重新指向他们。

阿斯塔特战士们匆忙分散，敌军机翼下方悬挂的武器猛然喷吐火舌，将暴风骤雨般的弹药倾泻下来，粗重石柱顿时崩解碎裂，扬起遮天蔽日的厚重灰尘。两名战士从残垣断壁中站起身来，其中一人高举导弹发射器瞄准敌机的大致方向，另一人则用定位器加以引导。

一枚导弹踏着明亮灼目的推进烟云咆哮而出，一举跃入半空，朝较近的那架战机猛扑过去。驾驶员察觉到致命危机逼近，奋力扭转规避，然而他距离地面太近了，导弹径直射入战机进气口，将它由内而外炸成碎片。

战机的灼热残骸撒向地面，维帕斯则高声呼喊道："有敌情！"

洛肯转过身去，正要开口斥责维帕斯的无用言论，却发现自己老友所指的并非另一架敌军战机。三辆履带运兵车隆隆碾过他们后方的一堵塑钢矮墙，装甲厚重的车头部分都烙印着一对交叉的雷霆闪电徽记。

洛肯此刻才明白，那些敌机的作战意图是将阿斯塔特压制在当前阵地里，容许装甲运兵车向侧翼展开迂回。透过地堡废墟的滚滚浓烟，他能勉强分辨出若干朦胧身影在掩体之间穿梭，朝己方位置迅速逼近。巫师小队被两股敌人夹在中间，套索正渐渐收紧。

洛肯用手掌斩向装甲车辆，导弹小组立刻转身瞄准新的目标。在几秒之内，一辆运兵车的装甲就被击穿，轰然爆炸的等离子核心将其化作焦黑残骸。

"塔瑞克！"他高声喊道，努力压过附近的枪炮轰鸣，"守住我们的前方阵地。"

　　托迦顿点点头，带着五名战士前去迎敌。洛肯则将注意力转回到自己的对手身上，那些装甲车辆停下了进军步伐，用侧挂爆矢枪向他们发动凶猛打击。两名战士不幸阵亡，他们的盔甲难以抵挡这重型火力。

　　"拉近距离！"洛肯高声下令。而装甲车的前部突击舱门也应声开启，车内的兄弟会战士们发动了冲锋。在与兄弟会的最初几次交手中，洛肯往往感到一种下不了手的可耻迟疑，然而长达九个月的艰苦恶战几乎彻底消除了这样的情绪。

　　每个敌军战士都披挂着封闭式全身盔甲，如上古骑士般通体亮银，左右肩甲覆有红黑两色的徽记。这种装备在外形和功能方面都与荷鲁斯之子的动力甲极其相似，因此敌方战士虽然比阿斯塔特更为瘦小，却依旧恍若略微扭曲的镜像。

　　洛肯与巫师小队成员扑向敌人，最前排的兄弟会战士们立刻举起武器，迎接这狂野冲锋。洛肯的链锯剑将一名战士的枪械劈作两半，随即埋进他的胸甲。兄弟会阵势在一击之下便被打散，但洛肯没有放任惊慌失措的对手重整士气，而是率领部下以凶蛮手法将其迅速剿灭。

　　这批战士或许看起来神似阿斯塔特，但在短兵相接时他们全然不是对手。洛肯能听到背后传来的枪声，以及托迦顿高声向队伍下达的命令。一连串迅猛冲击敲打着洛肯的腿甲，让他不支跪倒，他立刻挥剑扫向下盘，将身后那个敌军战士的双腿斩断。对方瘫软于地，伤口中喷涌而出的鲜血染红了洛肯的盔甲。

　　那辆装甲车开始倒退，但洛肯将两枚手雷抛进座舱，一阵沉闷爆炸立刻令那辆载具静止下来。他们突然被一片庞大阴影所笼罩，洛肯察觉到了死亡军团泰坦的隆隆步伐，它们的无情进军把整片城区化作瓦砾。泰坦面前的楼宇尽数坍塌，光芒闪烁的强力虚空盾将来自脚下的导弹与激光轻易消解。

　　战场充斥着枪炮轰鸣与濒死尖叫，阿斯塔特凶猛狂怒的反击攻势让敌人步步退却。这些兄弟会战士堪称英勇，然而他们若以为自己披上一套动力盔甲就能与阿斯塔特抗衡，那真是无药可救的盲目乐观了。

　　"区域扫清，"托迦顿的声音在盔甲通信器里响起，"下一步去哪儿？"

　　"哪儿也不去，"洛肯回答，最后一名敌人刚刚赴死，"这里就是我们的行动目标。我们现在等待吞世者。在他们接管这片区域之后，我们就可以继续前进。传话下去。"

"明白。"托迦顿说。

洛肯品尝着战场上的宁静，其他连队在城市中浴血奋战的枪炮轰鸣显得遥远而沉闷。他指派维帕斯前去巩固防线，随后俯身蹲在那个被他斩断双腿的敌人旁边。

对方一息尚存，洛肯伸手摘除那顶倍显熟悉的头盔。他知道解锁装置应当位于何处，轻而易举地将其取下。

敌人因休克和失血显得分外苍白，他的双眼里充满了痛苦与仇恨，但这顶头盔所掩藏的容貌并不属于某种怪异可怕的异形，只是一张与63号远征队任何成员相似的人类面孔。

洛肯想不出任何话要说，于是仅仅摘下了自己的头盔，将饮水管从颈甲里抽出来。他把些许清澈凉爽的水洒在对方脸上。

"我不要你的施舍。"那个濒死之人嘶声道。

"别说话，"洛肯回答，"很快就好了。"

然而对方已经死去。

"我们为何不该打这场战争？"梅萨蒂·欧丽顿问道，"他们试图刺杀战帅的时候，你就在场啊。"

"我的确在场，"洛肯放下了清理干净的枪膛，"我恐怕永远无法忘记那一刻。"

"给我讲讲。"

"这不是个好故事，"洛肯警告道，"你了解真相之后会看低我们的。"

"真的吗？一个优秀的纪实作者是永远保持客观的。"

"走着瞧吧。"

洛肯事后得知，这颗星球名为奥瑞厄斯，远征队将其视为潜在的友善文明星球，按照惯例举办了隆重盛大的仪式，热情欢迎当地使节造访。对方乘坐的飞船在登机甲板缓缓停靠，顿时引来众人的低声惊呼，在场的每一位战士都明确无疑地辨别出了它与风暴鸟的近似之处。

战帅身披最具庄严气势的金色战甲，上面装饰着代表帝皇的雷霆闪电与展翅雄鹰。与以往不同的是，他还佩带了长剑与手枪，洛肯能够体会到从战帅身上辐射出来的强大权威。

战帅身边是马罗格斯特、瑞古拉斯——那具由黄金和钢铁组成的机械身躯被打磨得光可鉴人，以及第一连长阿巴顿，他傲然矗立于众多身形魁梧的加斯塔林终结者之首。

这一姿态彰显了强悍军力。他们背后还有另外三百名英气逼人的荷鲁斯之子整编列队——正是伟大远征的缩影——洛肯从未对他的光辉血脉感到如此自豪。

飞船舱门伴着减压嘶鸣缓缓开启，洛肯首次目睹了兄弟会战士的模样。

二十名身穿闪亮银甲的士兵组成整齐队列走出机舱，惊异之情顿时像波浪般在登机甲板扩散开来，他们简直就是阿斯塔特的复刻镜像，洛肯在对方身上也察觉到了一丝愕然。他们手中的武器与标准型号爆矢枪极为相似，不过并未安装弹匣，以示对东道主的尊敬。

"你瞧见了吗？"洛肯轻声说。

"没有，加维尔，我的眼睛突然瞎了，"托迦顿回答，"我当然瞧见了。"

"他们看起来就像阿斯塔特！"

"我承认，确实相似，不过他们太矮了。"

"他们穿着动力甲……这怎么可能？"

"你要是少说两句，咱们没准就能搞清楚。"托迦顿回应道。

那些士兵在一位身材高挑的红袍男子身边列队集结，此人的面容一半是肉体，一半是机械，双眼则是两枚闪亮的绿宝石。他拄着一根顶端饰有齿轮的黄金手杖踏上甲板，满脸都是一副大喜过望的欣慰神色。

奥瑞厄斯使节走向荷鲁斯，洛肯能够品尝到这一时刻所饱含的历史之重。今日的会面恰恰体现了伟大远征的本质：银河两端的失散兄弟携手重逢。

那红袍男子在战帅面前躬身说道："万分荣幸，阁下就是战帅荷鲁斯？"

"是的，先生，但请你不要躬身，"荷鲁斯回答，"感到荣幸的是我。"

这谦恭态度让对方微笑起来，"那么请容我自我介绍一下。我是艾莫瑞·萨利纳科，奥瑞厄斯科治文明的铸造领事。我谨代表我的人民，欢迎你们来到我们的世界。"

洛肯看得出来，瑞古拉斯在刚刚目睹萨利纳科身上的机械改造时便兴奋不已，而这个陌生帝国的完整名号更是让技师在一时热切之下打破了规章礼节。

"领事，"瑞古拉斯的刺耳嗓音显得格外不自然，"我可否这样理解，你们的社会建立在科学知识和技术数据的基础上？"

荷鲁斯转身面对机械神教技师，低声叮嘱了几句，洛肯没有听到具体内容，但瑞古拉斯随即点点头退后一步。

"我要为技师的直率提问表示歉意，但希望你可以理解他的冲动发言，毕竟你我双方士兵的作战装备似乎有着一定的……相近之处。"

"这些是兄弟会战士，"萨利纳科解释道，"他们是我们的护国栋梁，军中精锐。能够获得他们的护送是我的荣誉。"

"他们与我麾下的战士穿着非常相似的盔甲，为何如此？"

对于这个问题，萨利纳科面露困惑地回应道："为何不是如此呢，战帅大人？吾辈先祖从泰拉带来的建造机械至今都是整个社会的功能核心，为我们提供着精妙科技的深厚恩惠。无论多么先进，它们往往倾向于生产出形式相近的造物。"

领事的话语顿时引来一阵冷若冰霜的静默，荷鲁斯抬起手来，制止了瑞古拉斯即将脱口而出的问题。

"建造机械？"荷鲁斯的嗓音变得如刀锋般冷酷，"你是指标准模板建造机械吗？"

"我相信这正是它们的初始名称，没错，"萨利纳科表示认同，他低垂手杖指向战帅，"你的——"

然而艾莫瑞·萨利纳科没能把话说完，荷鲁斯突然退后一步抽出了手枪。洛肯眼看着枪口迸发出一团火光，艾莫瑞·萨利纳科的头颅随即被爆矢弹炸成碎片。

"对呀，"梅萨蒂·欧丽顿说，"那根手杖是某种能量武器，足以穿透战帅的盔甲。我们都听说了。"

洛肯摇摇头，"不，根本没有什么武器。"

"当然有了，"欧丽顿坚持道，"在领事刺杀未遂之后，他的兄弟会战士立刻袭击了战帅。"

洛肯放下爆矢枪说："梅萨蒂，忘掉你听说的一切吧。根本没有什么武器，在战帅杀死领事之后，兄弟会战士只求逃出生天。他们的武器都没有装弹，就算与我们为敌也不会有丝毫胜算。"

"他们没有武装？"

"没有。"

"于是你们怎么办？"

"我们把他们杀光了，"洛肯说，"他们没有武装，但我们有。在对方还措手不及的时候，阿巴顿的加斯塔林小队就已经干掉数人。我带领巫师小队冲了上去，把试图登船的兄弟会护卫全部击杀。"

"但为什么呢？"欧丽顿惊恐地问道。她难以相信洛肯竟能如此轻描淡写地叙述那场冷酷杀戮。

"因为那是战帅的命令。"

"不，我是说战帅为什么要射杀那个手无寸铁的领事？这根本讲不通啊。"

"的确讲不通，"洛肯同意道，"我目睹他击杀领事，等到我们剿灭了兄弟会战士之后，我又看见了他的神色。"

"你看见了什么？"

洛肯略加迟疑，仿佛不确定自己是否应该作答。他最终开口说道："我看见了他的微笑。"

"微笑？"

"是的，"洛肯说，"就好像他早早谋划了那场杀戮。我不知道为什么，但荷鲁斯想要这场战争。"

托迦顿跟随一位头戴兜帽的战士穿过昏暗无光的走廊，迈向那座废弃空置的军械库。瑟加·塔苟斯特召开了结社集会，托迦顿心中惴惴不安，他丝毫不喜欢这种感觉。自从戴文的事情过后，他仅仅参加过一次集会，已经难以在这个低调隐秘的团体里放松自己了。战帅确实伤愈归来，然而结社的所作所为充满了诡诈意味，这种行为方式让塔瑞克·托迦顿无法容忍。

走在他前方的身影很陌生，显然是一个将四王议会军官敬若神明的年轻战士，这正合托迦顿的心意。那位战士想必刚刚晋升为正式的阿斯塔特，但托迦顿明白，对方已经具备了十分丰富的作战经验。经过奥瑞厄斯数月以来的激烈战事，荷鲁斯之子军中如今并没有青涩新手的位置，任何一个荣获晋升的学徒或斥候要么变成了善战老兵，要么变成了一具尸首。兄弟会战士或许难以匹敌阿斯塔特的个人能力，但科治文明旗下精锐足有百万之众，并且极具勇气和荣誉。

这仅仅让剿灭敌人变得更加困难。在谋杀星球与巨蛛怪作战甚是轻松，它们的异形躯体令人无比厌憎，乐于摧毁。

兄弟会则不同……他们与荷鲁斯之子极为近似，这仿佛是两支军团生死相搏的一场惨烈内战。如此可怕的联想足以让军团中的每一位战士感到迟疑不安。

托迦顿哀伤地知道，兄弟会和奥瑞厄斯科治文明必将像英特雷斯一样彻底覆灭。

一个声音在黑暗中响起，打破了他的萧索思绪。

"何人前来？"

"两个灵魂。"那位年轻战士回答。

"你们姓甚名谁？"对方追问。托迦顿并未辨认出此人的嗓音。

"我很难说。"托迦顿回应道。

"请进，朋友们。"

托迦顿与同行的战士从守门人身旁走过，迈入备用军械库。与战舰尾部的常用集会场所相比，这个高大舱室更加宽敞，当他走进烛光闪烁的房间之后，立刻就明白了塔苟斯特为何选择此处。

足有数百名战士挤在军械库里，每人都头戴兜帽，手持蜡烛。瑟加·塔苟斯特、艾泽凯尔·阿巴顿、荷鲁斯·阿西曼德以及马罗格斯特站在人群中央；他们身边则是首席牧师艾瑞巴斯。

托迦顿扫视这齐聚一堂的众多阿斯塔特，不由得感觉这场集会是特意为他召开的。

"你最近很忙啊，瑟加，"他说道，"专心招募来着？"

"自从战帅在戴文痊愈之后，我们的人数确实有所增加。"塔苟斯特回答。

"看得出来。现在肯定就不太容易维持秘密行动了。"

"在军团之中，我们已经不再保持隐蔽了。"

"那进门时的闹剧怎么还是一个样?"

塔苟斯特微笑着表示歉意,"只是传统,你理解吧?"

托迦顿耸耸肩,穿过大厅走到艾瑞巴斯面前。他带着毫不掩饰的敌意盯着首席牧师,"自从戴文的事情过后你就一直很低调啊。洛肯连长想和你谈谈。"

"想必如此,"艾瑞巴斯答道,"但我不是他的属下,我不必对他负责。"

"那你就要对我负责,混蛋!"托迦顿厉声说道。他从长袍里抽出战斗短剑,直指艾瑞巴斯咽喉。这把武器顿时引来四下的警觉呼喊,托迦顿注意到一条老旧伤疤横贯艾瑞巴斯的脖颈。

"看来已经有人割过你的喉咙了,"托迦顿低声嘶吼,"那家伙没把事情办妥,不过别担心,我肯定不会犯同样的错误。"

"塔瑞克!"瑟加·塔苟斯特高喊,"你携带了武器?你知道这是禁止的。"

"艾瑞巴斯欠我们大家一个解释,"托迦顿用短剑抵住艾瑞巴斯的下颚,"这个卑鄙小人在芝诺比娅的仪器大殿里偷走了一把坎布拉克武器。我们与英特雷斯的谈判失败就是因为他。战帅受伤遇险就是因为他。"

"不,塔瑞克,"阿巴顿说着走来一旁,伸手搭住他的臂膀,"我们与英特雷斯的谈判注定会失败。英特雷斯与异形同流合污,他们与异形融为一体。我们永远不可能与那种文明和平共处。"

"艾泽凯尔所言有理。"艾瑞巴斯说。

"闭上你的嘴。"托迦顿厉声回应。

"塔瑞克,把刀放下,"荷鲁斯·阿西曼德说,"拜托了。"

托迦顿不情愿地低垂臂膀,四王议会兄弟的恳切语气终于让他意识到,将兵刃架在阿斯塔特同僚的脖子上绝非一桩小事,纵然对方是艾瑞巴斯这种不值得信任的家伙。

"咱俩的事还没完。"托迦顿用短剑指着艾瑞巴斯警告道。

"我恭候大驾。"怀言者承诺。

"你们两个都安静点,"塔苟斯特说,"仔细听好了,我们有要事相商。谁都看得出来,最近几个月的作战经历让大家很不好受,与这些难分彼此的人类同胞兵戎相见是一场重大悲剧。全军气氛十分紧绷,但我们必须铭记,吾辈驰骋星海的根本目标就是将一切拒绝归顺者全部消灭。"

如此直白露骨的好战宣言让托迦顿皱起眉头,但他并未开口,容忍塔苟斯特继续演讲，"我们是阿斯塔特，我们的天职在于杀戮敌人和征服银河。我们毫无欠缺地完成了自身任务，浴血奋战两个多世纪，从古老长夜的灰烬里铸造了一个崭新的帝国。我们将无数星球化作焦土，将诸多文明彻底颠覆，将敌对种族赶尽杀绝，这都仅仅是奉命行事。我们是杀手，这一事实简单而纯粹，同时我们也对自己登峰造极的杀戮技艺感到骄傲！"

塔苟斯特的话语引来一阵欢呼，战士们高举拳头，重重敲打舱壁，然而托迦顿早已见识过宣讲者的常用伎俩，顿时就察觉到了事先安排的鼓掌喝彩。现在他确信无疑，这场演讲正是特意为他一个人安排的。

"如今，伟大远征行将落幕，我们却因为杀戮技艺遭到了非难。心怀不满者与煽动人心者紧随我们的脚步，不断制造种种麻烦，不断发出刺耳呼喊，无端斥责我们过于凶狠，过于野蛮，过于暴戾。就连我们的帝国军队总司令海克托·瓦尔瓦鲁斯也不依不饶，昔日几位兄弟一心护送濒死战帅接受抢救，而他却要向这些悲恸欲绝的战士追究责任。瓦尔瓦鲁斯那个叛徒要求我们为了令人惋惜的伤亡去认罪受罚，为了努力营救战帅去遭受惩处。"

"叛徒"这个词让塔瑞克浑身一颤，他难以相信塔苟斯特居然公开采用如此激进敌视的语气来描述像瓦尔瓦鲁斯那样广受尊敬的高阶军官。托迦顿四下扫视其他同僚的面孔，却只看到了对于这般言论的深切认同。

"如今就连平民都胆敢向我们兴师问罪了，"荷鲁斯·阿西曼德接过了塔苟斯特的话头，他举起手中的一叠纸张，"某些在暗地里串谋作乱的记述者散播谎言，肆意宣扬，将我们污蔑成野蛮人。"

阿西曼德在集会人群之间穿行，一边讲话一边递出手中的传单，"这首诗叫作'我们唯有真相'，把我们称为凶蛮的谋杀者。这个专惹麻烦的诗人用笔杆子大肆嘲弄。兄弟们，诸如此类的谎言日复一日地在舰队中扩散！"

托迦顿从阿西曼德手中接过一张纸，迅速扫视内容，但他早已猜到作者是何人。诗句的确尖酸刻薄，却也绝非煽动作乱之言论。

"还有这个！"阿西曼德高喊，"圣言录将帝皇称作神祇。神祇！谁能想象如此荒谬的说法？我们为之奋战的那些人已经被此等谎言蒙蔽了心灵。我们为那些人流血牺牲，而这就是我们的回报：诽谤与仇视。我告诉你们，诸位兄弟，如果我们依旧坐视不管，那么帝国这艘历经风雨的牢固巨舰必然会被乘客的暴乱所颠覆。"

愤怒与急切的呼吼在军械库的墙壁间回荡起来，众多战友脸上那种渴望以牙还牙的丑恶表情让托迦顿十分反感。

"这演讲真棒，"在暴怒呼声逐渐消散之后，托迦顿开口道，"不如就直奔主题吧。我还要安排连队准备空降作战呢。"

"你总是这么开门见山，是吧，塔瑞克？"阿西曼德说，"这正是你受到大家尊敬和重视的原因。这正是我们需要你加入的原因，兄弟。"

"加入？你在说什么呢？"

"刚才的那些话你难道一个字都没听进去吗？"马罗格斯特说着，一瘸一拐地走到塔瑞克身旁，"我们遭到了来自阵营内部的威胁。内在的敌人，塔瑞克，这是至今以来最为阴险恶毒的对手。"

"你得把话讲得直白些，老马，"阿巴顿说，"否则塔瑞克听不太懂。"

"去你妈的，艾泽凯尔。"托迦顿说道。

"我已经探查清楚，写出这种叛逆文章的记述者名叫伊格内斯·卡尔卡斯，"马罗格斯特说，"他必须沉默下去。"

"沉默下去？你这是什么意思？"托迦顿问道，"训斥他一顿？告诉他不要淘气？是这类手段吗？"

"你很清楚我是什么意思。"马罗格斯特回答。

"对，但我要听你亲口说出来。"

"好吧，既然你要让我直白些，我就直白些。卡尔卡斯必须死。"

"你疯了，老马！明白吗？你这是谋杀！"托迦顿说。

"铲除敌人可不是谋杀，塔瑞克，"阿巴顿说，"这是战争！"

"你要向一个诗人开战吗？"托迦顿笑道，"喔，那肯定是个流芳百世的传奇，艾泽凯尔。你到底知不知道自己在说什么？无论如何，那个记述者受到了加维尔的庇护。你们要是敢动卡尔卡斯，他就会拎着你们的脑袋去见战帅。"

洛肯的名号让集会人群被一阵充满负罪感的沉默笼罩起来，托迦顿面前的结社成员们不安地交换了一个眼神。

最终，马罗格斯特开口了："我们本不想如此，但你让我们别无选择，塔瑞克。"

托迦顿紧紧握住战斗短剑，他担心自己有必要在同袍兄弟之间杀出重围。

"松开武器吧，我们不是要对你动手。"马罗格斯特厉声说，显然是捕捉到了托迦顿眼中的决绝意味。

"有话就说，"托迦顿还是握着剑柄，"你们本不想怎样？"

"海克托·瓦尔瓦鲁斯宣称，他已经向泰拉议会通知了战帅负伤的相关情况，就算他尚未把登机甲板的死伤事件汇报给掌印者马卡多，想必也不会再等多久了。他每天都向战帅请愿，呼吁伸张正义。"

"战帅是怎么说的？当时我就在场。还有艾泽凯尔。你也是，小荷鲁斯。"

"洛肯同样在场，"艾瑞巴斯说着走了过来，"是他率领你们踏入登机甲板，是他率领你们冲破人群。"

托迦顿朝艾瑞巴斯逼近一步，"我说了让你闭上嘴！"

他转过身去，背对艾瑞巴斯，顿时绝望地看到了诸位兄弟脸上的默许神色。他们已经同意让加维尔·洛肯担当替罪羔羊了。

"你们不可能打这副算盘吧，老马？"托迦顿抗议道，"艾泽凯尔？荷鲁斯？你们情愿背叛四王议会兄弟吗？"

"他放任这个记述者散播谎言，本身就是对我们的背叛。"阿西曼德说。

"不，我反对。"托迦顿严正拒绝。

"你必须支持，"阿西曼德说道，"只有你、我和艾泽凯尔共同发誓，指证洛肯一手筹划了那场屠杀，才能让瓦尔瓦鲁斯认定他有罪。"

"这早就计划好了，是不是？"托迦顿质问，"一石二鸟？让洛肯背上所有黑锅，这样你们就可以放手谋杀卡尔卡斯了。你们怎么能打这种主意？战帅永远不会准许的！"

"如果你以为战帅不会同意，那就大错特错了，"塔苟斯特说，"这恰恰是他的提议。"

"不！"托迦顿高喊，"他不会……"

"没有其他办法，塔瑞克，"马罗格斯特说道，"这关乎军团的生死存亡。"

背叛挚友的提议让托迦顿心如死灰。被迫在洛肯与荷鲁斯之子两者间作出选择令他痛苦万分，然而这个念头刚刚浮现于脑海，他就顿时明白自己该何去何从。

他把短剑入鞘说道："如果我们必须用背叛和谋杀来拯救军团，那么军团或许根本就不值得存续下去！加维尔·洛肯是我们的兄弟，你们却要如此背叛他？我唾弃你们的卑劣想法。"

一阵惊骇呼声在房间中响起，托迦顿立刻被恼怒的人声包围起来。

"考虑清楚，塔瑞克，"马罗格斯特说，"你要么与我们为友，要么与我们为敌。"

托迦顿伸手入袍，将一件闪亮的银色物件抛在马罗格斯特脚边。那枚结社徽章映着摇曳的烛光。

"那么我就与你们为敌。"托迦顿说。

第十九章

孤立

盟友

鹰翼

　　佩卓尼拉坐在书桌前，用潦草难辨的笔迹填满了一页又一页纸，那蜘蛛爬行般的文字密密麻麻，力透纸背。她的黑色长发未经梳理，凌乱地垂在肩头。她脸色蜡黄，显然在数月之内都不曾踏出房门，更别说接触日光了。

　　她在这间奢华舱室里困居许久的成果便是身旁的一摞纸，不过与佩卓尼拉刚刚抵达复仇之魂号的时候相比，这奢华水准已经大打折扣。床铺未曾整理，随手扔下的衣物散落一地。

　　她的女佣巴贝斯尽其所能地劝说主人稍作休憩，但佩卓尼拉对此充耳不闻。战帅的临终话语必须得到最为详尽准确的记录和解读，如此才能不辜负那宝贵的坦露心扉之举。她明白，这些话语即便没有真正成为荷鲁斯的遗言，也依旧值得付诸笔端，因为她接触到了战帅内心最深处的思绪。她诱导出的信息是任何人都不曾想象过的，那些关乎诸位原体的重磅秘闻在伟大远征拉开序幕之后便不见天日，种种埋没多年的真相足以撼动帝国的根基。

　　在近来这段孤独历程中，佩卓尼拉曾经认真考虑过一次，是否应当让这些事物继续埋没下去，然而她是卡皮努斯家族的高级宫廷代表，此等犹疑毫无意义。知识与真相的地位至高无上，她的所作所为究竟正确与否只能留给后人加以评判。

　　她依稀记得，数月之前自己曾在某间脏污酒吧里喝得酩酊大醉，并向一个诗人之类的家伙讲述过这些惊天动地的真相，但佩卓尼拉完全无法回想起两人之间的谈话内容。此后对方也并未试图与她取得联系，那么她只能猜测此人无意勾引她，抑或是她没有上钩。这无关紧要。在与科治文明的战争爆发之后，她便将自己锁在舱房里，仔仔细细地检索着记忆植入装置，搜寻战帅昔日所用的字眼。

佩卓尼拉明白自己写得太多了，但让字数统计见鬼去吧，她笔下内容的重大意义无可比拟，绝不能受限于区区一本书的篇幅。这个故事需要有多长就要有多长……但其中还是有所欠缺。

她始终觉得整个故事或许缺乏一些凝聚力，而伴随着时间的流逝，最初的烦心忧虑已经逐渐转变成了确信无疑，直到近日佩卓尼拉才终于意识到其中缘由：故事背景苍白无力。

她手里的材料只有战帅的话语，无法构建出足以支撑整个故事的宏观框架，这就让一切内容都失去了意义。在惊觉重大缺憾之后，她立刻抓住一切机会与阿斯塔特战士展开接触，然而她随即遭遇了第一个切实的障碍。

没有人愿意与她对话。

每当访谈对象得知了佩卓尼拉的本意，甚至仅仅是她的身份之后，他们便立刻戛然而止，守口如瓶，突兀但不失礼貌地就此告退。

无论她投向何处，始终只能撞上一堵沉默的高墙。佩卓尼拉多次发信要求战帅出手干预，最后还是徒劳无功。每一份晋见战帅的申请都被回绝，她逐渐认为自己恐怕永远没办法讲述那段传奇故事了。

就在昨天，经历了一整个下午的彻底失败之后，打破僵局的灵感突然降临。马迦德一如既往地负责护送主人，保镖身披金色战甲，腰间佩带着科里安细剑与手枪。

在戴文的战斗过后，马迦德迅速痊愈，佩卓尼拉在保镖的举手投足之间捕捉到了一丝更为狂傲自大的态度。她同样注意到，对方在战舰上所受的尊重远超自己。此等事态当然不可容忍，即便这意味着马迦德作为贴身近侍的工作能力更强了。

佩卓尼拉在旗舰上层甲板闷头前行，失魂落魄地返回自己的奢侈舱房，迎面走来的一个阿斯塔特突然尊敬地点头致意。她正要回礼，却意识到阿斯塔特的致敬对象是马迦德，而不是自己。

那位战士肩甲上的卷轴印有一枚绿色新月徽记，这表明他是经历过戴文战役的老兵，无疑知晓马迦德的战斗技艺。

无地自容的怒火在佩卓尼拉胸中升腾而起，但她开口之前突然想到了一个点子，立刻匆匆赶回舱房。

佩卓尼拉让马迦德站在房间中央说道："现在我看清楚了，之前完全没有想到真是可耻。"

马迦德面露困惑,她则走近过去,伸手抚摸对方的浇铸胸甲。保镖显得颇为不安,然而佩卓尼拉毫无退意,她明白马迦德担心若有丝毫抗拒便会遭受惩戒报复,所以必定言听计从。

"因为我是个女人,"她说道,"所以我不能加入他们的小圈子。"

佩卓尼拉走到马迦德身后,踮起脚尖,将双手按在对方肩头,"我不是一个战士。我从来没有杀过人,至少没有亲手杀过,然而他们所尊重的恰恰是这个:杀戮。你杀过不少人,是不是,马迦德?"

他简洁地点点头。

"很多吗?"

马迦德又点点头,佩卓尼拉笑了起来,"我相信他们都知道。你没法开口吹嘘自己的过人战技,但我相信阿斯塔特看得出来。就算是没有亲历戴文行动的人,也看得出来你是个杀手。"

马迦德舔了舔嘴唇,那双金色眼眸始终不敢与她对视。

"我想让你与他们交往,"佩卓尼拉命令道,"让他们留意你。连哄带骗地混进他们的日常仪式,收集关于他们的任何信息,我们每天都用记忆笔来录入你的一切见闻。你是个哑巴,所以他们会把你当作傻子。那样正好,他们不会多加提防,只是以为自己在包容一个智障。"

她看得出来,马迦德并不喜欢这项任务,但保镖的个人好恶无关紧要,于是第二天大清早,佩卓尼拉便将对方派了出去。

她随后开始书写,为手稿的开篇段落潜心尝试不同的写作风格,在饥肠辘辘时命令巴贝斯取来食物和饮水。

舱房大门突然打开,伏案劳作的佩卓尼拉抬起头来。书桌内置的计时器告诉她,此刻已经是战舰时间的傍晚了。

她转动座椅,看到马迦德迈步走入,顿时微笑着拿过数据板,并从遗忘池里拎起记忆笔。

"你和阿斯塔特相处了?"她问道。

马迦德点点头。

"很好。"佩卓尼拉说道。她将笔尖垂在数据板表面,把自己的心绪从脑海中彻底净除。

"全都告诉我。"她命令道。记忆笔立刻颤抖着记录下保镖的思维。

战帅的内厅近乎静默无声,唯有瑞古拉斯身上那副外骨骼的机械嘶鸣,以及马罗格斯特变换站姿时的衣袍沙沙。两人肃立于战帅背后,荷鲁斯则坐在长桌末端的椅子里,十指相抵架在面前,脸上的阴郁神色犹若雷霆。

"兄弟会早该死绝了,"他说道,"吞世者为什么还没有突破钢铁要塞的城墙?"

面对战帅凶狠的目光,为安格隆担任侍从的卡恩连长毫不动摇,他身上那套蓝白两色的盔甲反射着内厅的暗淡灯光。

"大人,那道城墙能够抵御我们所掌握的大部分武器攻击,但我向你保证,钢铁要塞在几天之内必定会属于我们。"卡恩回答。

"你是说属于我。"战帅低吼道。

"当然,战帅大人。"卡恩说。

"去把我的兄弟安格隆叫来。我已经有几个月都没见过他的一根毫毛了。就算他难以履行承诺,也不能躲在一条泥泞战壕里生闷气。"

"容我冒犯一言,我的原体曾经说明,这场战斗必将耗时长久,"卡恩解释道,"那座要塞是利用古老科技建造的,需要钢铁战士这种围城专家才更易攻破。"

"如果我可以联系到佩图拉波,早就唤他来此了。"战帅说。

战帅身后的瑞古拉斯开口了:"标准模板建造机械能够设法对抗机械神教军械库中的大多数武器。如果黑暗年代的记录内容属实,那么它们就可以针对不断变化的外界环境作出适应和反应,构建出越发高明的防御手段。"

"那座要塞或许的确具备适应能力,"卡恩连长暴躁地紧握斧柄,"但它休想抵御第七军团的怒火。以你之名,安格隆的子嗣必将撕碎那座要塞的心脏,战帅。无须怀疑!"

"说得好,卡恩连长,"荷鲁斯回应道,"现在去为我攻陷钢铁要塞吧。不留活口。"

吞世者俯首行礼,随后转过身去,大步走出内厅。

当房门在卡恩背后关闭时,荷鲁斯继续说:"这应该能让安格隆打起精神来。此处的战争已经拖延过久了。我们还有很多重要事务。"

瑞古拉斯和马罗格斯特绕到战帅面前,原体侍从坐在椅子里,舒缓他的痛楚身躯。

"我们必须夺得这些标准模板建造机械。"瑞古拉斯说道。

"是啊,谢谢提醒,技师,我差点忘了,"荷鲁斯说,"我很清楚这些机械有何意义,即便目前掌握它们的那群蠢货并不明白。"

"我的组织必定为此重重酬谢,大人。"瑞古拉斯说。

荷鲁斯微笑起来,"我们终于讲到这里了,技师。"

"讲到哪里,大人?"

"不要把我当傻瓜,瑞古拉斯,"荷鲁斯厉声警告,"我知道机械神教致力于搜寻上古知识。保存完整且正常运转的建造机械绝非寻常宝物,对不对?"

"是超乎想象的珍宝,"瑞古拉斯承认,"当年正是这些具备思维能力的机械推动人类踏入星海,让殖民银河成为现实,对于它们的发现与回收值得付出任何代价。"

"任何代价?"荷鲁斯追问。

"这些机械会帮助我们达成种种难以置信的成就,向光晕星域展开探索,甚至是接触其他银河,"瑞古拉斯说道,"所以这确实值得付出任何代价。"

"那么它们就归你了。"荷鲁斯说。

这无比慷慨的姿态让瑞古拉斯倍显惊愕,"感谢你,战帅。你无法想象这对于机械神教而言是何等宝贵的馈赠。"

荷鲁斯站起身来,绕到瑞古拉斯背后,毫不掩饰地盯着那具金属身躯里的残存血肉。闪烁微光的能量力场包裹着技师的脏器,一具黄铜肌体为他提供了行动能力。

"你身上已经没有多少凡俗人性了,是不是?"荷鲁斯问道,"在这一点上,你倒是与我和马罗格斯特很相近。"

"大人?"瑞古拉斯回答,"我渴望达到至臻完美的机械状态,但我不敢妄然与阿斯塔特相提并论。"

"理应如此,"荷鲁斯说着继续在内厅里踱步,"我会把这些建造机械交给你,但我们已经讲到了,这是有代价的。"

"请说吧,大人。机械神教必会接受。"

"伟大远征行将告终,瑞古拉斯,但我们执掌银河的征途才刚刚开始,"荷鲁斯俯身将双掌按在漆黑桌面上,"我正在着手准备开展一项空前绝后的宏伟事业，但我需要盟友，否则必将一败涂地。我能否仰仗你和机械神教？"

"这究竟是怎样的宏伟事业？"瑞古拉斯问道。

荷鲁斯摆摆手，绕过长桌重新走到机械神教技师面前，伸手按住对方的黄铜躯体以示宽慰。

"此刻不必细说，"他回答，"你只需告诉我，在时机来临之际，你和你的同僚愿意为我提供支持，那么这些建造机械就是你的了。"

一条包裹金丝的机械手臂伴着低声嘶鸣抬了起来，将一枚打磨光滑的齿轮轻轻摆放在桌面上。

"我手中的全部机械神教力量都属于你，战帅，"瑞古拉斯承诺道，"我能够招募的其他同僚也是如此。"

荷鲁斯微笑着说："谢谢你，技师。这正是我希望听到的。"

在对抗科治文明的战争走到了第十个月的第六天时，63号远征队突然陷入恐慌，因为一批战舰毫无征兆地跃迁到了星系之中，在舰队后方组成攻击阵型。

博阿斯·科门努斯试图调转方向迎击新的对手，但是在舰队采取机动方案的同时，他心里清楚大势已去。然而那批神秘舰船越过了最佳开火距离，继续埋头靠近，复仇之魂号的军官们这才明白对方并无敌意。

松了一口气的战帅旗舰发出呼叫，传来回应的那个声音有着古老泰拉的高雅腔调，并且夹杂了些许笑意。

"荷鲁斯，我的兄弟，"那声音说道，"看来我还能教你一两招。"

站在复仇之魂号舰桥上的荷鲁斯说："弗格瑞姆。"

纵然战事艰苦，能够与帝皇之子再次会面依旧让洛肯颇为激动。在繁忙工作之余，他抽出尽可能多的时间来修护盔甲，但他也明白自己的装备状态十分糟糕。他和四王议会同僚们骄傲地矗立于战帅身后，在复仇之魂号的上层中转甲板里静静等待，准备迎接第三军团的基因原体。

自从荷鲁斯升任战帅之后，弗格瑞姆便始终是他身旁最为坚定的支持者之一，在安格隆、佩图拉波和科尔兹因荣耀旁落而大发雷霆时，他对那些兄弟加以宽慰劝解。弗格瑞姆的声音向来是一股凉风，善于冷却暴躁心绪，安抚受挫傲气。

洛肯明白，若无弗格瑞姆的过人智慧，战帅恐怕难以如此彻底地掌握各支军团。

他能听到气密门对面传来的金属摩擦声。

洛肯曾在乌兰诺大捷中见过弗格瑞姆，当时他作为阅兵队列的一员，与数万名阿斯塔特同僚并肩行进，远远望见了诸位原体的真容，那一眼深深烙印在他心中，至今不曾磨灭。

能够与两位超凡原体共处一室，这堪称无上荣誉。

覆有鹰徽的气密门滑到一旁，帝皇之子原体迈上了复仇之魂号。

最先抓住洛肯注意力的便是弗格瑞姆左侧肩甲上那华美张扬的金色鹰翼。这位原体的紫色战甲镶有金边，种种繁复精细的雕饰图案显得光辉灿烂。一袭长长的鳞甲斗篷由几名兜帽遮面的随从提起边角，众多誓言纸张垂挂在他的肩甲下沿。

在深紫色的高领环绕之下，那张苍白的面孔全无血色，一双漆黑的眼眸则是幽深难测。他的嘴角萦绕着若有若无的笑意，洁白如雪的长发光泽闪烁。

洛肯曾说过哈斯特尔·塞扬努斯是一个广受爱戴的俊美之人，但今日在近距离目睹了帝皇之子基因原体后，他顿时明白自己平淡乏味的语言绝不足以描述弗格瑞姆的完美容貌。

弗格瑞姆张开双臂，两位分隔多日的原体热情相拥。

"太久不见了，荷鲁斯。"弗格瑞姆说道。

"是啊，兄弟，是啊，"荷鲁斯表示认同，"看到你让我满心欢喜，但你为何来此？你理应在佩杜斯异常区开展全面战役。那片空间难道已经归顺了？"

"的确，我们找到的世界全部归顺了。"弗格瑞姆点点头。此时另外四名战士穿过原体身后的气密门依次走入。看到索尔·塔维兹，洛肯微笑起来，对方也面露喜色，难以掩饰与荷鲁斯之子同袍兄弟重聚的宽慰。

紧随其后的是艾多伦总司令，他正像托迦顿所描述的那样刚愎阴毒，不知悔改。接下来是剑客卢修斯，那副高人一等的讥讽表情未有丝毫改变，不过他的面孔如今已是伤疤纵横。最后那位战士是洛肯并不熟识的，对方穿着阿斯塔特药剂师的盔甲，皮肤蜡黄，脸颊瘦削，一头白发与原体颇为相似。

弗格瑞姆从荷鲁斯面前转过身去说道："我相信你已经很熟悉我的几位兄

弟了，塔维兹、卢修斯还有艾多伦总司令，但你想必还没有见过我的首席药剂师法比乌斯。"

"见到你是我的荣幸，荷鲁斯大人。"法比乌斯躬身致敬。

荷鲁斯点头示意，"行了，弗格瑞姆，你知道不该搪塞我的。究竟是何等要事让你悄无声息地突然出现，把我的半数船员都吓出心脏病来？"

弗格瑞姆苍白的脸顿时褪去了笑容，他说道："我们接到了一些报告，荷鲁斯。"

"一些报告？这是什么意思？"

"据称事态有所异常，"弗格瑞姆回答，"据称你和你的战士们应当接受问讯，为这场战役中的残暴行为担负责任。安格隆又胡闹了吧？"

"安格隆与往日无异。"

"有那么糟？"

"不，我把他看管得很紧，而且他的侍从卡恩似乎也能略微约束我们兄弟的肆意莽行。"

"那么我来得恰到好处。"

"我明白了，"荷鲁斯说，"也就是说，你是来接替我的？"

弗格瑞姆再也难以维持严峻神色，终于大笑起来，他的漆黑双眸里闪动着笑意，"接替你？不，兄弟，我之所以造访这里，只是为了能够返回泰拉去告诉那些纨绔子弟和迂腐官僚，说荷鲁斯正在用理所应当的方式开展战争：强硬、迅猛而残酷。"

"战争就是残酷的。一切缓和手段都是白费力气。战争越残酷就越短暂。"

弗格瑞姆说道："的确，兄弟。走吧，我们还有很多事情要谈，当下毕竟是一个怪异非凡的时代。显然我们的兄弟马格努斯再次惹恼了帝皇，芬里斯的野狼已经奉命出发，前去护送他返回泰拉。"

"马格努斯？"荷鲁斯顿时倍显关切，"他干什么了？"

"这件事你我私下去聊聊，"弗格瑞姆说，"况且，我觉得我的部下都等不及和你的人叙旧了，你的……叫什么来着？四王议会？"

"是的，"荷鲁斯微笑着说，"想必是关于谋杀星球的共同经历。"

洛肯感觉到一阵彻骨寒意沿着脊梁席卷而下，因为他辨认出了荷鲁斯脸上的微笑，那正是战帅昔日在登机甲板里让奥瑞厄斯领事一命呜呼时的表情。

荷鲁斯与弗格瑞姆退入内厅，阿巴顿、阿西曼德以及艾多伦跟随两位原体同去，留下洛肯和托迦顿负责招呼帝皇之子。荷鲁斯之子向同袍兄弟致以欢笑与熊抱，帝皇之子则更显稳重内敛。

对于托迦顿和塔维兹两人而言，这是亲密战友的久别重逢，他们昔日在凶险战火中铸就了相互的敬重，这份随和淡然的友谊显而易见。

药剂师法比乌斯询问了医疗甲板的位置，随后便躬身告退。

卢修斯与两位四王议会成员继续交谈，托迦顿忍不住开口挑逗他，"我说卢修斯，你想不想去训练笼和加维尔再打一场？瞧你脸上这副模样，看来是需要多加练习啊。"

那位剑客礼貌地一笑了之，他面颊上的交错伤疤顿时扭曲起来，"不必了，谢谢。我恐怕已经吸取了洛肯连长上次的教训。今天我可不想让他受辱。"

"行了，就打一场？"洛肯问道，"我保证动作温柔些。"

"是啊，来吧，卢修斯，"塔维兹也说，"这可是关乎帝皇之子的荣誉。"

卢修斯露出微笑，"那好吧。"

洛肯对于那场交手没有多少印象，它结束得太快了。显然，卢修斯确实吸取了教训。在训练笼刚刚闭合的瞬间，那位剑客便骤然发动抢攻。洛肯对此早有准备，却依旧难以抵挡，险些在几秒之内就仓皇落败。

两位战士陷入恶斗，托迦顿和索尔·塔维兹在训练笼外高声呐喊助威。

这场对决引来了不少旁观者，洛肯暗自盼望托迦顿没有大张旗鼓地加以宣扬。

洛肯使尽了全身解数，卢修斯却流露出一股漫不经心的戏谑意味。不消片刻，洛肯的长剑便卡在了训练笼顶部，卢修斯的利刃则抵在他喉头。

那位剑客脸上几乎没有汗水，洛肯明白自己如今无望企及卢修斯之项背。他若是仅凭剑刃与卢修斯生死相搏，那么必然性命不保，而且他推测荷鲁斯之子军团上下并无一人是其对手。

洛肯向剑客躬身行礼，"这是一比一了，卢修斯。"

"要不要决个胜负？"卢修斯讥笑道。他前后跃动不止，凭空挥砍长剑。

"改日吧，"洛肯说，"你我下次相见的时候，咱们可要赌一把大的，嗯？"

"随时恭候，洛肯，"卢修斯回应道，"但我一定会赢。你心里明白，对不对？"

"你确实剑术高超，卢修斯，但要记住，总会有人能打败你。"

"这辈子没有可能。"卢修斯说。

那个隐秘组织又一次在军械库中集结，今日的参会名单经过了相当程度的筛选，结社领袖瑟加·塔苟斯特面前围拢着军团的诸位高阶成员。

阿西曼德很快便注意到，缺席的军团连长只有洛肯、托迦顿、亚克顿·克鲁兹以及泰保特·玛尔四人，他心中顿时泛起一股悔恨与失落。

烛光照亮了军械库，各位高级军官都已经将兜帽长袍摘下。本次集会意在商讨辩论，而非虚张声势。

"兄弟们，"塔苟斯特说道，"今日大家需作决断：艰难的决断。我们正在面临源自内部的分歧动乱，与此同时弗格瑞姆又突然前来刺探我们。"

"刺探？"阿西曼德说，"你总不会认为弗格瑞姆打算背叛自己的兄弟吧？他与战帅的亲密程度比圣吉列斯更甚。"

"不是刺探还能是什么？"阿巴顿问道，"弗格瑞姆抵达的时候几乎亲口说过了。"

"弗格瑞姆和我们一样，对于泰拉局势倍感沮丧，"马罗格斯特说，"他很清楚，那些想要品尝战争胜果的人并不愿意目睹战争的血腥。他的军团在一切事物中寻求完美，尤其是战争，大家也都见识过帝皇之子的作战方式：无休无情，冷酷高效。他们的风格或许与我们有所不同，但达成的目标完全一样。"

"一旦弗格瑞姆麾下战士目睹了奥瑞厄斯的实际情况，他们就会立刻发现其中毫无荣誉可言，"卢克·赛迪瑞补充道，"就连我都难以忍受吞世者。我为战而生，乐于杀伐，也不会对自己的本性遮遮掩掩，但是安格隆的子嗣……缺乏教化。他们的所作所为并非战斗，只是屠戮。"

"他们能够完成任务，卢克，"阿巴顿说，"这就够了。等到机械神教泰坦最终击破钢铁要塞的围墙，我们就要冲进去攻陷目标，到时候你会庆幸有他们作为战友的。"

赛迪瑞点点头说："此话不错。战帅将他们当作武器加以运用，但弗格瑞姆究竟能否看清这一点呢？"

"让我来操心弗格瑞姆吧，卢克。"船舱角落的阴影里响起一个浑厚嗓音，隐秘组织的诸位成员都惊愕地转过头去，看到三个身影从黑暗中浮现。

为首者身披一套工艺精湛的华美盔甲，那色泽洁白的装备在烛火下熠熠闪烁，胸甲正中的红色眼眸映射着夺目光焰。

阿西曼德与其余连长急忙屈膝行礼，荷鲁斯缓步走近，仔细审视在场的众多军官。

"如此说来，你们就是在这个地方秘密集会的？"

"大人——"塔苟斯特开口道。荷鲁斯抬起手示意他安静。

"嘘，瑟加，"战帅说，"无须辩解。我对你们的踌躇思虑有所耳闻，特地前来指点一二，顺便也为你们的隐秘组织引入一点新鲜血液。"

荷鲁斯挥手示意他的两名同伴迈步上前。阿西曼德看到其中一位是泰保特·玛尔，另一位则是身披金色盔甲的凡人，昔日在戴文卫星上，正是他奋力护卫了战帅的纪实作者。

"泰保特你们都认识，"战帅继续说，"在维汝兰不幸牺牲之后，他一直难以接受挚友的痛失。但我相信他会在这里找到一份目前急需的支持。另外这位只是凡人，并非阿斯塔特，然而他依旧是个极具勇气且力量超群的战士。"

瑟加·塔苟斯特抬起头说道："一个凡人要加入结社？但是我们只接收阿斯塔特。"

"是吗，瑟加？我本以为这是个容许任何人自由会面、畅所欲言，超脱军阶地位坦陈心事的地方。"

"战帅说得对，"阿西曼德站起身来，"要想加入我们的隐秘组织，只有一项前提，他必须是一位战士。"

塔苟斯特点点头，但他显然并不真正认同这项决定。

"那好吧，请他们走上前来，展示信物。"他说道。

玛尔和那位金甲战士迈步上前，探出手臂。两人掌中各有一枚银光闪烁的结社徽章。

"让他们自报姓名。"塔苟斯特说。

"泰保特·玛尔。"第十八连连长开口道。

那个凡人则一言不发，无助地望着战帅。结社成员们静静等待他报上名来，此人却始终默不作声。

"他为何不表明身份？"阿西曼德质问。

"他很难说，"荷鲁斯微笑着回答，"不好意思，我实在忍不住开个玩笑，瑟加。这位是马迦德，他是哑巴。我注意到他想要深入了解我们的军团，于是就带着他来到这里，见识见识我们的真实面貌。"

"我们会欢迎他的，"阿西曼德承诺，"但你今天来到这里，不仅仅是为了给我们介绍两名新成员，对不对？"

"真是时刻保持思考，小荷鲁斯，"战帅笑道，"我一向说你是睿智的那个。"

"那么你究竟有何来意？"阿西曼德追问。

"阿西曼德！"塔苟斯特嘶声道，"这可是战帅，他想去哪里就去哪里。"

荷鲁斯抬起手说："没关系，瑟加，小荷鲁斯有权发问。我长久以来都不曾介入你们的事务，也就理应为今日的突然来访作出解释。"

荷鲁斯微笑着步入人群，让诸位军官沐浴在自己的人格力量中。他站在阿西曼德面前，那效果令人眩晕迷醉。荷鲁斯一向具备登峰造极的威严气度，无论多么刚硬冷漠的心灵也难以抗拒他的俊美和魅力。

阿西曼德与战帅对视，发现那股轻易收服人心的独特力量无与伦比，他顿时惭愧于自己胆敢质疑战帅光辉绝伦的形象。他有何资格对战帅妄加要求？

荷鲁斯眨眨眼，打破了那道魔咒。

战帅走到人群中央开口说："你们理应在此集会，对未来的道路多加探讨，吾儿，因为那一定艰险非凡。我们面临着时代的转折，必须作出种种艰难决断，而且肯定会有一些人无法理解我们的行事动机，因为他们并未体会过你我的亲身经历。"

荷鲁斯在每一位连长面前依次停下脚步，阿西曼德看得出来，战帅的话语效果显著。战士们脸上露出昂扬神色，仿佛突然被灿烂阳光所照亮。

"我即将踏上的道路必定会影响到我麾下的每一个人，这项艰难抉择是我肩头的一份沉重负担，吾儿。"

"让我们分担吧！"阿巴顿喊道，"我们乐意效劳。"

荷鲁斯微笑着说："我知道你们愿意，艾泽凯尔，我只要时时牢记，身边还有你们这样坚定真诚的战士加以辅佐，心中就充满了力量。"

"我们任由差遣，"瑟加·塔苟斯特承诺道，"我们首先效忠于你。"

"我为你们感到骄傲，"荷鲁斯动情地说，"但我还要向你们提出最后一项要求。"

"请说吧。"阿巴顿开口道。

荷鲁斯感激地将手掌按在阿巴顿肩头说："你们在作答之前，务必认真考虑我接下来要说的话。如果你们选择追随我踏上这段艰险旅途，那么一旦扬帆起航，就没有回头之路。无论成败，我们都有进无退。"

"你总是这么戏剧性，"阿西曼德评论道，"你到底要不要说重点啊？"

荷鲁斯点点头说："当然了，小荷鲁斯，但愿你们能纵容我故弄玄虚？"

"否则就不是你了。"

"同意，"荷鲁斯说，"那么重点在于，我将要率领诸位开拓一条最为凶险的道路，并非所有人都能保全性命。帝国之中必然会有人将我们视作叛军乱党，你们要忽视那些无端控诉，相信我对于大局的掌控。未来岁月是艰难而痛苦的，但我们必须熬过去。"

"我们要如何效劳？"阿巴顿问。

"为时尚早，艾泽凯尔，为时尚早，"荷鲁斯说道，"目前我只需要知道，你们是否与我同在，吾儿。你们与我同在吗？"

"与你同在！"战士们齐声喊道。

"谢谢各位，"荷鲁斯庄重地说，"在我们着手行动之前，首先要清理门户。海克托·瓦尔瓦鲁斯，还有这个记述者卡尔卡斯：他们必须保持沉默，容许我们积聚力量。他们招来了多余的注意力，这是不可接受的。"

"瓦尔瓦鲁斯远非通融善变，大人，"阿西曼德警告道，"那个记述者则受到了加维尔的庇护。"

"我去对付瓦尔瓦鲁斯，"战帅说，"至于那个记述者……怎么说呢，我相信只要用恰当手段加以劝告，他就一定会听话的。"

"你有何安排，大人？"阿西曼德问。

"让他们为自己的谬误接受启迪吧。"荷鲁斯说道。

第二十章

突破口
正午晴空
计划

　　帝皇之子此次造访短暂得令人痛心，两位原体始终闭门密谈，他们麾下的战士则交手切磋，开怀畅饮，追忆战绩。无论战帅究竟对弗格瑞姆说了什么，帝皇之子的基因原体显然心满意足，认定事态如常，于是仅仅三天之后，便有一支荣誉卫队奉命在上层中转甲板集结，代表荷鲁斯之子隆重欢送帝皇之子。

　　索尔·塔维兹与托迦顿诚挚道别，卢修斯和洛肯则意味深长地握握手，各自期待与对方的下一次交锋。艾多伦简洁地朝托迦顿和洛肯点头示意，药剂师法比乌斯则不动声色地低调离去。

　　弗格瑞姆与荷鲁斯兄弟相拥，低声耳语。随后帝皇之子的完美原体便潇洒地转过身去，迈步走向气密门，告别了复仇之魂号，他的鳞甲披风飘扬在背后。

　　斗篷之下的某件事物熠熠闪亮，洛肯仔细观察，再三辨别，确认出了弗格瑞姆腰间那柄熟悉得令人心惊的金色长剑。

　　洛肯发现钢铁要塞名副其实，平滑锃亮的高墙如同金属打造的锐利犬齿，牢牢扎根于磐石之中。初升朝阳将城墙照映得微光闪烁，朦胧热霾般的能量力场在空中泛着波纹，大团金属碎屑从自动修复的城垛顶部倾泻而下。要塞的外围区域已经化作残垣断壁，这便是安格隆麾下部队以及机械神教战争工具在四个月里的成果。

　　审判日与数架姊妹泰坦日复一日地展开轰击，向要塞投以高爆弹药和炽烈能量，缓慢而无情地将兄弟会步步逼退，来到了这座最后的壁垒脚下。

　　钢铁要塞本身是规模宏伟的半月形建筑，整体依附在白雪皑皑的山脉侧面，必经之路被数十座地堡和据点严密把守。作为突击钢铁要塞的准备步骤，机械神教还原修会向这里投放了规模惊人的巨量炮弹，如今这些防御工事大多只剩下青烟飘散的碎石瓦砾。

经历了长达数月的密集轰炸之后，要塞高墙终于被击毁，那闪烁寒光的壁垒上出现了一道约有半公里宽的突破口。要塞即将陷落，然而兄弟会情愿死战到底，洛肯很清楚向突破口发动冲锋的大部分战士都会牺牲。

他惴惴不安地等待命令，心中明白攻城作战的凶险程度无可比拟。从统计角度而言，向防守严密的堡垒发起进攻几乎就是死路一条，因此他必须确保战士们的死亡更有意义。

"是不是快了，你觉得呢，加维尔？"维帕斯说着，已经不知多少次检查手中链锯剑的激活装置。

"我想是的，"洛肯说道，"但我猜吞世者会打头阵。"

"随他们去吧。"托迦顿低哼一声。洛肯对此颇为惊讶，每次率先提出带领矛头部队参战的往往都是托迦顿，但他近来一直显得阴郁沉闷。他不愿说明缘由，然而洛肯能猜到这一定与阿西曼德还有阿巴顿有关。

在整场战争中，除了必要的作战协调之外，两人与四王议会同僚交流甚少，形同陌路。自从戴文之事过后，他们四人从未一同晋见过战帅。从各个角度而言，四王议会都已经不复存在。

如今大小诸事都由战帅自行定夺，洛肯逐渐认同了亚克顿·克鲁兹的看法，相信军团已经迷失方向。"耳旁风"的言论在荷鲁斯之子全军上下缺乏分量，那位老兵的抱怨和控诉一向被置若罔闻。

在帝皇之子与他们分道扬镳的当天，洛肯匆匆造访了医疗甲板，而在那里，药剂师瓦顿向他描述的情况越发加深了他心中的忧虑。

他抵达的时候药剂师正在手术台旁医治军团伤员，铺着瓷砖的地板上满是黏稠滑腻的凝结血液。

洛肯明白不该打扰瓦顿的劳作，于是默然等待药剂师完成手术后才开口。

"宿敌刃呢？"洛肯质问道，"在哪里？"

正在清洗手上血迹的瓦顿抬起头来，"洛肯连长。宿敌刃？并不在我这里。我以为你听说了。"

"不，"洛肯说，"我没听说。怎么回事？我嘱咐过你，不要告诉任何人你在保管它。"

"我没有告诉任何人，"瓦顿气愤地回应，"但他早就知道了。"

"他？"洛肯问道，"你在说谁啊？"

"帝皇之子的药剂师，法比乌斯，"瓦顿说，"他在几个小时之前来过医疗甲板，告诉我说他得到授权取走宿敌刃。"

一股寒意将洛肯攫住，他追问道："谁的授权？"

"战帅。"瓦顿说。

"于是你就交给他了？"洛肯质问，"就这样？"

"我还能怎么办？"瓦顿低吼着说，"这个法比乌斯有战帅的印信。我必须交给他。"

洛肯深吸一口气让自己冷静下来，他很清楚，药剂师面对战帅的印信别无选择。瓦顿数月以来对那柄武器展开研究并未取得丝毫成果，如今宿敌刃已经被带离复仇之魂号，其中蕴藏的秘密就更是永远不可能探明了。

对于宿敌刃再度遭窃的酸楚回忆被洛肯头盔里的粗重嗓音打断，他急忙将精力集中在潮水般的作战命令上。不出意料，安格隆亲自率领一整支吞世者突击连负责打头阵，而担任辅助的则是荷鲁斯之子的第十连与第二连：洛肯和托迦顿的部队。

托迦顿与洛肯不安地交换了一个眼神。考虑到他们在军团中的近况，这份率先突破敌军堡垒的荣誉似乎来得有些突兀，然而命令已经下达，再无更改的余地。帝国军队单位将会紧随阿斯塔特的脚步守住阵地，海克托·瓦尔瓦鲁斯计划亲临前线。

洛肯握着托迦顿的手说："里面见，塔瑞克。"

"尽量别把小命丢了，加维尔。"托迦顿说道。

"多谢提醒，"洛肯回答，"我还以为咱们是去送死的呢。"

"不要说笑，加维尔，"托迦顿说，"我是认真的。我相信在这场战役结束之前，我们需要相互支持。"

"你此话何意？"

"算了，"托迦顿说，"等到要塞陷落之后我们再聊，嗯？"

"好，你我在兄弟会堡垒的废墟里喝一瓶庆功酒。"

托迦顿点点头说："这次得你请。"

他们再次握手，随后托迦顿便快步前去与麾下战士会合，为随后的血战着手准备。洛肯看着他远去，心中猜想老友究竟能否活下来与自己分享那瓶庆功酒。他很快就把这晦气的想法抛诸脑后，穿行在连队战士之间，下达指令并鼓舞他们。

从山下传来的震耳欢呼让洛肯转过身去，他看到一列战士披挂着吞世者的蓝白两色盔甲，阔步向城墙缺口进军。身形壮硕的吞世者突击单位手持巨型链锯斧，肩头扛着重型喷气背包，经过萃取浓缩的凶残与暴力将他们铸造成了洛肯眼中最为可怕的近身斗士。

一马当先的正是基因原体安格隆。

血腥的安格隆：赤红天使。

洛肯曾听闻过安格隆的诸多名号，但它们无法真正体现出吞世者原体那气势逼人的凶蛮模样。安格隆披挂着一套古老的角斗士盔甲，恍若某个失落年代的英雄战士。一袭锃亮的锁甲披风垂在他高大的颈甲和肩甲上，穿插其中的枯黄颅骨仿佛是野蛮人的战利品。

他全身上下佩带了无数柄刺击短剑，以及与阿斯塔特链锯剑长度相仿的匕首。他大腿两侧分别挂着一把形式古朴的华丽手枪，手中那柄凶残怪物般的链锯剑庞大到超乎洛肯的想象。

"王座在上……"耐罗·维帕斯看着逐渐走近的安格隆轻声说道，"若非亲眼所见，我是绝不会信的。"

"我明白你的意思。"洛肯回答，那位强悍原体的造型显得狂野而原始，令人联想到《厄什编年史》里的血腥故事。

安格隆的面孔上写满了杀意，他的粗野的脸上伤疤纵横。黑钢部件在他额头上闪动，那些凿穿颅骨的大脑皮层植入装置进一步强化了他本就颇为可怕的侵略性。安格隆在数个世纪以前身为奴隶的时候就接受了植入，纵然现今技术能够将其移除，但他却并无此意。

这位血腥原体大步前行，率领麾下战士投身沙场，他从第十连面前经过时瞥了众人一眼。近距离目睹安格隆的模样足以让洛肯一阵颤抖，他在那双半睁半闭的眼睛里只能看到死亡，洛肯心中暗自猜想，安格隆那饱受摧残的脑袋里究竟承载着什么样的恐怖念头。

在吞世者原体刚刚走过之后，密集轰炸就再次展开，死亡军团的枪炮向城墙缺口倾泻着一波波怒涛般的弹药。

洛肯看着安格隆简洁地挥动掌中巨剑下达突击指令,不禁怜悯起固守要塞的兄弟会战士。即便是不共戴天的仇敌,他们毕竟要与这个代表着鲜血与死亡的战神化身临阵交锋,洛肯能够想象那种感受。

令人胆寒的凶恶战吼从吞世者喉咙中传来,洛肯目睹安格隆为麾下连队主持一场粗野的血祭仪式。那些战士摘下左手铠甲,用斧刃划过掌心,将鲜血涂抹在头盔面甲上,口中吟诵着献给死亡与杀戮的赞歌。

"我几乎要同情堡垒里那些可怜的混蛋了。"维帕斯说出了与连长相同的看法。

"下令全军待命,"洛肯命令道,"吞世者越过突破口之后,我们就出动。"

他握着耐罗·维帕斯的手说:"为生者杀戮,耐罗。"

"为死者杀戮。"维帕斯回应道。

突击攻势在漫天烟尘中发动,吞世者从城墙缺口脚下的坡道一跃而起,伴着喷气背包的震耳咆哮扑向敌阵。高墙与缺口本身都被笼罩在泰坦轰炸的熊熊火光之中,洛肯难以想象任何生物能够在这枪林弹雨之下幸存。

吞世者加快脚步冲上碎石坡道,洛肯与麾下战士则翻身越过那些从城墙顶端炸落的焦黑残骸。他们一边突进一边射击,将自身火力汇入那股轰击着突破口的弹药洪流,为突击部队软化前方目标。

坡道十分陡峭,所幸可以攀爬,战士们保持着稳定的进军步调。零星的枪弹与激光打在碎石或盔甲表面,隔着如此遥远的距离,它们无法造成任何实质伤害。

在五百米之外的左翼,洛肯能看到托迦顿率领第二连跟在吞世者身后踏上坡道。两支荷鲁斯之子部队负责掩护突击部队的薄弱侧翼,并采用重型武器在缺口位置建立防线。

在阿斯塔特后方,海克托·瓦尔瓦鲁斯直属的拜占庭近卫军组成严整阵列齐头并进——他们披挂着配有金色纽扣的乳白色大衣。穿戴仪式性制服踏入战场的行为在洛肯看来十分荒谬,但瓦尔瓦鲁斯宣称,他和他的部下必须以无可挑剔的完美军容征服这座要塞。

一阵深厚低沉的隆隆轰鸣仿佛从地心传来,迫使洛肯不再注视那些行军士兵的光辉英姿。震颤越发剧烈，周围那些被炸成粉末的残骸与碎石开始凭空跳跃，洛肯明白情况不妙。他能看到远在前方的安格隆与吞世者已经抵达了突破口顶部。安格隆身边环绕着滚滚浓烟，那位强悍原体的胜利呼吼压过了战场上的爆炸雷霆，依稀传入洛肯耳中。

那轰响变得越发洪亮，洛肯不得不握住一根锈蚀钢条来稳住身形，脚下坡道的持续性颤抖仿佛是一场强大地震的前兆，众多宽阔裂隙将地面劈开，炽热火柱从中喷薄而出。

"怎么回事？"他高声喊道。

没有人作答。就在此刻，一片直入云霄的汹涌烈焰在突破口顶部骤然爆发，洛肯顿时跌倒在地。土石与金属被抛向数百米之上的半空，整段城墙在这威力恐怖的爆炸冲击下土崩瓦解。

正如城市中的地堡，所有无法坚守的工事都被兄弟会果断摧毁，扑面而来的强光和巨响迫使洛肯的反应式感官暂时关闭。扭曲残骸和散乱碎石在周围如雨点般散落，数十名战士被砸倒压死，洛肯清晰地听到了他们的痛楚呼喊以及盔甲碎裂的脆响。

尘埃和碎屑在空中飘扬，当洛肯感觉自己的处境相对安全之后，他抬起头来惊恐地发现，突破口顶端位置已经被彻底摧毁，不复存在。

安格隆和吞世者全都无影无踪，想必被埋没在堆积如山的落石之下。

同样目睹了这一场景的托迦顿立刻站起身来。他高声呼吼，命令部下们站稳脚步，随后就单枪匹马地向突破口废墟发动了冲锋。从头到脚覆满灰尘的阿斯塔特从残骸与碎石之间纷纷起身，追随连长义无反顾地奔赴必死局面。托迦顿很清楚，这种行为无异于自杀，然而他亲眼看到安格隆被掩埋在土石深处，此时撤退已经不再是一个选择了。

他激活了链锯剑的锋刃，快步爬上坡道顶部，荷鲁斯之子的狂野战吼脱口而出。

"狼神！狼神！"他厉声呼号着冲向敌人。

洛肯看着自己的兄弟像一位震古烁今的英雄般从爆炸后的狼藉场面里站起身来，向突破口发动冲锋。洛肯明白坡道顶部完全有可能埋设着更多地雷，然而那位基因原体惨遭兄弟会毒手的可怕景象已经抹除了他一切战术思维，只留下冲锋陷阵这个念头。

"第十连战士！"他咆哮道，"跟我上！狼神！"

洛肯麾下的幸存战士们从废墟中脱身，紧随连长前进，战帅的名号顿时回荡山河。洛肯在巨石之间奔行，胸中那股狂怒为他赋予了超乎想象的动力。他要让兄弟会为这狠毒行径付出代价，没有任何事物能够阻止他。

洛肯明白，自己必须尽快抵达突破口，赶在兄弟会明确意识到来犯之敌并未全部葬身于陷阱之前，于是他维持着迅猛步伐，榨取着动力甲能够增进的每一丝肌肉力量。暴风骤雨般的枪弹从头顶倾泻而来：躲在散落石块与金属残骸间的激光和实弹武器纷纷开火。一枚沉重子弹敲在洛肯的肩甲上，让他向一侧歪倒，但洛肯熬过了撞击的力量继续冲锋。

奔涌怒涛般的阿斯塔特部队爬上突破口，最后一束朝阳光辉映射在他们的绿色盔甲表面。大批战士投身沙场的场景壮美非凡，形成一道不可阻挡的死亡之潮，用枪弹和利刃荡平一切阻碍。

事到如今，战术方案已经毫无意义，安格隆陨落的景象剥夺了每一位阿斯塔特的克制力与自控力。洛肯注意到银色盔甲的闪光在突破口的残余部分浮现，那些兄弟会战士正在爬上阵地，他们身后拖拽着配有双足支架的重型武器。

"爆矢枪！"洛肯大喊，"开火！"

巨量爆矢弹的冲击顿时淹没了坡道顶部。火花四起，血肉飞溅，稳步进军的阿斯塔特不经瞄准便直接开火，但他们依旧保持着相当致命的射击精度，让一枚枚子弹啃噬敌人的身躯。

数百枚爆矢弹伴着震耳欲聋的轰响将敌军士兵撕成碎片，阿斯塔特攻势如潮，从突破口席卷而入，他们重拾影月苍狼的凶猛品性，将一阵阵尖厉呼嚎送进洛肯耳中。他抛下了打空子弹的爆矢枪，抽出链锯剑按动激活开关，飞身越过那片将安格隆与吞世者尽数吞没的碎石。

钢铁要塞的高墙之内是一片宽阔空地，其中布满了火力点与铁丝网。一座饱受炮火摧残的堡垒坐落在山脉侧面，但它的大门已经四分五裂，射击孔中喷出滚滚黑烟。大批兄弟会战士从化作废墟的城墙位置匆忙退却，涌向那些事先建立的防御工事，然而他们严重误判了撤离时机。

荷鲁斯之子卷入敌群，用链锯剑的凶恶劈砍将对手斩落沙场，或是用爆矢枪肆意收割窜逃之敌。洛肯迎面扑向一小撮转身迎战的兄弟会战士，在眨眼之间挥剑砍杀了三人，并用手肘猛击最后一名敌人的脑袋，将对手的颅骨敲成碎片。

这片阵地化作了彻底混乱的修罗场，荷鲁斯之子在钢铁要塞内部横行无忌，大开杀戒，让那些狂乱求生的防御者纷纷葬身于此，绘制出一个个超乎想象的残暴瞬间。洛肯杀戮不止，畅享仇敌鲜血，同时意识到整场战争的胜局便在今日奠定。

这个念头所代表的现实平息笼罩于洛肯心头的狂怒。胜负已见分晓，洛肯眼看着这场胜利迅速转变成屠杀。

"加维尔！"一个急迫的嗓音在通信器里响起，"加维尔，你能听到吗？"

"清楚得很，塔瑞克！"洛肯回答。

"我们必须停手！"托迦顿高喊，"我们赢了，已经结束了。让你的连队停手。"

"明白，"洛肯说道。他很高兴托迦顿也意识到了同样的情况。

很快，喝止攻击的严厉命令就通过盔甲内置的通信网络沿着指挥链传播开来。

等到战场轰鸣终于停歇之后，洛肯发现阿斯塔特战士们已经站在了残暴兽性的深渊边际，险些堕入一种难以脱身的恐怖境地。鲜血、尸体与死亡的恶臭充斥四下，洛肯抬头仰望万里晴空，注意到时日已近正午。

对于钢铁要塞的最终突击仅仅持续了不到一个小时，却吞没了一位基因原体、数百名吞世者、成千上万个兄弟会战士，还有不知多少荷鲁斯之子的性命。

这场规模可怕的屠杀似乎全然是对生命的惊人的浪费，毕竟胜利果实显得微不足道：众多化作废墟的城市，大群饱受磨难且极具敌意的当地民众，一个必定会寻找机会爆发叛乱的星球。

这个世界的归顺值得用尸山血海来换取吗？

今日阵亡的兄弟会士兵几乎全部葬身于那怒火滔天的最后几分钟里，但大部分敌人还是成了荷鲁斯之子的战后俘虏，而非剑下亡魂。

洛肯摘下头盔，吞入一口口洁净空气，那清澈冷冽的味道与盔甲内置的循环空气相比简直是甘美佳酿。他在一片狼藉的战场中缓步穿行，敌军战士的残破尸首像屠宰场的废渣一般散落于空地之上。

托迦顿跪倒在地，同样摘掉了头盔深深呼吸。洛肯走近之后，那位老友抬起头来，露出惨淡的笑容，"好吧……我们赢了。"

"是的，"洛肯悲哀地回应道，他举目展望周围的血腥胜果，"我们确实赢了，对吧？"

洛肯戎马一生，杀敌之数想必有成千上万，他在日后的沙场中还会夺取更多性命，然而今日恶战的野蛮与残暴让这份凯旋变得分外酸楚。

军靴踩踏地面的响动让两位连长转过身去，他们看到拜占庭近卫军的先头部队终于迈入了要塞内部。洛肯能够辨认出众多士兵的惊恐神色，他明白在每一个亲临现场的人心里，阿斯塔特的光辉荣耀都遭受了永远难以抹除的玷污。

"瓦尔瓦鲁斯到了。"洛肯说。

"来得正好，是不是？"托迦顿说，"他想必会对我们另眼相看。"

洛肯点点头，无言地观望拜占庭近卫军指挥团队以胜者之姿踏入要塞，那些服饰华丽的军官放眼扫视战场，头顶上飘扬着一面面碧蓝旌旗。

海克托·瓦尔瓦鲁斯站在突破口顶部，将屠戮场景尽收眼底，他脸上的惊悚表情即便在远处也清晰可辨。洛肯顿时对瓦尔瓦鲁斯颇感厌憎，他心中暗想，这就是我们与生俱来的职责，你以为呢？

"看来他们的领袖要向瓦尔瓦鲁斯投降了，"托迦顿指向远方说道。众多一败涂地的男男女女高举着赤红与亮银的旗帜，组成一支漫长队列，从那座黑烟升腾的堡垒中缓缓走出。一百名兄弟会战士披挂着伤痕累累的板甲与之同行，他们将修长武器扛在肩头，把枪口指向地面。

身覆长袍的高阶技师和佩戴头盔的大小官员走在队列前方，他们低垂着脑袋，彻底承认落败。阿斯塔特一旦攻入内部广场，整座要塞便宣告沦陷，兄弟会的领袖们很清楚这一点。

"来吧，"洛肯说，"这是历史。既然没有记述者在场，我们不如去见证一下。"

"好。"托迦顿说着站起身。两位连长与那些战败敌人平行前进，不消多时，在这场惨烈血战中幸存的荷鲁斯之子便将敌人重重包围起来。

洛肯看着瓦尔瓦鲁斯走下了城墙缺口内部的坡道，站在奥瑞厄斯科治文明的诸位领袖面前。他庄重地躬身说道："我是海克托·瓦尔瓦鲁斯总司令，63号远征队中帝皇大军的指挥官。我有幸与何人对话？"

一位穿着金色板甲的老迈战士从人群中迈步而出，他银黑两色的个人旌旗迎风招展，而握着长杆的旗手则是一位最多十六岁的男孩。

"我是埃弗莱姆·瓜迪亚，"那人说道，"兄弟会战团大宗师兼钢铁要塞堡主。"

洛肯能够捕捉到瓜迪亚脸上的紧张不安，他明白那位指挥官必定耗费了全部意志力才能在这片屠戮惨象面前保持冷静。

"告诉我，"瓜迪亚说，"你们的帝国一向是这样作战的吗？"

"战争是一位严苛的主人，大宗师，"瓦尔瓦鲁斯回答，"今日血战一场，双方大有牺牲。我能够体会你们的惨痛损失，然而过度悲伤缅怀乃是疯狂之举。这对于生者并无裨益，对于逝者则并无意义。"

"真是暴君和杀手的论调。"瓜迪亚嘶吼道。这位败军之将的无礼挑衅让瓦尔瓦鲁斯恼怒不已。

"假以时日你们就会明白，帝国所图并非战争，"瓦尔瓦鲁斯作出承诺，"帝皇的伟大远征意在为人类种族的失散血脉送去理性和启迪。我向你保证，我们即将携手迈入一个崭新的和平年代，把这些令人不快的经历抛诸脑后。"

瓜迪亚摇摇头，伸手探向腰间的口袋，"我认为你错了，但你们已经将我们击败，所以我的看法无关紧要了。"

他展开一份卷轴说道："我将要向你诵读我们的宣言，瓦尔瓦鲁斯。我手下的军官已经全体签署了这份文件，借此见证我们抵御侵略的不懈努力。"

"我们奋力迎击你们那位背信弃义的战帅，以此守护我们的生活之道，并反抗帝国的强权统治。事实上，我们投身战场所图之事并非功勋，并非财富，并非荣誉，而是自由，是任何忠厚诚实之人都不愿放弃的自由。无论如何，我们举国上下最为精锐的将士也难以抵挡你们的凶蛮手段，与其目睹自身文明遭到灭绝，我们愿意拱手献上这座要塞以及整个世界。希望你们的治国方略比作战形式更为平和。"

在瓦尔瓦鲁斯开口回应大宗师的宣言之前，总司令身后的残骸山丘突然开始颤抖轰鸣，石块与金属之间出现了众多裂隙，某种庞大而可怕的事物正在奋力冲破地面。

洛肯起初以为那正是自己先前担忧的第二枚地雷,然而他随即发现震动仅仅集中在小范围里。近卫军匆忙分散,从突破口两侧倾泻而下的碎石引来阵阵警觉呼喊。洛肯发现,很多兄弟会战士都伸手探向武器,于是立刻握住自己的剑柄。

整个突破口伴着岩石碎裂的隆隆巨响分崩离析,某个通体赤红的庞大生物从中现身,用一声狂野呼吼发泄出全部的仇恨与嗜血。那个赤红巨人的凶暴登场毫无预兆,顿时让周围的士兵四散奔逃。

鲜血淋漓、怒气冲天的安格隆居高临下地俯视众人,数千吨碎石与残骸的掩埋显然并没有夺走他的性命,这让洛肯倍感惊奇。不过安格隆毕竟是一位基因原体,除了宿敌刃之外,还有什么能将他这样的人击倒?

"为了荷鲁斯,杀!"安格隆高呼一声,飞身跃下突破口。

那位势若雷霆的原体轰然落地,将脚下石砖踏得开裂粉碎。他挥动链锯剑将最前排的兄弟会战士一齐斩杀,留下四处横陈的血腥残骸。埃弗莱姆·瓜迪亚被安格隆一剑劈开了胸膛,当即殒命。

盲目好战的安格隆厉声大喝,在兄弟会降兵之间大肆杀戮,他手中那柄咆哮不已的恐怖武器横扫人群,开膛剖腹。原体的癫狂攻势令人心惊胆战,然而兄弟会战士们并不打算坐以待毙。

洛肯大吼:"不!停手!"但为时已晚。兄弟会的残兵败将纷纷抬起武器,向荷鲁斯之子以及那位横冲直撞的原体射击。

"开火!"洛肯别无选择地喊道。

纷飞子弹顿时将兄弟会队伍撕成碎片,爆矢枪的零距离火力交织成一团致命风暴。那可怕声响震耳欲聋但转瞬即逝,所有兄弟会战士很快被阿斯塔特无情处决,或是被安格隆肢解砍杀。

在区区几秒之内,兄弟会的最后一股残余力量便不复存在。

近卫军指挥团队传来一阵绝望的求救呼喊,洛肯看到众多沾满血迹的士兵跪在一位军官身旁,那人的乳白大衣浸透了鲜血。其中一个士兵略微挪动位置,正午的冷漠阳光顿时照映在几块金色奖章上,帮助洛肯认出了倒地之人的身份。

海克托·瓦尔瓦鲁斯躺在逐渐扩散的血泊中,洛肯远远便可看到,对方已经没救了。总司令的整个躯干被撕碎掀开,鲜血淋漓的断裂肋骨从胸腔里

安格隆

伸了出来，显然是子弹爆破的结果。

这份脆弱的和平瞬间覆灭，洛肯不禁悲哀落泪，他松手抛下武器，心中无比厌恶方才发生的一切，厌恶他被迫采取的行动。由于安格隆的鲁莽攻击，洛肯麾下战士的生命受到了威胁，他除了下令开火之外别无选择。

无论如何，他依旧感到懊悔。

兄弟会是一个值得尊敬的对手，荷鲁斯之子却将他们如牲畜般肆意宰杀。安格隆站在那片修罗场中央，手里的链锯剑依旧怒吼飞旋，将斑斑血迹甩在附近的战士身上。

荷鲁斯之子高声欢庆，赞颂吞世者原体，如此野蛮的景象让洛肯感到备受污辱。

"那根本不是战士应得的死法，"托迦顿说，"我们应该为我们自己感到耻辱。"

洛肯没有作答。他无言以对。

第二十一章

启迪

伴随钢铁要塞的陷落,奥瑞厄斯之战宣告结束。兄弟会作为一支军事力量已经不复存在,虽然零星分布的顽抗分子尚需剿除,但整体战斗基本告终。双方都遭受了惨重伤亡,帝国军队单位尤为如此。海克托·瓦尔瓦鲁斯的遗体被庄重地带回舰队,在一场肃穆仪式里葬入太空,远征队的高阶官员皆到场送别。

战帅亲自为总司令诵读了悼词,他的深切缅怀与强烈哀痛显而易见。

"所谓英雄人物,不仅自身出类拔萃,更需要时势造就,"战帅对瓦尔瓦鲁斯总司令作此评价,"我们如今概览他的光辉功绩,有些人会说那是幸运使然。并非如此。成千上万名优秀战士在那一天为国捐躯,我对于每一份牺牲都深感痛心。作为将领,海克托·瓦尔瓦鲁斯很清楚,若要顺应天时地利,那么就必须耐心等待,当绝佳机遇的脚步声在耳边奏响时果断奋起,方可抓住它的飞逝衣袍。"

"瓦尔瓦鲁斯已经与我们作别,但他绝不会希望我们陷入哀痛并驻足不前,因为历史的教训向来不留情面。历史中没有今时今日,只有迅速化作过去的未来。妄图固守当下就注定要遭到时势的抛弃,诸位朋友,这绝不会发生。只要我是战帅,这就绝不会发生。那些与瓦尔瓦鲁斯并肩前行、浴血奋战的将士应当继续守护这个世界,确保他的牺牲永远不被遗忘。"

其他发言者纷纷向总司令道别,但谁也无法比肩战帅的口才。荷鲁斯言出必践,下令所有效忠瓦尔瓦鲁斯的帝国军队单位就地驻扎,负责管辖这个由总司令付出生命确保归顺的星球。

一位新的帝国总司令随后就职,舰队麾下的军事力量展开了颇耗费时日的重整工作,为远征的下一阶段进行准备。

卡尔卡斯的舱室里满是油墨和废气的刺鼻味道,那台简陋的批量打印机超载运行，赶制着最新一批我们唯有真相的副本。虽然他近来称不上多产，但盛放邦兹曼 7 号记事本的盒子已经快要空了。伊格内斯·卡尔卡斯还记得，他曾经猜想自己的文学生命力是否就可以用剩余的空白页面来丈量，那仿佛是上辈子的事情了。这些天来，一股无比强烈的写作欲望充满他的身心，让此等疑虑顿时显得毫无意义。

他坐在床铺边缘，为传单书写最后几行刻薄粗鄙的诗句，口中心满意足地哼着歌。如今房间里已经几乎没有下脚之处了，无论地板、墙角还是任何足够平坦的表面都堆放着一摞摞纸张、胡乱涂抹的笔记、随手弃置的草稿和尚未完成的诗篇散落四处。不过目前他的灵感如同涌泉一般丰沃充沛，短时间内毫无枯竭的可能。

他听说奥瑞厄斯战役已经告终，最后一座堡垒在几天之前被荷鲁斯之子攻陷，而舰队中的流言蜚语则将那场血战称为白山大屠杀。卡尔卡斯尚未掌握具体情况，不过他在这十个月的战事中精心培养了若干消息来源，想必能够入手一些鲜活劲爆的内容。

诗人听到一记简洁有力的敲门声，于是喊道："请进！"

房门应声打开，卡尔卡斯则运笔如风，全神贯注于诗文之中，不愿浪费哪怕一秒钟时间。

"嗯？"他开口说，"有什么事吗？"

对方未作回应，卡尔卡斯只好恼怒地抬起头来，看到一位全副武装的战士矗立于面前。起初，对方腰间佩带的修长利剑以及刚硬闪亮的手枪让卡尔卡斯感到些许惊惶，但他随即辨认出那是佩卓尼拉·维瓦的保镖——名叫马迦德还是什么的，于是便放松下来。

"怎么了？"他再次问道，"你有什么事吗？"

马迦德一言不发，卡尔卡斯这才想起那人是个哑巴，心中不禁暗笑，究竟是哪个傻瓜派遣这口不能言的家伙来担任信使。

"如果你不能说明来意的话，我就没法效劳啊。"卡尔卡斯放慢语速，确保对方能够听懂。

作为回应，马迦德从腰带里取出一张折叠起来的纸，握在左手递向卡尔卡斯。那位战士丝毫没有迈步走近的意思，卡尔卡斯只得无奈地叹了口气，将邦兹曼本子扔在一旁，从床上抬起自己的圆润身躯。

卡尔卡斯在胡乱堆放的笔记本之间谨慎穿行，接过对方手中的那张纸。这是一张用乌贼墨水染色的莎草纸，从头到尾布满了相互交织的花纹，乃埃及尖塔的特产。在他看来有些花哨庸俗，但显然价格不菲。

"这是谁送来的呢？"卡尔卡斯开口发问，随后意识到这位信使口不能言。他摇摇头，宽容地微微一笑，打开莎草纸检视内容。

他皱起眉头，意识到纸上所写的文字都出于自己笔下，其中充斥着黑暗阴郁的意象描写与内涵浓重的象征手法，但这些诗句源自十几篇不同的作品，顺序颠倒错乱。

卡尔卡斯读到便笺末尾，终于明白了这份信息的可怕本质，以及送信之人的真实来意，他顿时惊慌失措。

佩卓尼拉在华贵房间中焦躁踱步，急于着手抄录保镖近来的思绪。马迦德与阿斯塔特相处的日子成效斐然，这已经让她掌握了很多此前无从得知的情况。

作品的主体架构终于渐渐成型，这个充满悲剧意味的故事将以基因原体濒临死亡作为开场，以倒叙手法检视他的一生，结尾处则是振奋人心的转折，讲述荷鲁斯的奇迹生还与未来荣耀。毕竟，佩卓尼拉并不打算将自己限制在仅仅一本书的范畴里。

她甚至构思了一个题目，这不仅恰当体现出故事的重大意义，也能将她自己囊括在内。

佩卓尼拉打算把这份惊世之作命名为追随众神的脚步，而且她已经想好了开篇第一句的内容——这是整个故事之中最为重要的部分，足以决定能否牢牢抓住读者的注意力——那恰恰是在战帅倒地昏迷的瞬间佩卓尼拉心中涌现的惊恐想法。

我亲眼见证了荷鲁斯的陨落。

这几个字能够营造出完美的气氛，既让读者确信无疑地明白，接下来的内容必定有着深远意义，同时又将故事的结局化作一个牢牢把守的秘密。

一切都渐入佳境，然而混迹于阿斯塔特之间的马迦德却迟迟不归，佩卓尼拉越发缺少耐心。倍感焦躁沮丧的她已经将巴贝丝训斥得泪流满面，并喝令那位女佣待在狭小的寝室里不要出来。

她听到舱室房门开启的声音从前厅传来,立刻快步走出,准备斥责马迦德拖延。

"你觉得什么时间算是……"佩卓尼拉开口说道。随即惊愕失声,因为站在面前的那个身影并非马迦德。

而是战帅。

他穿着一身简朴长袍,看起来却是前所未有的英武雄壮。战帅身上散发着一股咄咄逼人的卓绝气势,他抬起头来,用那无比深厚的人格力量将佩卓尼拉彻底压倒,令她瞠目结舌。

在战帅背后,第一连长阿巴顿的壮硕身躯矗立在门边。荷鲁斯看到佩卓尼拉走入前厅,于是向阿巴顿点头示意,后者即刻关闭了房门。

"维瓦女士。"战帅说道。佩卓尼拉调动了全部意志力才强迫自己开口作答。

"是的……大人,"她结结巴巴地开口,同时恐慌万分地意识到,自己舱室中的凌乱场面居然让战帅目睹了。她事后一定要惩戒巴贝丝玩忽职守。"我……我是说,我没有想到……"

荷鲁斯抬起手来安抚她的焦虑,让佩卓尼拉闭口不言。

"我明白,近来对你多有疏忽,"战帅说道,"你见证了我内心深处最为私密的想法,而我却任由这场对抗科治文明的战争夺走自己的一切注意力。"

"大人,我做梦也想不到你会这样顾念我。"佩卓尼拉说。

"你确实想不到,"荷鲁斯微笑起来,"你的作品进度如何?"

"非常好,大人,"佩卓尼拉回答,"自从你我上一次相见至今,我的产出十分高效。"

"可否容我看一看?"荷鲁斯问。

"当然。"她说道,战帅如此重视自己的作品让佩卓尼拉心神激昂。她遏制自己欣喜狂奔的冲动,迈着端庄的步伐走入书房,指给他看桌上的一摞纸。

"恐怕有些杂乱,不过我写完的部分都在这里了,"佩卓尼拉露出灿烂笑容,"我很荣幸能让你点评一下我的作品。毕竟,谁能比你更有资格呢?"

"的确。"荷鲁斯表示认同,他跟着佩卓尼拉走到书桌旁,拿起近日的最新成果。荷鲁斯扫视页面,用远超凡人的速度阅读并消化其中内容。

她在对方脸上努力搜寻任何感想或反应的蛛丝马迹,然而荷鲁斯像一尊雕像般不动声色,佩卓尼拉逐渐开始担心,自己的作品是否令战帅失望了。

最终，荷鲁斯将那摞纸放回书桌上，"写得很好。你是个极具天赋的纪实作者。"

"谢谢你，大人。"佩卓尼拉脱口而出，对方的赞扬如同一剂补药般注入她的血脉。

"客气，"荷鲁斯的嗓音变得分外冰冷，"真可惜永远没有人能读到了。"

马迦德伸出手揪住卡尔卡斯的长袍，将诗人的身躯猛力拧转过去，用一条臂膀卡住他的脖颈。卡尔卡斯在对方的铁腕中徒劳挣扎，根本无法对抗马迦德。

"求求你！"卡尔卡斯在惊恐中尖声喘息道，"不要，求你不要！"

马迦德一言不发，卡尔卡斯能听到皮革的响动，那位战士用空闲的手拨开了枪套的扣锁。卡尔卡斯奋力抗拒，依旧毫无建树，紧锁在他喉头的那条蛮横臂膀让他喘不上气来，视野越发模糊。

卡尔卡斯淌着苦涩的泪水，时间放慢了脚步。他听到手枪从皮套中抽出的缓缓摩擦声，随后是击锤就位的生硬响动。

他咬到了自己的舌头。血沫从嘴角涌出。他的面孔涕泪横流。他的双脚在地板上胡乱踢打。纸张四处纷飞。

冰冷钢铁抵住了卡尔卡斯的脖子，马迦德将枪口狠狠抵在诗人下巴上。

卡尔卡斯能闻到枪油的气味。

他盼望……

手枪开火的咆哮在这间拥挤舱室里震耳回荡。

起初，佩卓尼拉不确定自己是否听懂了战帅的话。为什么没有人能读到她的作品？随后她就看到了荷鲁斯眼中那冷酷无情的寒光。

"大人，我可能不明白你的意思。"她迟疑地说。

"你明白的。"

"不……"佩卓尼拉低声说着，步步退却。

战帅徐徐跟进，"当我们在手术室里交谈的时候，我为你打开了潘多拉的魔盒，维瓦小姐，我对此深表歉意。只有一个人应该知晓我脑海里的思绪，那就是我自己。我的所见所闻，所作所为，还有我的未来蓝图……"

"求求你，大人，"佩卓尼拉退出了书房，站在前厅里，"如果我的成果让你不满意的话，那么都可以修改，可以编辑。当然了，我愿意请你审批所有内容。"

荷鲁斯摇摇头，继续逼近。

佩卓尼拉泪水满眶，这一切本不该发生。战帅不会故意吓唬她。这想必是某种残酷的玩笑。阿斯塔特的肆意戏弄刺痛了佩卓尼拉的自尊心，昔日与战帅首次会面时严词以对的那个她重新浮现。

"我是卡皮努斯家族的高级宫廷代表，我要求你示以尊重！"她傲然直面战帅，高声喊道，"你们不能这样吓唬我。"

"我不是要吓唬你。"荷鲁斯伸出手握住她的双肩。

"不是吗？"佩卓尼拉问道。战帅的话语让她倍感宽心。她知道这不对劲，她知道一定是有些误会。

"不，"荷鲁斯说道，他的双手移向佩卓尼拉的脖颈，"我是要启迪你。"

战帅以迅猛手法拧断了她的脖子。

医疗间十分狭小，不过干净整洁。梅萨蒂·欧丽顿坐在床边低声啜泣，泪水肆意涌过黝黑面孔。凯瑞尔·辛德曼坐在一旁，握着床上病人的手，同样黯然落泪。

悠弗拉迪·奇勒一动不动地躺在床上，皮肤苍白平滑，有一种陶瓷般的光泽。自从在三号档案库面对了那个恐怖怪物之后，她就在医疗间里昏迷不醒。

辛德曼详细讲述了当时的情形，梅萨蒂一方面渴望相信对方，另一方面又想说那个老人疯了。他大谈特谈某种恶魔，以及悠弗拉迪如何全身灌注帝皇的力量，英勇对抗怪物。那一切都荒诞无比，绝不可能是真的……对吗？她不知道宣讲者是否向其他人透露过这些。

药剂师和医生们在悠弗拉迪·奇勒身上找不到任何具体病症，除了她掌心那块永不消退的鹰徽烙印。她的生命体征保持稳定，脑电波也十分正常：没有人能够解释她为何昏迷至今，也没有人能够将她从沉睡中唤醒。

梅萨蒂尽量常来陪伴悠弗拉迪，不过她知道辛德曼每天都会来，而且往往一待就是几个小时。两位探望者有时候会并肩同坐，与悠弗拉迪交谈，为她讲述下方星球的事态，近来展开的战斗，或是舰队里的流言琐事。

那位摄影师似乎什么都听不进去。梅萨蒂有时候不禁猜想，放任摄影师就此逝去会不会更加慈悲。对于悠弗拉迪这样的人而言，最糟糕的处境恐怕就是被桎梏在自身躯体中，完全无法思考、沟通或表达。

今天，梅萨蒂与辛德曼一同来访，两人都立刻意识到对方刚刚哭过。伊格内斯·卡尔卡斯自杀的消息让他们深受震撼，梅萨蒂至今难以相信那位诗人会做出这样的事来。

人们在他的舱室里找到了一封遗书，据说是摘取诗句拼凑而成的。伊格内斯用自己的文章与世人作别，这真是无比恰当地体现了他的狂傲自负。

两人为逝去的朋友悲哭了一阵，随后坐在悠弗拉迪床边，各自握着奇勒的一只手，絮絮讲述那些更为美好的往日时光。

轻柔的敲门声让他们转过身去。

一个面孔瘦削、神色诚恳的男子站在门廊里，他身穿死亡军团的制服。梅萨蒂还注意到，对方背后的走廊里挤满了人。

"我方便进来吗？"他问道。

梅萨蒂·欧丽顿反问："你是谁？"

"我名叫泰塔斯·卡萨，审判日的高阶驾驶员。我是来拜见圣人的。"

他们相约在观察甲板碰头，刚刚被大军征服的那个世界反射着恒星的刺眼光芒，勉强弥补此处的昏暗照明与外面的深幽背景。洛肯孤身站在舷窗前方，手掌按着强化玻璃，心中确信荷鲁斯之子在奥瑞厄斯经历了某种深刻剧变，却不知道那究竟是什么。

托迦顿随后抵达，洛肯用热情拥抱来欢迎兄弟，他很庆幸自己还有一位如此忠诚的同僚。

他们默默矗立了许久，沉浸在各自的思绪里，一同望着那颗新近陷落的星球在下方缓缓转动。舰队已经基本完成了全面撤离的准备工作，随时可以再次扬帆起航，不过两人对于接下来的目的地一无所知。

最终是托迦顿打破了沉寂，"我们要怎么办？"

"我不知道，塔瑞克，"洛肯回答，"我实在是不知道。"

"我想也是，"托迦顿说着举起一支玻璃试管，盛放在里面的物体映着柔和的灯火，闪烁着金光，"那么这个恐怕是没用了。"

"这是什么？"洛肯问道。

"这些，"托迦顿说，"是从海克托·瓦尔瓦鲁斯身上取出的爆矢弹碎片。"

"爆矢弹碎片？怎么会在你手里？"

"因为是我们的。"

"什么意思？"

"我是说，这些是我们的东西，"托迦顿重复道，"杀死总司令的那枚子弹来自阿斯塔特爆矢枪，而不是兄弟会的武器。"

洛肯摇摇头，"不，肯定是哪里出错了。"

"没有任何错误。是药剂师瓦顿亲自鉴定的。这些弹片属于我们，毫无疑问。"

"你觉得瓦尔瓦鲁斯吃了一颗流弹？"

托迦顿摇摇头，"正中胸膛，加维尔，是刻意瞄准的。"

洛肯和托迦顿都明白这背后的意义，瓦尔瓦鲁斯遭到了帝国同僚的谋杀，这可怕的事实让洛肯心头充满阴郁悲凉。

他们又沉默了许久。随后洛肯开口说："面对此等阴毒欺骗与肆意毁灭，我们是否该陷入绝望，抑或在信念和荣誉的推动下奋起反抗？"

"这是什么？"托迦顿问道。

"是我在凯瑞尔·辛德曼借给我的一本书里读到的演讲内容，"洛肯说，"考虑到你我目前的处境，这感觉挺合适的。"

"确实如此。"托迦顿表示认同。

"我们这是怎么了，塔瑞克？"洛肯问道，"我已经认不出自己的军团了。是什么时候走到这步田地的？"

"是在我们遭遇科治文明的时候。"

"不，"洛肯说，"我认为是在戴文开始的。从那以后，一切都截然不同。荷鲁斯之子在戴文经历了某些事情——某些污秽、黑暗而邪恶的事情。"

"你知道自己在说什么吧？"

"是的，"洛肯回答，"我在说我们必须捍卫人类帝国的真理，无论何等邪祟与之为敌。"

托迦顿点点头，"四王议会的誓言。"

"邪恶已经渗入了我们的军团，塔瑞克，只有你我能够将其斩除。你愿意与我同心协力吗?"洛肯问道。

"当然。"托迦顿回答。两位战士用源自泰拉的古旧方式紧紧握手。

战帅的内厅十分昏暗,舰桥仪表屏幕的冷冽幽光提供了仅有的照明。房间里站满了高阶官员,战帅麾下的核心指挥层围立在桌旁。战帅本人一如既往地坐在首位,阿西曼德与阿巴顿矗立在他后方,明确无疑地衬托出他的强大权威。其余的参会人员包括马罗格斯特、瑞古拉斯、艾瑞巴斯、死亡军团的图奈特机长,还有众多经过了仔细筛选的帝国军队指挥官。

在确定关键人物尽数到场之后,荷鲁斯身躯前倾,开始讲话。

"诸位朋友,我们很快就要展开新一阶段的星海征程了,我知道你们都很好奇,接下来的目的地究竟是哪里。我会告诉大家的,但在此之前,我需要你们每个人都清楚地明白,即将面临的工作有多么艰巨。"

他紧紧抓住所有人的注意力,继续说道:"我要推翻泰拉王座上的帝皇,取代他成为新的人类之主。"

这一番惊天动地的宣言让在场将士全都备感震撼,荷鲁斯容许他们仔细咀嚼其中的深远意义,同时品味着每一张面孔上闪过的警觉神色。

"不必害怕,大家都是自己人,"荷鲁斯轻笑一声,"在对抗科治文明的作战历程中,我已经与这间屋子里的每一位都单独谈过了,但你们是首次齐聚一堂,我也是首次公开宣布这项伟大使命。你们将要组成我的战争议会,担任我赖以实现宏图的肱骨重臣。"

荷鲁斯站起身来,一边讲话一边绕着长桌踱步。

"花些时间,仔细看一看坐在你们身旁的面孔。我们一旦展现真实意图,就必将与帝国上下为敌,那么在未来的战斗中,你们的同袍兄弟就是在场诸位了。全人类会手足反目、自相残杀,胜利者就有权决定银河的命运。我们会面对叛乱与篡逆的指控,但假以时日,这些都是过眼云烟,因为我们是正确的。牢记这一点。我们是正确的,而帝皇是错误的。他一意孤行,妄图登神,将自己的国度弃之不顾,这毫无约束的野心为我们带来了种种灾厄,如果他此时还指望我能袖手旁观的话,那么就是太不了解我了。"

"帝皇麾下有百万雄兵和数十万阿斯塔特战士。他的作战舰队遍布星海,横跨银河。63号远征队不可能与此等规模的人力物力相抗衡。你们都清楚这个情况，即便如此，我们依旧掌握着优势。"

"什么优势？"马罗格斯特恰到好处地问。

"我们能够出其不意。目前尚且无人怀疑我们知晓了帝皇的真实计划，而这正是我们手中最为强大的武器。"

"马格努斯呢？"马罗格斯特急迫地问道，"他被黎曼·鲁斯带回泰拉之后又当如何？"

荷鲁斯微笑起来，"冷静，老马。我已经与我的兄弟鲁斯取得联系，向他彻底揭示了马格努斯滥用邪魔巫术的叛逆行径。他的怒火……恰如其分，我相信我已经成功说服鲁斯，不必浪费时间和精力将马格努斯押送回泰拉了。"

马罗格斯特响应着荷鲁斯的笑容说道："马格努斯不会活着离开普罗斯佩罗。"

"的确，"荷鲁斯表示认同，"他不会的。"

"那么其他军团呢？"瑞古拉斯问道，"他们绝不会坐视我们向帝皇开战。你打算如何消除他们的威胁？"

"是个好问题，技师，"荷鲁斯说着，绕过长桌站在对方身旁，"我们自己也并非孤立无援。弗格瑞姆与我们同在，他此刻已经动身前去面见钢铁之手的费鲁斯·曼努斯，将他纳入我们的阵营。洛加同样明白必为之事的重要性，他们两人都会率领各自军团集体投靠到我的旗下。"

"但还是有其他很多军团。"艾瑞巴斯指出。

"的确如此，牧师，但借助你的手段，我们或许还能赢得更多盟友。在牧师敕令的掩护下，我们将向每一支军团派遣使者，鼓动他们建立各自的战士结社。我们从小处入手，尚可大有作为。"

"那是要花费一些时间的。"艾瑞巴斯说。

荷鲁斯点点头说："的确，但从长远来看是值得的。同时，针对那些我们恐怕难以说服的军团，我已经特别下达了调动命令。极限战士前往考斯展开集结，将要遭受怀言者军团科尔·法伦的打击，而圣血天使则被派遣到了希格纳斯星团，圣吉列斯会淹没在鲜血浪潮里。之后我们便可发动决定性的迅猛攻势，直刺泰拉。"

"此外还有若干军团。"瑞古拉斯说。

"我知道，"荷鲁斯回答，"但我已经制订了一项计划，可以将他们的威胁全部抹除。我会诱使他们踏入一个无路可逃的陷阱，彻底加以剿灭。我要把帝皇的帝国付之一炬，崭新的人类之主必将从灰烬中崛起！"

"我们将要在何处布置这个陷阱？"马罗格斯特问。

"距此不远，"荷鲁斯说，"伊斯特凡星系。"

作者简介

格雷厄姆·麦克尼尔已经为黑图书馆执笔了二十余本小说。他的荷鲁斯之乱系列作品《千子》登上了《纽约时报》畅销书榜,传说岁月系列小说《帝国》则赢得了大卫·格美尔传说奖。格雷厄姆来自苏格兰,现居诺丁汉。

译者简介

赵笛,毕业于清华大学生物系,常用网络ID为Haldir。埋首阅读英美奇幻文学作品多年,熟悉并热爱马哲里两兄弟、秘银厅六英雄、费诺七子、护戒九人、终焉八位化身、帝国十九原体等传奇人物。现旅居瑞典小城北雪坪。

图书在版编目（CIP）数据

　　伪神 /（英）格雷厄姆·麦克尼尔著；赵笛译 . — 杭州：浙江科学技术出版社，2020.5（2023.4 重印）

　　ISBN 978-7-5341-8856-5

　　Ⅰ . ①伪… Ⅱ . ①格… ②赵… Ⅲ . ①幻想小说—英国—现代 Ⅳ . ① I561.45

　　中国版本图书馆 CIP 数据核字（2019）第 276541 号

　　著作权合同登记号　　图字：11-2018-170 号

书　名	伪　神
著　者	［英］格雷厄姆·麦克尼尔
译　者	赵　笛

出版发行　浙江科学技术出版社
　　　　　杭州市体育场路 347 号　邮政编码：310006
　　　　　办公室电话：0571-85176593
　　　　　销售部电话：0571-85176040
　　　　　网址：www.zkpress.com
　　　　　E-mail：zkpress@zkpress.com
排　版　杭州天一图文制作有限公司
印　刷　浙江海虹彩色印务有限公司

开　本	710×1000　1/16	印　张	18
字　数	360 000		
版　次	2020 年 5 月第 1 版	印　次	2023 年 4 月第 3 次印刷
书　号	ISBN 978-7-5341-8856-5	定　价	55.00 元

版权所有　翻印必究
（图书出现倒装、缺页等印装质量问题，本社销售部负责调换）

责任编辑　吕路明　　　　　　责任校对　张　宁
封面设计　孙　菁　　　　　　责任印务　叶文炀